# Studien zur Ethik in Ostmitteleuropa

Herausgegeben von Jan C. Joerden

Band 13

PETER LANG
Frankfurt am Main · Berlin · Bern · Bruxelles · New York · Oxford · Wien

Stammzellforschung in Europa

Jan C. Joerden
Thorsten Moos
Christa Wewetzer
(Hrsg.)

# Stammzellforschung in Europa

## Religiöse, ethische und rechtliche Probleme

PETER LANG
Internationaler Verlag der Wissenschaften

**Bibliografische Information der Deutschen Nationalbibliothek**
Die Deutsche Nationalbibliothek verzeichnet diese Publikation in der Deutschen Nationalbibliografie; detaillierte bibliografische Daten sind im Internet über <http://www.d-nb.de> abrufbar.

Gedruckt auf alterungsbeständigem, säurefreiem Papier.

ISSN 1437-9783
ISBN 978-3-631-59437-7



www.peterlang.de

# VORWORT

Politische Diskussionen in modernen Demokratien finden vor dem Hintergrund einer Pluralisierung von Lebens- und Werthaltungen statt. Kompromisse müssen auch dort gefunden werden, wo starke und grundsätzliche Wertungen einander entgegenstehen – so etwa in der Debatte um die Forschung an menschlichen embryonalen Stammzellen, in der die Forderung nach einem unbedingten Würdeschutz für den menschlichen Embryo und die Forderung nach Forschungsfreiheit und Entwicklung neuer Therapien scheinbar unvermittelbar sind. Kulturell tief verwurzelte Anschauungen und religiöse Traditionen sind berührt und nehmen auch in säkularen Staatswesen Einfluss auf die Debatte und ihre Ergebnisse. Schon der Vergleich zwischen den Ländern Europas zeigt, dass vor dem jeweiligen Hintergrund kultureller und religiös-konfessioneller Prägungen die Debatten unterschiedlich verlaufen und zu verschiedenen Regelungen geführt haben. Diese Variationsbreite hat sich im Zuge der Erweiterung der Europäischen Union noch vergrößert und dürfte politische Entscheidungsprozesse auf europäischer Ebene zunehmend aufwändiger machen.

Im vorliegenden Band werden die Debatten um die Stammzellforschung in verschiedenen europäischen Ländern untersucht, um den kulturellen und religiösen Prägekräften in der politischen Auseinandersetzung im Vergleich auf die Spur zu kommen. Neben Deutschland und Großbritannien liegt der Schwerpunkt hier auf den ost- und südosteuropäischen Ländern (Polen, Tschechien, Rumänien, Türkei), deren Debattenlagen hierzulande weniger bekannt sind, aber auf europäischer Ebene zunehmend an Einfluss gewinnen dürften.

Die Beiträge gehen in ihrer Mehrzahl zurück auf die Tagung „Das Kreuz mit den Stammzellen. Die Bedeutung kultureller und religiöser Traditionen für politische Entscheidungen, analysiert am Beispiel der Debatte um die Forschung an embryonalen Stammzellen", die vom 2. bis zum 4. November 2007 an der Evangelischen Akademie Sachsen-Anhalt in Lutherstadt Wittenberg stattgefunden hat. Die Tagung wurde veranstaltet von der Evangelischen Akademie (Dr. Thorsten Moos), dem Zentrum für Gesundheitsethik, Hannover (Dr. Christa Wewetzer) und dem Arbeitskreis für Ethik und Wissenschaftstheorie der Medizin in Ostmitteleuropa (Prof. Dr. Jan C. Joerden, Stiftung Europa-Universität Viadrina, Frankfurt an der Oder). Zusätzlich sind einige Beiträge aufgenommen, die auf der Tagung nicht referiert werden konnten.

Die Herausgeber danken der Evangelischen Akademie Sachsen-Anhalt, der Europa-Universität Viadrina sowie der Marga und Kurt Möllgaard-Stiftung im Stifterverband für die Deutsche Wissenschaft, Essen, für die finanzielle Unterstützung der Tagung und der Drucklegung dieses Bandes. Außerdem ist den Mitarbeitern und Mitarbeiterinnen der Europa-Universität und der Evangelischen Akademie für die Vorbereitung der Drucklegung zu danken.

*Die Herausgeber*

## INHALTSVERZEICHNIS

# Einführung: Stammzellforschung in Europa

*Thorsten Moos*

Im Jahr 1998 gelang es erstmals, humane embryonale Stammzellen im Labor zu kultivieren.[1] Seitdem hat sich die Forschung an den Zellen, aus denen im Laufe der Embryonalentwicklung alle Zelltypen des menschlichen Körpers hervorgehen, international breit entwickelt. Dabei steht die Grundlagenforschung, die die Differenzierung menschlicher Zellen verstehen will, neben der Suche nach einer Nutzung von Stammzellen in der Therapie geschädigter Gewebe oder in der Entwicklung von Arzneimitteln.

Anders als bei den benachbarten Wissenschaftsfeldern der Forschung an humanen adulten und an tierischen Stammzellen, die etabliert und weitgehend unumstritten sind, ist über die Forschung an humanen embryonalen Stammzellen von Anfang an heftig debattiert worden. Die Debatte entzündet sich an dem ethischen Dilemma, dass der Erkenntnisgewinn und therapeutische Nutzen von Stammzelllinien bisher nur um den Preis der Zerstörung menschlicher Embryonen – in den meisten Fällen sogenannter „überzähliger" Embryonen aus der Befruchtung im Reagenzglas – zu haben sind. Hier stehen also hohe Güter gegeneinander: der Schutz menschlichen Lebens auf der einen Seite und die Forschungsfreiheit sowie der erhoffte medizinische Nutzen andererseits.

Dabei wird die Auseinandersetzung in verschiedenen Ländern sehr unterschiedlich geführt. Deutschland hat zweimal eine intensive Debatte um die Stammzellforschung erlebt: im Kontext der Verabschiedung des Stammzellgesetzes 2002 und im Kontext der Veränderung der gesetzlichen Regelung 2008. In einer Studie des Zentrums für Technologiefolgenabschätzung beim Schweizerischen Wissenschafts- und Technologierat (TA-SWISS) wird die deutsche Diskussion indirekt folgendermaßen wahrgenommen: „Im Unterschied zu Deutschland ... verläuft in der Schweiz die öffentliche Debatte zur Forschung an Stammzellen eher ruhig. … Dies mag darauf zurückzuführen sein, dass die Schweizer Bevölkerung pragmatisch an die entsprechenden Fragen herangeht." [2] Worin das

1 Vgl. *J. A. Thomson et al.*, Embryonic stem cell lines derived from human blastocysts, Science 282 (1998), Nr. 5391, 1145-1147.

2 *Zentrum für Technologiefolgen-Abschätzung* (Hrsg.), Zellen, die die Politik bewegen, Kurzfassung der TA-SWISS-Studie „Menschliche Stammzellen", Bern 2003, 2 (http://www.ta-swiss.ch/a/biot_stam/2003_44A_KF_Stammzellen_d.pdf, 7.03.2008).

*Pragma* der Diskussion präzise besteht, darüber dürfte selbst in der Schweiz keine Einigkeit herrschen. Dennoch ist in der Aussage, dass man in Deutschland *nicht pragmatisch* an die Fragen herangehe, eine spezifische Wahrnehmung enthalten. Unter den expliziten Argumenten schwingt immer noch anderes mit: religiöse und weltanschauliche Überzeugungen, kulturelle Prägungen, historische Rekurse, Selbstverständlichkeiten, die normalerweise nicht thematisiert werden, die aber dann sichtbar werden, wenn jemand von außen blickt, der diese Selbstverständlichkeiten nicht teilt.

Diese kulturellen und religiösen Traditionen haben in ethischen Debatten vielfältige Funktionen. Sie stellen Semantiken, Bilder und Narrative für die Beschreibung des Problems und der jeweils vorgeschlagenen Lösung bereit. Sie transportieren das Wissen um andere Problemlagen, die als Analogien zur aktuellen Debatte herangezogen werden können. Sie liefern Topoi zur Stützung moralischer Wertungen und Muster ethischer Argumentation. Sie formieren Sinnhorizonte, in denen ethische Wertungen Stützung und Anbindung erfahren. Vor allem in religiös-weltanschaulichen Kontexten rücken sie die einzelne Fragestellung in den Horizont starker Überzeugungen und unbedingter Gewissheiten ein, was der Debatte zusätzliche Schärfe verleihen kann. Ebenso können kulturelle und religiöse Traditionen aber auch Schemata der Abwägung, der Entscheidungsfindung und des Umgangs mit moralischen Dilemmata beinhalten.

Kulturelle und religiöse Traditionen und die mit ihnen verbundenen institutionellen Arrangements der Weitergabe und Aktualisierung prägen die politische Auseinandersetzung auch in säkularen Staaten. Ethische Argumente im politischen Kontext, die in der Regel eine universale Geltung beanspruchen, „leben" auf einem Untergrund, der historisch und kulturell situiert und in westlichen Gesellschaften auch zunehmend plural verfasst ist. Es ist zum Verständnis der Debatte und zur Selbstklärung der Akteure wichtig, diesen Untergrund mit zu berücksichtigen – unabhängig davon, ob man die klassisch liberale Forderung nach der Ausscheidung nicht allgemein anerkennungsfähiger Argumente und Semantiken aus dem „öffentlichen Vernunftgebrauch" (John Rawls) teilt oder nicht.

Die kulturellen und religiösen Prägungen der Debatte um die Stammzellen sind schon verschiedentlich untersucht worden. Gegenstand der Analyse waren bisher vor allem die „großen" Differenzen zwischen den Weltreligionen.[3] Der

3 Vgl. unter anderem *S. Schicktanz et al.* (Hrsg.), Kulturelle Aspekte der Bioethik und Biomedizin, Frankfurt/New York 2003; *T. Eich* (Hrsg.), Bioethik im christlich-islamischen Dialog, Sankt Augustin 2004; *D. E. Guinn* (Hrsg.), Handbook of Bioethics and Religion, Oxford 2006; *F. Engelhardt et al.*, Lebensanfang und Lebensende

vorliegende Band ist demgegenüber auf die feineren Differenzen innerhalb Europas konzentriert. Neben Deutschland und Großbritannien stehen ost- und südosteuropäische Länder (Polen, Tschechien, Rumänien) im Zentrum, deren Debattenlagen hierzulande weithin unbekannt sind, aber auf der Ebene der Europäischen Union zunehmend an Einfluss gewinnen dürften. Als islamisch geprägtes Land ist die Türkei mit berücksichtigt. Dies erlaubt den Vergleich zu den anderen europäischen Ländern und ihren Prägungen durch die drei großen christlichen Konfessionsfamilien des Katholizismus, des Protestantismus und der Orthodoxie. Die Debatte in der Europäischen Union wird gesondert betrachtet.

Die Beschreibung der Debatten in den einzelnen Ländern und innerhalb Europas ist gerahmt durch einige grundsätzliche Erwägungen zur Struktur der Stammzelldebatte und zur Leistung religiöser Sprache einerseits und durch zwei systematische Beiträge im Kontext der deutschen Debatte andererseits.

*Zu den einzelnen Beiträgen:*

In seinem Beitrag „Der Anspruch der Freiheit und die ethische Grenze des menschlichen Leibes" positioniert Thomas Sören Hoffmann die Bioethik zwischen zwei Grundmodellen, die er in der Philosophiegeschichte ausmacht. Das an Kant orientierte „Autonomiemodell" der Selbstgesetzgebung des Subjekts und das „Integrationsmodell", das seinen Ausgang von der Empirie des guten Handelns in gegebenen Gemeinschaften nimmt, haben jeweils ihren Niederschlag in der Bioethik gefunden. Beide sind nach Hoffmann gerade in einer kulturell pluralen Situation unverzichtbar. So kann Bioethik nicht nur nach dem Modell der „autonomen" Normierung von Interventionen gedacht werden, sondern muss auch die Orientierungspotentiale praktischer Handlungsvollzüge der jeweiligen Kulturen, etwa auf dem Feld der Religion, einbeziehen. Dies konkretisiert Hoffmann an der Auseinandersetzung um die Stammzellforschung, bevor er einen Vorschlag zur konzeptionellen Integration der beiden Modelle unternimmt. Religiös-kulturelle Prägungen nehmen auch in säkularen Staaten und Staatengemeinschaften Einfluss auf politische Debatten. Die Analyse dieses Einflusses stellt jedoch vor erhebliche Herausforderungen. So geht es nicht nur

in den Weltreligionen, Neukirchen-Vluyn 2007; *S. Ehm et al.*, Der Einfluss von Religion und Kultur auf die Biomedizin – ein Deutsch-Israelischer Dialog (EPD-Dokumentation 24); Frankfurt am Main 2008; *G. von Kloeden-Freudenberg*, Was dem Leben dient. Die Debatte um die Forschung an embryonalen Stammzellen im christlich-jüdischen Gespräch, in: Profilierte Ökumene (Festschrift für Dietrich Ritschl; Beiheft zur Ökumenischen Rundschau 84), Frankfurt am Main 2009, 259-276.

um explizite religiöse Überzeugungen oder Semantiken, die sich abfragen oder in Texten identifizieren ließen, sondern auch um „Hintergrundüberzeugungen", die in politischen Prozessen prägend werden. In seinem Beitrag „Die Religion(en) und die Bioethik" analysiert der Theologe und Ethiker Klaus Tanner die spezifische Leistung religiöser Deutungshinsichten in bioethischen Debatten. Religion, so seine These, ist nicht irrationaler Restbestand aus voraufklärerischen Zeiten, sondern leistet eine symbolische Reformulierung von Problemlagen, die die jeweiligen disziplinären (naturwissenschaftlichen, medizinischen oder juristischen) Horizonte transzendiert und insbesondere den Umgang mit Unsicherheiten und Ambivalenzen erlaubt.

Zwei Beiträge befassen sich aus unterschiedlichen Perspektiven mit der deutschen Stammzelldebatte. Einen Überblick über die „Stammzellpolitik in Deutschland" aus der Sicht eines langjährigen politischen Akteurs bietet Wolf-Michael Catenhusen. Dabei stellt er insbesondere die unterschiedlichen Dynamiken politischer Entscheidungsfindung auf nationaler und europäischer Ebene dar. In Deutschland differenzierte sich der breite Konsens zugunsten des Lebensschutzes, der das Embryonenschutzgesetz von 1990 trug, nach der Etablierung der ersten humanen embryonalen Stammzelllinien 1998 schrittweise aus. Dies spiegeln die verschiedenen interfraktionellen Gruppenanträge zum Stammzellgesetz von 2002 und zu dessen Änderung 2008. Die Bemühungen der deutschen Regierung, den hier gefundenen Kompromiss auch hinsichtlich der europäischen Förderung der embryonalen Stammzellforschung zur Geltung zu bringen, scheiterten. Die deutsche Position ist nach wie vor ein Sonderweg, der sich argumentativ nicht zuletzt aus der deutschen Geschichte speist. Auch die Gemeinsamkeit in der Positionierung der beiden großen Kirchen von 2002, die allerdings 2008 deutliche Risse bekommen hat, hat nach Catenhusens Meinung hier eine wichtige Rolle gespielt.

Dem Einfluss der kulturellen und religiösen Wurzeln auf bioethische Debatten ist insbesondere mit sozialwissenschaftlichem Instrumentarium auf die Spur zu kommen. Die „Einstellungen zum Lebensanfang in Deutschland" hat die Soziologin Tanja Krones in Interviews und standardisierten Befragungen untersucht. Insbesondere die Religiosität der Befragten ist korreliert mit den Aussagen zum Beginn des menschlichen Lebens: „Je stärker die Religiosität, desto wahrscheinlicher wird die Zeugung als Beginn menschlichen Lebens definiert." Im Allgemeinen wird sichtbar, dass leibliche und lebensweltliche Bezüge des werdenden Lebens in den Aussagen der Befragten eine zentrale Rolle spielen. Hier weisen die ethischen oder politischen Debatten um den „moralischen Status" eines Embryos nach Krones einen deutlichen Nachholbedarf auf.

Für Deutschland wie für die anderen europäischen Länder, deren Debatten in den folgenden Beiträgen dargestellt werden, ist die Diskussion auf der Ebene der Europäischen Union ein wichtiger Referenzpunkt. Hier wurde die Stammzellforschung jüngst vor allem im Kontext der Förderpolitik diskutiert. So unterschiedlich wie die nationalen Rechtslagen zur Stammzellgewinnung und -forschung waren dabei auch die förderpolitischen Vorstellungen der einzelnen Staaten. Die Leiterin des Brüsseler Büros der Evangelischen Kirche in Deutschland, Katrin Hatzinger, stellt die Debatte zum 7. Forschungsrahmenprogramm (2007 bis 2013) dar und geht hierbei insbesondere auf die kirchlichen Positionen in Europa ein.

Großbritannien wird oftmals als Paradigma für eine liberale Regulierung der Lebenswissenschaften herangezogen. In ihrem Beitrag stellt Christine Hauskeller die britische Stammzellpolitik dar, in der die seit 1990 bestehende Human Fertilisation and Embryology Authority (HFEA) eine zentrale Rolle spielt. In der britischen Debatte sind einige historisch-kulturelle Spezifika zu identifizieren. Zu ihnen gehören eine grundsätzlich positive Einstellung gegenüber den Wissenschaften sowie das Bewusstsein globaler wissenschaftlicher und ökonomischer Verflechtungen. Die britische Forschungspolitik nimmt dabei auch erheblichen internationalen Einfluss – als Modell für andere nationale Gesetzgebungen, aber auch über Vermittlungsinstrumente wie die nationale Stammzellbank.

Während sich in Deutschland und Großbritannien aufgrund der Situation der Lebenswissenschaften und des öffentlichen Interesses an ihnen umfängliche Debatten um die Stammzellforschung etabliert haben, ist dies in anderen europäischen Ländern nicht immer der Fall. Solche beginnenden oder auf bestimmte Aspekte des Themas konzentrierten Debatten sind für den internationalen Vergleich insbesondere interessant.

Die polnische Debatte um bioethische Fragen ist stark von der katholischen Kirche bestimmt. Die Gründe und Auswirkungen dieser Dominanz zeichnet Andrzej M. Kaniowski von der Universität Łódz anhand der Debatte um die Abtreibung und um die Präambel der Verfassung nach, bevor er die polnische Stammzelldebatte analysiert. In allen diesen Diskussionen steht nach Kaniowskis Analyse der dominierenden religiösen Weltanschauung eine säkulare Weltanschauung gegenüber. Die Differenzen dieser beiden Grundpositionen manifestieren und erneuern sich in jeder neuen Fragestellung. Sie sind so tiefgehend, dass Kompromisse kaum möglich erscheinen.

Im Vergleich zu Polen ist es im Falle Tschechiens auffällig, dass die Auseinandersetzung um die Forschung an humanen embryonalen Stammzellen kaum entwickelt ist, obwohl es durchaus solche Forschung im Land gibt. Gründe dafür findet Filip Křepelka zum einen im wirtschaftlichen wie sozialen Entwicklungsstand des Landes, der forschungsethische Fragestellungen eher als Randprobleme erscheinen lässt, sowie zum anderen im geringen Einfluss der Religion. Anders als etwa in Polen stellen weder die Kirchen noch die christlich-konservative Partei öffentlichkeitswirksame Agenturen der Problematisierung lebenswissenschaftlicher Forschung dar. Die Stammzelldebatte ist von den forschenden Wissenschaftlern dominiert und zudem an der bestehenden liberalen Gesetzgebung zum Schwangerschaftsabbruch orientiert.

Rumänien hat in den letzten Jahren eine intensive Debatte um die Reproduktionsmedizin erlebt. Im Gegensatz dazu gibt es kaum eine Auseinandersetzung zur Stammzellforschung und entsprechend auch kein spezielles Stammzellgesetz. Hierfür macht der Philosoph Bogdan Olaru von der Universität Jassy unter anderem die ökonomische Ausstattung der rumänischen Wissenschaft verantwortlich. Die staatliche Förderpolitik beschränkt sich angesichts knapper Mittel auf ethisch unproblematische und zudem unmittelbar heilungsrelevante Vorhaben. Im Hintergrund stehen dabei zwei gegenläufige kulturelle Einflussfaktoren, die auch in zukünftigen Debatten eine wichtige Rolle spielen dürften. Einerseits ist in einer sich stark entwickelnden Wirtschaftsgesellschaft das Zutrauen in das Fortschrittspotential von Wissenschaft und Technologie groß. Andererseits ist in Rumänien jedoch die konservative Positionierung der orthodoxen Kirche einflussreich, die einen uneingeschränkten Lebensschutz des Embryos bereits ab der Verschmelzung von Ei- und Samenzelle fordert.

Die Stammzelldebatte in der Türkei hat einen komplexen Charakter, der mit der politischen und kulturellen Situation des Landes in Zusammenhang steht. Ilhan Ilkilic und Abdullah Takim führen in ihrem Beitrag zunächst in die islamische Debatte zum Status menschlicher Embryonen ein, bevor sie die spezifische Situation in der Türkei darstellen. Die Struktur und Methodik der islamischen Rechtsgelehrsamkeit führt dabei zu einem differenten Spektrum von Positionen, zwischen denen nicht im Sinne eines letztinstanzlichen Lehramts entschieden ist. Entsprechend differenziert und uneinheitlich ist das Meinungsspektrum in der Türkei, das bisher jedoch nicht zu einem etablierten Diskurs oder einer gesetzlichen Regelung der Materie geführt hat.

Zwei Beiträge befassen sich, über das Bisherige hinausgehend, mit dem Verhältnis von Moral und Recht im Kontext der deutschen Regelung der Stammzellforschung.

Ist die Stichtagsregelung im Stammzellgesetz, wie sie der deutsche Gesetzgeber festgelegt hat, ein Fall von Doppelmoral, da sie erlaubt, von einer hierzulande verbotenen, aber im Ausland vollzogenen (Tötungs-)Handlung zu profitieren? Diese Frage erörtert Jan C. Joerden unter dem Titel „Stammzellgesetzgebung und Doppelmoral" unter Heranziehung von Parallelen aus dem Strafprozessrecht, dem Strafrecht und der Medizinethik. Er schließt, dass diese Gesetzgebung ethisch zumindest nicht mehr mit der Zuschreibung des vollen Würdeschutzes an den menschlichen Embryo verträglich ist, und fordert eine entsprechende Offenlegung in der öffentlichen Debatte.

In seinem Beitrag „Das Kreuz mit den Argumenten" geht Josef N. Neumann aus von dem Widerspruch in der rechtlichen Wertung werdenden menschlichen Lebens, wie er zwischen dem Embryonenschutzgesetz einerseits und den Regelungen zum Schwangerschaftsabbruch § 218 StGB andererseits besteht. In der ethischen Debatte entspricht dem das unvermittelte Gegenüber zweier argumentativer Ansätze: einer auf Prinzipien wie Lebensschutz oder Menschenwürde rekurrierenden Handlungslegitimation einerseits und dem Anspruch freier Gewissensentscheidungen andererseits. Vor dem Hintergrund einer Ortsbestimmung von Ethik in einer durch technisch-instrumentelle Rationalität geprägten Medizin prüft Neumann beide Ansätze und schlägt eine Vermittlung im lebensweltlichen Kontext vor.

# Der Anspruch der Freiheit und die ethische Grenze des menschlichen Leibes – Zur systematischen Positionierung der Bioethik am Beispiel der Stammzellforschung

*Thomas Sören Hoffmann*

## I. Integration und Autonomie als ethische Grundmodelle

Philosophische Ethik betritt nicht mit jeder neuen Frage, die sich ihr stellt, konzeptuelles Neuland. Das gilt grundsätzlich auch für die drängenden Fragen der Bioethik, die als Fragen womöglich zwar an Grenzen des lange Zeit Vorstellbaren führen, dennoch aber nicht sogleich auch die erprobten Rahmen ethischer Orientierung außer Kraft setzen müssen. Dass beispielsweise die relativ neue Technik des Klonens durch Zellkerntransfer den kategorischen Imperativ außer Kraft setzen könnte, wäre zu meinen ungefähr so naiv wie es die Meinung wäre, die Optionen der Nanotechnologie könnten im Ernst den humanen Sinn der Tugenden unterlaufen. Dennoch sind es die neuen Fragen, die oft ganz neu als ethische Instanz erkennen lassen, was es bis dato noch gar nicht zu sein schien. In diesem Sinne liegt in der Bioethik vor allem die Chance, die „Ethizität" des menschlichen Leibes neu zu erkennen – des menschlichen Leibes, der als „Brücke" zwischen dem Subjekt und „seinem" Leben steht und daher auch in doppelter Perspektive wahrgenommen werden kann: als Ort der hier gleichsam objektiven Subjektivität wie auch als Instanz eines umgreifenden Lebens, das den Einzelnen neu als Teil eines umfassenden Ganzen ansehen lässt, mit dem er mitunter freilich – namens etwa eines „Biozentrismus" – dann auch verschmolzen zu werden droht.

Die folgenden Überlegungen gehen von der These aus, dass das Problem der Stammzellforschung, soweit es die Bioethik beschäftigen muss, ein „radikales" Problem der Ethik der Leiblichkeit ist: „radikal", weil dieses Problem den Leib in seiner reinen Verwurzelung in sich selbst, in seiner unmittelbaren Sprachlosigkeit betrifft, die ihn „fast" zum Objekt werden lässt und dennoch den Horizont bloßer Objektivität sprengt. Sie sprengt ihn schon deshalb, weil in jedem menschlichen Leib „Geschichten" erscheinen, in die er verstrickt ist und in die er selbst wieder andere Leiber verstrickt.[1] Und sie sprengt ihn auch deshalb, weil in jedem menschlichen Leib ein Gesicht auf uns wartet, das erst in seinem eigenen Sehen gesehen sein kann und deshalb nie nur ein Gegenstand der Erkenntnis, gar der Bearbeitung ist. Sätze wie diese mögen weitab von jener Grammatik formuliert sein, die vom „Zellhaufen in der Petrischale" spricht, markieren jedoch genau die Anfrage an eben die Grammatik, die eine ontologische These wie die genannte über den „Zellhaufen" ermöglicht. Denn sie fragen, an welcher Instanz eigentlich diese Grammatik und die auf sie gestützte Ontologie ihre Grenze finden wollen bzw. was es denn macht, dass wir „ethisch" einander jedenfalls nicht in der Logik der Objekte, sondern als leiblich instantiierte Subjekte verstehen. Wo aber hört das Objekt auf, wo beginnt das Subjekt? Und was „darf" das Subjekt in Beziehung aufs Objekt, sei es um seiner Freiheit, sei es um des Lebens im Ganzen willen?

Wir gehen diesen Fragen hier ein wenig näher nach, wobei wir zunächst die Bioethik zur näheren Bestimmung ihrer Aufgabe in die Spannung zweier ethischer Ansätze stellen, die in der Philosophiegeschichte eine relativ konstante Polarität gebildet haben und die ich mit den Titeln „Integrationsmodell" und „Autonomiemodell" bezeichnen möchte. In erster Näherung können die beiden ethischen Grundmodelle dadurch gekennzeichnet werden, dass das eine vom *gelebten Ethos* als kollektiv-rationaler Lebensform her denkt, während sich das andere von der (reflexiven) Gewinnung zwingender normativer Standards her versteht, die der Erhaltung *qualifizierter subjektiver Freiheit* verpflichtet sind. In einem größeren Rahmen wäre es nicht eben schwer, eine umfassende Typologie der historisch aufgetretenen praktisch-philosophischen Ansätze im Ausgang von eben dieser Dualität her zu entfalten. Im Gang unserer Argumentation möchte ich hier jedoch vor allem auf die These hinführen, dass *beide* Ansätze oder Modelle für eine allen Dimensionen praktischer Rationalität gerecht werdende Erschließung der Praxis von elementarer Bedeutung sind und dass sie, recht verstanden, auch weniger in einem Verdrängungswettbewerb stehen als vielmehr in eine produktive Wechselverweisung zu stellen sind – worauf gerade auch die Bioethik aufmerksam machen kann.

Wie „im Atemholen" bekanntlich „zweyerley Gnaden" liegen, „die Luft einziehn, sich ihrer entladen", so könnte auch der Atem einer systematisch unver-

1 *W. Schapp*, In Geschichten verstrickt. Zum Sein von Mensch und Ding, 3. Aufl., Frankfurt am Main 1985. Auch bei den Embryonen, auf die die Forschung zugreift, stehen Biographien im Hintergrund – nämlich solche, die eines Tages in einen Kinderwunsch und damit in den Wunsch, eine neue Biographie zu eröffnen, geführt haben.

kürzt aufgefassten menschlichen Praxis stets in einer Doppelbewegung bestehen: in der Bewegung der lebendigen Einlassung auf Welt *und* der freien Bewegung der Distanzierung von ihr; in der Bewegung des Ausgriffs aufs Objekt *und* einer anderen der Verweigerung ihm gegenüber – sofern nämlich im Objekt und nicht in der Selbstgesetzgebung das Gesetz des Handelns liegen soll. Die These von der entsprechenden inneren Zweiphasigkeit der menschlichen Praxis will dabei die strukturellen Kontraste, die sich hier auftun, nicht einfach überdecken. Sie will jedoch zu Bewusstsein bringen, dass sich aus der inneren Dynamik der Praxis selbst heraus die eine Seite am Ende nur zusammen mit der anderen erschließt. Wir werden uns zuerst den bestimmten Gegensatz, um den es geht, historisch und systematisch etwas genauer vergegenwärtigen und uns sodann auf seine Wiederkehr in der Bioethik einlassen, wobei in diesem Fall unser besonderes Interesse der Problematik der Forschung mit embryonalen Stammzellen gilt. Zuletzt versuchen wir dann zu skizzieren, wie praktische Philosophie die Polarität von Integration und Autonomie auf produktive Weise zusammendenken und eben so der inneren Logik der Praxis gerecht werden kann.

Beginnen wir mit einem Blick auf die innere Struktur und auch die *prima facie*-Relevanz des *Integrationsmodells*! Dass Ethik in irgendeinem Sinne immer als *Integrationswissenschaft* zu verstehen sei, gehört zu den im allgemeinen Bewusstsein wohl am besten verankerten Vorbegriffen über ihre konkrete Aufgabe, wobei es zunächst gleichgültig ist, ob dabei an eine Integration des menschlichen Lebens in den großen Zusammenhang der Natur (im Sinne etwa des „secundum naturam vivere" der Stoa) oder aber an eine soziale oder religiöse Herstellung von Einheit und Eintracht gedacht ist. Wie hartnäckig sich dieser Vorbegriff hält, macht etwa das Beispiel der Habermasschen Rede von der „Einbeziehung des Anderen" deutlich, in der das ethische Alteritätsproblem sogleich im Sinne eines Integrationsprojekts gestellt wird.[2] Aber Habermas hat dafür seinerseits illustre Ahnen, denn immerhin kann die Herrschaft des ethischen Grundparadigmas der Integration bis auf Platon zurückgeführt werden, der mit seiner Zentrierung alles praktischen Denkens im *per definitionem* Integrativen, in der Idee des Guten, hier die Weichen entsprechend gestellt hat. Auswirkungen hat dies bei Platon nicht nur auf der inhaltlichen, sondern auch auf der methodischen Ebene: Ethik und Recht, Bildung und Politik, sie alle lösen nunmehr ein Integrationsproblem, und wenn bei Platon – *horribile dictu!* – der Dialektiker der eigentlich Staatskundige ist, so deshalb, weil „Dialektik", platonisch verstanden, *Integrationswissenschaft*, nämlich das Sich-Verstehen auf das Zusammenfügen und Trennen

2 *J. Habermas*, Die Einbeziehung des Anderen. Studien zur politischen Theorie, Frankfurt am Main 1999.

gemäß den wahren Verhältnissen ist, genau dies aber auch das Geheimnis der Staatskunst ist: die Menge der Bürger in ein wahres Verhältnis zu setzen, in dem ein jeder sich auf das Ganze hin übersteigt, darin erst wird, was er sein kann und soll und auch das Ganze selbst das beste ihm mögliche Leben erreicht. Aber nicht nur Platon ist Denker der Integration; denken wir außer an die bereits erwähnte Stoa hier nur etwa an den hochmittelalterlichen Ordo-Gedanken oder auch an das Leibnizsche Panorama einer universalen „cité de Dieu", in der alles, aber auch wirklich alles, zwanglos nach Optimitätsprinzipien zusammenwirken und der Selbstentfaltung der Geistmonaden zu Diensten sein muss. Wir können dabei an all diesen Beispielen gewahren, dass die Orientierung auf integrative Ordnungen und Dynamiken hin offenkundig zu den Ecksteinen des europäischen ethischen Denkens zählen. Und auch, wenn wir neuere Theorieansätze Revue passieren lassen, werden wir für das Thema „Integration" schnell fündig, von der verfassungstheoretischen Integrationslehre Rudolf Smends angefangen bis hin zum neueren Kommunitarismus – die Beispiele ließen sich leicht vermehren, würden aber stets nur die offene oder verdeckte Leitfunktion des Integrationsmotivs unterstreichen.[3]

Wenn wir, durch diese Beobachtung dazu angespornt, fragen, worin das Integrationsmodell seine hauptsächlichen Stärken hat, so lassen sich dafür mindestens drei Aspekte benennen. Dieses Modell gestattet zum einen, menschliche Praxis überhaupt *rational* zu erschließen (was natürlich eine Mindestanforderung an eine jede Ethik ist); es erlaubt zum zweiten, Praxis *dynamisch*, d.h. in ihrem Tätigkeitssinn zu verstehen; drittens aber ermöglicht es auch, alle konkrete Praxis zugleich in ihrer *Einbettung in größere Handlungs- und Daseinskontexte* zu betrachten, praktische Philosophie also auch deskriptiv zu betreiben – so dass man hier, alles in allem, die Formel gebrauchen kann: Integration als Leitbegriff praktischer Philosophie thematisiert zugleich (a) das Strukturgesetz, (b) den inneren Antrieb und (c) das offene Feld der Bedingungen gelingender Praxis.

(a) Das *Strukturgesetz* der Praxis betreffend, können wir sagen, dass eine der größten und unwiderruflichsten Leistungen des griechischen Denkens überhaupt, nämlich die logische Dechiffrierung menschlicher Praxis, ohne einen integrationstheoretischen Vorbegriff nicht denkbar gewesen wäre: denn wie die Grundstruktur des Logos, aristotelisch zu reden, das πρὸς ἕν, also die „Sammlung" auf das Eine hin ist, schließt das Integrationsmodell humane Praxis auf einen *inneren* Einheitssinn, auf einen Sammlungscharakter hin auf, kraft dessen alleine sie

---

3 *R. Smend*, Verfassung und Verfassungsrecht, München und Leipzig 1928.

mehr ist als ein kontingentes Geschehen oder auch eine nur äußere Befolgung von Präskriptionen.

(b) Das zweite betreffend, also den Antrieb oder die Dynamik der Handlung, erinnern wir uns hier nur, dass in der griechischen Philosophie das alte Erbstück des zunächst logisch-ontologisch verhandelten Einheits-Vielheits-Problems mit Sokrates in ein praktisches Problem transformiert, ja mit dieser Transformation auf bestimmte Weise gelöst worden ist: denn Vieles und Eines erschienen jetzt nicht mehr als aparte Extreme, sondern als Momente einer Integrations-Dynamik, einer tätigen Zweckbeziehung, sokratisch-platonisch: eines ordnenden „Worum-willen" (οὗ ἕνεκα), von dem aus sich alle weiteren ethischen Grundbegriffe erschließen. Ich verweise hier dafür nur auf die praktische Grundkategorie der Tugend, die in sokratischer Deszendenz stets die dynamisch-integrative Kompetenz bezeichnet, den unterschiedlichsten Umständen des Handelns gleichwohl die Einheit des Handlungszieles, ja eine eigentlich erst seinsmächtige Identität des Handelnden abzugewinnen.

(c) Schließlich, das Dritte betreffend, also die integrationstheoretisch aufschließbare Einbettung der Praxis in größere Handlungs- und Daseinskontexte, geht es hier um die Empirie guten Handelns, die das Gute insofern in integrativen Leistungen darzustellen vermag, als sie Integration zugleich schon voraussetzen und bei ihr anknüpfen kann. In diesem Sinne treffen wir insbesondere bei Aristoteles auf eine integrationstheoretische Lehre vom immer schon gelebten Ethos des Hauses, vom Ethos der Polis oder, polisübergreifend, vom Ethos des von „Natur aus Rechten", wobei die aristotelische Naturrechtslehre gerade deshalb so vergleichsweise metaphysikfrei anmutet, weil sie als Lehre vom integrativen Horizont menschlicher Praxis, nicht etwa als ontologische These eingeführt ist. Aber wie dem auch sei: konkretes Ethos als selbst schon integrative Wirklichkeit erscheint hier in jedem Fall als die Basis für die nächst höheren integrativen Akte, ja Ethik selbst ist zuletzt nur Funktion des schon gelebten Logos – in etwa so, wie der Stagirite es selbst in nur wenig anderer Meinung sagt: ἡ δ'ἠθικὴ ἐξ ἔθους περιγίνεται – „die Ethik kommt aus dem Ethos"[4].

Ganz anders dann freilich das *Autonomiemodell*! Schon bei Kant, auf den das Stichwort „Autonomie" als ersten verweist, ist klar, dass Praxis sich nicht mehr von einer integrativen Teleologie her als vernünftig erschließt; rational ist jetzt vielmehr eine Handlung, die den Charakter strenger Gesetzmäßigkeit, also Allgemeinheit und Notwendigkeit aufweisen kann. Inhaltlich geht es sodann, zweitens, nicht mehr darum, durch integrative Praxis dem Selbst immer größere

4 *Aristoteles*, Nikomachische Ethik II, 1, 1103 a 17.

Handlungssphären zu öffnen, sondern darum, den inneren, als in sich frei vorausgesetzten Personkern unter allen, auch den widrigsten Umständen in seiner Freiheit zu erhalten – darum also, Subjekt und Gesetzgeber, nicht Objekt und einem äußeren Gesetz Unterworfener zu sein. Und drittens setzt diese Ethik jetzt auch nicht mehr ein schon gelebtes Ethos, sondern viel eher schon dessen Krise und ein daran entzündetes Selbstbewusstsein der Freiheit voraus, bei der alleine sie anfängt und auf die alleine sie auch wieder zurückführen will. Kant hat damit ein Pathos der Freiheit und des Bewusstseins der Unbedingtheit des Handelns angeschlagen, das sich in der Folge auch in Ethiken findet, die einem strengen Begriff vernünftiger Selbstgesetzgebung nicht unbedingt mehr Genüge tun, sondern auch Willkürfreiheit und Kontingenz ins Unbedingte hinausstilisieren. Kierkegaards Forcierung des (empirisch) Ein-Einzelner-Seins, Nietzsches Apologie der individuellen Nuance, Adornos Einspruch gegen den Schein der Versöhnung, Sartres Beschwörung der absoluten Spontaneität – alle Ansätze dieser Art fragen nach einer ethischen Unmittelbarkeit, einem authentischen Sein, das sich selber Gesetz und gegen die Fremdbestimmung durch das Gesetz der Masse, der Herde, des falschen Bewusstseins gefeit ist.

Aber immer gilt auch das andere: dass in dieser Frage die Krise der *Ethe* als rationaler Lebensformen sich reflektiert, dass das empirisch Gute dem Skeptizismus des bloßen Scheins des Guten unterliegt. Zugleich aber wird die freiheitsbewußte Subjektivität nun zum archimedischen Punkt der Ethik, und zwar im Sinne einer Subjektivität, die nicht mehr eine sich erst findende, eine zu sich erst werdende sein kann. Diese neue, nicht graduierbare Subjektivität ist sich in ihrer Selbstpräsenz dann auch der Sollgehalt aller Praxis, der Grund und das *Telos* des Handelns zugleich. Ich schalte an dieser Stelle nur die Beobachtung ein, dass bei Kant und nicht selten auch dann noch, wenn die Kantische qualifizierte durch eine nur negative Freiheit ersetzt wird, das schon erwähnte neue Pathos der Unbedingtheit einen Druck auf das Handeln legt, wie ihn das Integrationsmodell so nicht kannte noch kennen konnte. Dem Handeln wird jetzt, im Zeichen seiner Unbedingtheit, eine Letztbestimmtheit, eine *omnimoda determinatio* abverlangt, die nur die andere Seite der reinen Selbstbestimmtheit, der bei sich selber beginnenden Freiheit ist. Klassisch ist, wie wir wissen, dieser innere Unbedingtheitsanspruch an die menschliche Praxis seit Kant im Begriff der Menschenwürde zusammengefasst, die sich idealerweise in jeder unserer Handlungen zur Darstellung bringen soll bzw. um deren reale Ermöglichung es dann z.B. in konkreten Menschenrechtspolitiken geht. Wir verfolgen diesen Gedanken jetzt nicht weiter, sondern wenden uns – wie angekündigt – der Probe aufs Exempel zu, die wir auch in Beziehung auf aktuelle Fragen auf dem Felde der Bioethik vornehmen wollen.

## II. Die Positionierung der Bioethik zwischen Integrations- und Autonomiemodell

Die Bioethik ist, wie man weiß, eine junge, bemerkenswerterweise jedoch von ihren Anfängen an durchaus doppelgesichtige Disziplin. Sogar einen Prioritätsstreit bezüglich der Findung des Namens „Bioethik" um das Jahr 1970 herum hat dieser zweifache Ansatz hervorgebracht, was jedoch nicht dazu verleiten sollte, hier einfach nur eine Äquivokation, die leicht zu entdecken und auszuräumen wäre, zu vermuten.[5] Denn in der Tat geht es auf *beiden* Seiten um unser gerade auch wissenschaftlich gestütztes Handeln, insofern es das Leben und Sterben des Menschen als Individuum wie auch als Gattung betrifft. Der Unterschied ergibt sich vielmehr aus der Dimension, dem Horizont, in dem das aufs Leben und Sterben bezogene menschliche Handeln jeweils thematisch wird – und hier genau stoßen wir auf unser Zweigespann, die Polarität von Integrations- und Autonomiemodell, wie wir uns zuerst kurz klarmachen.

Zweifellos gehört der bioethische „Mainstream" heute dem Autonomiemodell an,[6] in dessen Rahmen Bioethik als kasuistisches Normfindungsunternehmen verstanden wird, bei dem es vor allem um die Feststellung von Interventionsregeln und -grenzen im Rahmen des technischen Handelns auf das Substrat individuellen und kollektiven menschlichen Daseins, also das Leben, geht.[7] Tina Stevens hat in ihrer einschlägigen Untersuchung zur Vorgeschichte der Bioethik in Nordamerika ausführlich nachgewiesen, dass die Ursprünge dieses Typus von Bioethik in der Hauptsache in wissenschaftskritisch-emanzipatorischen Impulsen lagen, die mit bis tief ins 20. Jahrhundert hinein herrschenden utilitaristisch-paternalistischen Vorstellungen über eine nachgerade unbeschränkte Handlungs-

5 Zu dem erwähnten Prioritätsstreit wie auch anderen begriffsgeschichtlichen Aspekten s. *W. Korff*, „Einführung in das Projekt Bioethik", in: *P. Mikat / L. Beck / W. Korff* (Hrsg.), Lexikon der Bioethik, Gütersloh 2000, 7-16.

6 Was nicht heißt, dass hier der (strenge) Kantische Autonomiebegriff vorausgesetzt werden könnte; in der Tat wird „autonomy" im angelsächsischen Bereich weit überwiegend von einer negativen (Willkür-)Freiheit, nicht von der qualifizierten Freiheit der Selbstgesetzgebung aus Vernunft her verstanden.

7 Als ein Beispiel für viele führe ich die Definition von *L. Siep*, in: *A. Pieper / U. Thurnherr* (Hrsg.), Angewandte Ethik. Eine Einführung, München 1998 an: „Bioethik" erscheint hier als jener „Bereich der Ethik, der sich mit der richtigen Handlungsweise des Menschen gegenüber dem Lebendigen … oder der Natur insgesamt beschäftigt" (16).

freiheit der Wissenschaft brechen und einer strengen Rechtfertigungspflicht auch für wissenschaftliches Handeln Geltung verschaffen wollten.[8]

Diesem *ersten*, im Interesse der Autonomie auf den Weg gebrachten Bioethik-Projekt stand nun jedoch von Anbeginn an ein ganz anderer Typus von Bioethik gegenüber, dem es zwar ebenfalls nicht zuletzt um eine Domestizierung und Humanisierung der Wissenschaften ging, dessen Leitaspekt jedoch gerade nicht im Autonomiegedanken lag. Gemeint ist hier jene Bioethik, deren Konzept mit Namen wie denen von Van Rensselaer Potter, Hans Jonas oder auch einem zu neuen Ehren gebrachten Albert Schweitzer verbunden ist und in der es im Rahmen eines eher holistischen Ansatzes nicht so sehr um Fragen der Einzelnormierung von Interventionen als vielmehr um eine Neubesinnung auf die Dimensionsgröße Natur als Horizont unseres Handelns, auf das Leben als Integral unserer Existenz, gegebenenfalls auch um einen neuen Typus von Wissenschaft ging. Was im Einzelnen einer Wissenschaft jetzt zu tun erlaubt und verboten, was auch *ge*boten sein sollte, hatte sich aus dem Nachweis zu ergeben, dass die entsprechende Praxis den *Bios* im ganzen in die Reflexion aufgenommen und sich vor ihm, nicht alleine vor partikularen menschlichen Zwecken rechtfertigen konnte. Es ging zuletzt um die Neugründung eines Ethos, das noch die autonome Aktion umfassen und ihr eine Dimension geben sollte, die sie als unmittelbarer Ausdruck einer freiheitsbewußten Subjektivität nicht sogleich haben konnte. Mit anderen Worten: es ging und geht hier um ein *Integrationsmodell von Bioethik*, das auch Platz hat für eine werdende, eine zu sich erst findende Subjektivität, diese aber zugleich nicht einfach zum Maß aller bioethischen Fragen erhebt.

Diese soeben aufgezeigte Alternative im Verständnis der Bioethik ist nun, wie ich betonen möchte, nicht einfach nur von akademischem Interesse. Ich zeige dies an einem Beispiel, bei dem es zunächst um das derzeit ja vieltraktierte Thema der kulturellen Sensibilität der Bioethik geht, das Beispiel nämlich des Versuchs, in einer zunehmend globalisierten, dennoch aber kulturell pluralisierten Welt globale bioethische Standards zur Geltung zu bringen. Das derzeit wichtigste Dokument eines solchen Versuchs dürfte die „Allgemeine Erklärung über Bioethik und Menschenrechte" sein, die die UNESCO-Generalkonferenz im Oktober 2005 beschlossen hat. Dieser Text nun stellt sich, wie dem wachen Ohr schon die Erwähnung der Menschenrechte im Titel ankündigt, zunächst eindeutig in den Rahmen des Autonomiemodells, will jedoch – bei einem UNESCO-Text nicht überraschend – die Pluralität der Kulturen und Lebenswelten nicht

8 *T. Stevens*, Bioethics in America: Origins and Cultural Politics, Baltimore 2000.

einfach außer Acht lassen[9]. Damit sind freilich Kollisionen schon vorprogrammiert, denn das Argument, dass zum Beispiel ein bioethisches Autonomieprinzip nur der besonderen Kultur des Westens angehöre und sich nur fälschlich für universal halte, ist gerade aus den kulturübergreifenden Bioethik-Debatten des letzten Jahrzehnts gut bekannt. Tatsächlich bringt das UNESCO-Dokument dann auch zum Ausdruck, dass im Zweifel dem Autonomieprinzip gegenüber kultureller Bindung der Vorrang gebührt, denn nichts anderes ist der Kern dessen, was wir in Art. 12 lesen:

> „Die Bedeutung der kulturellen Vielfalt und des Pluralismus soll gebührend berücksichtigt werden. Solche Erwägungen dürfen jedoch nicht herangezogen werden, um die Menschenwürde, die Menschenrechte und die Grundfreiheiten oder die in dieser Erklärung niedergelegten Grundsätze zu verletzen oder ihren Geltungsbereich einzuschränken".

Was damit alles im Einzelnen gemeint ist, macht dann noch einmal ein Bericht klar, den der Internationale Ausschuss für Bioethik der UNESCO (IBC) zum Thema „informed consent" im April des Jahres 2007 vorgelegt hat.[10] Dass es sich bei dem Konzept der „informierten Zustimmung" um eine Ableitung aus dem „Autonomieprinzip der modernen Medizin-Ethik" handelt, ist dem UNESCO-Komitee klar, so, wie es auch darauf hinweist, dass es verschiedene soziokulturelle Hindernisse in der Umsetzung dieses Prinzips geben kann – Hindernisse, die vor allem dann gegeben sind, wenn das konkrete Ethos „gemeinschaftliche Verfahren der Entscheidungsfindung" („communal ways of decision making", also zum Beispiel den so genannten „family consent") favorisiert und in Folge davon der nach unseren, d.h. autonomistischen, Begriffen Nächstbetroffene gar nicht selbst den Ausschlag in der Entscheidung über zum Beispiel eine medizinische Intervention gibt.[11] Man muss sich nicht sehr lange in das Problem vertiefen, um zu bemerken, dass wir hier sehr rasch auf ein intrikates Problem des Autonomiemodells stoßen. Die Frage ist nämlich keineswegs nur einfach die, ob hier kulturbedingt bestimmte Subjekte bestimmte andere Subjekte im Ausdruck ihrer autonomen Entscheidung behindern, sondern sie ist in letzter

---

9 *Deutsche UNESCO-Kommission* (Hrsg.), Allgemeine Erklärung über Bioethik und Menschenrechte. Wegweiser für die Internationalisierung der Bioethik, Bonn o.J. Über die Entstehungsgeschichte des Dokuments s. dort den Bericht von *R. Kollek* (37-49).

10 *International Bioethics Committee (IBC)*, Draft Report on Consent by the Working Group of IBC on Consent, Paris, 13 April 2007 (AZ: SHS/EST/CIB-13/06/CONF.505/2 Rev.1).

11 S. a.a.O. N. 166, auch N. 113ff. (III.3.3.).

Instanz die, ob es den stillschweigend immer schon vorausgesetzten Adressaten des Autonomiemodells, nämlich die freie und sich ihrer Freiheit bewusste Subjektivität, im konkreten Kontext überhaupt gibt und der Appell an die Autonomie nicht gerade deshalb immer wieder ins Leere geht, weil eben dies *nicht* der Fall ist. Dies *sollte* jedoch aus der Sicht des Autonomiemodells so nicht sein, und so überrascht es dann nicht, wenn das UNESCO-Komitee als *ultima ratio* für den Fall der Subjektabsenz Erziehungsmaßnahmen vorschlägt, Maßnahmen, deren Sinn es ist, „to promote education towards autonomy and individual responsibility“[12]. Allerdings dürfte hier nicht nur den hartgesottenen Kulturalisten, sondern gerade auch den Liebhaber der vormundschaftsfreien Autonomie ein leises Unbehagen beschleichen, so dass auch er sich die Frage stellen wird, ob es nicht andere Wege geben mag, die „kulturelle Vielfalt gebührend zu berücksichtigen“, als den kulturell doch eher unsensiblen einer Erziehung zu Sollzielen, die einem schon gelebten Ethos zunächst nur *von außen* entgegentreten.

Zur Beantwortung dieser Frage mag es sinnvoll sein, zunächst von der Einzelfrage der Handhabung des Zustimmungsprinzips in kulturell spezifischen Kontexten einen Schritt zurück zu tun und im Sinne des *holistischen* Bioethik-Ansatzes darauf zu verweisen, dass gerade eine globale Bioethik mehr als nur Fragen einer globalen Normdurchsetzung, mehr auch als nur Fragen der *Normierung von Interventionen* im Sinne haben muss. Die Frage der Normierung von Interventionen ist zwar eindeutig für das Autonomiemodell zentral, so wie die Frage der Normdurchsetzung gegen ein Ethos, das nur eine bedingte, partielle oder gar keine „Kultur des Subjekts“ kennt, für es ebenfalls von zentraler Bedeutung ist. Umgekehrt aber schließt das faktische Fehlen einer an autonomieethischen Standards orientierten „Kultur des Subjekts“ nicht aus, dass es im Rahmen eines so beschaffenen Ethos nicht gleichwohl eine menschliche Praxis gibt, die auf spezifische Weise in sich vernünftig, sozial tragfähig, ja auch in bioethischen Orientierungsbelangen weiterführend sein könnte. Niemand würde behaupten, dass menschliche Praxis insgesamt *alleine* am Modell der Intervention und deren Normierung beschrieben werden kann; vielmehr ist hier von vornherein die ganze Fülle jener integrativen Lebensvollzüge in den Blick zu nehmen, die ein Ethos, eine Kultur erst konstituieren.

Entsprechend aber kann die Alternative zum autonomieethischen Ansatz auch nur lauten, dass in den Lebenswelten auch der uns scheinbar fernsten Kulturen zunächst immer auch Ressourcen eines schon vorhandenen *Orientierungswissens* zu entdecken sind: Ressourcen eines Wissens, das sich dann zwar durch-

12 A.a.O. N. 166.

aus dem Wettbewerb des Gewussten und der Wissensformen wird stellen müssen, das aber über alle kasuistische Einzelnormierung hinaus zunächst einmal effektiv jenen öffentlichen Raum zu konstituieren vermag, auf dessen Agora dann auch die Wertsetzungsfragen zum Beispiel *in bioethicis* zur Debatte stehen können. Es erweist sich hier als die Stärke eines in diesem Fall bioethisch gewendeten Integrationsmodells, die großen praktischen Lebensvollzüge etwa der Kunst, der Religion, der Feste, der Institutionenbildung als Potentiale gerade auch der ethischen Orientierung erschließen zu können, auch wenn damit nicht sogleich schon praktisches Wissen im engsten Sinne gewonnen ist.

Das hätte dann im globalen Wechselverhältnis der Lebenswelten den entscheidenden Vorteil, dass es nicht nur auf der Ebene des Verfahrens zu einem gegenseitigen Geben und Nehmen kommen könnte, sondern darüber hinaus auch inhaltlich Dimensionen in den Blick zu treten vermöchten, die aus der Perspektive der bloßen Normimplementierung jedenfalls nicht auf der Tagesordnung erscheinen. Ich verweise für diesen Aspekt hier nur auf die Tatsache, dass das Autonomiemodell mitunter nicht über Negativregeln wie das Läsionsverbot hinausführt, das Integrationsmodell dagegen sehr wohl zum Beispiel positive *Integritätskonzepte* zu etablieren vermag, die beispielsweise unsere eigene leibliche Integrität, die Integrität des uns übergreifenden Lebenszusammenhangs oder zum Beispiel auch die Frage der Schutzwürdigkeit der Artenvielfalt betreffen.[13] Das Integrationsmodell verheißt dabei gerade auch eine wirksame Sachverhaltsreflexion, weil es bei der lebensweltlichen Verankerung einer Perspektive auf den *Bios* anschließt, der zwar auch in ihm nicht unmittelbar ein Objekt der Ethik sein kann, wohl aber eine konstitutive, ja in gewissem Sinne auch reflexive Bezugsgröße des gelebten Ethos ist.

Die mit den Augen Ostasiens gesehene Landschaft, eine afrikanisch mit allen Sinnen vergegenwärtigte „force vitale", eine im Sinne der jüdischen Religion erfahrene „leibliche" Schöpfung[14] sind dann nicht einfach als Störfaktoren bei der ethischen Normfindung beiseite zu setzen. Sie sind vielmehr als primäre *integrative* Bezugssysteme der bioethischen Urteilsbildung ernst zu nehmen –

---

13 Das betrifft beispielsweise das, was man die „Entdeckung des Leibes" bei *Fichte* (im frühen Naturrecht und der Sittenlehre von 1798) nennen kann: der Leib erscheint hier als gegenständlich gewordene Selbstständigkeit des Subjekts, die genau in diesem freiheitsaffinen Sinne auch moralisch zu respektieren und rechtlich zu schützen ist.

14 S. dazu *P. Wick*, „Biblische Anthropologie und moderne Ethik. Gemeinsame Wurzeln und Divergenzen jüdischer und christlicher Ethik", in: *Th. Eich* / *Th. S. Hoffmann* (Hrsg.), Kulturübergreifende Bioethik. Zwischen globaler Herausforderung und regionaler Perspektive, Freiburg / München 2006, 199-226.

und zwar auch dann, wenn auf der anderen Seite in allen Konstellationen einer freien Begegnung von Subjekt und Subjekt das schon gesetzte Freiheitsbewusstsein gerade *nicht* durch Berufung auf kulturelle Normierung oder gar durch Fetischisierung einer Kultur unterboten werden darf. Gerade, wenn es Anlass zu der Vermutung gibt, dass in der strukturellen Dynamik von Kultur in jedem Fall eine tendenzielle Herausarbeitung des Freiheitsbewusstseins liegt, gibt es umgekehrt Anlass zu der Hoffnung, dass das Freiheitsbewusstsein sich auch immer wieder kulturell instantiiert finden kann. Die *autonomia noumenon*, so könnte man sagen, vollendet sich erst, wenn ihr eine *autonomia phaenomenon*, das heißt ein Leib der Freiheit zur Seite gestellt werden kann.

## III. Stammzellforschung als bioethisches Konkretionsfeld

Kommen wir damit aber zur Konkretisierung am Beispiel der Stammzellforschung, die inzwischen seit mehr als einem Jahrzehnt ethische Fragen aufwirft, an denen sich die Gemüter scheiden. In der weltweiten bioethischen (und biojuridischen) Debatte der letzten Jahre haben sich einige Hauptaspekte herausgeschält, die die Diskussion in der einen oder anderen Weise regelmäßig bestimmen. Ich stelle hier in Kürze die drei wichtigsten dieser Aspekte und die dabei jeweils zu lösenden Kontroversen dar. Es geht um den Schutz der Menschenwürde, die ihrerseits einerseits integrativ, andererseits autonomistisch verstanden werden kann, sodann um die (autonomistische) Perspektive einer sogenannten „Ethik des Heilens“ und zuletzt immer auch um die Frage der Forschungsfreiheit – drei Fragen also, bei deren Beantwortung in der Regel ein „integrationistisches“ und ein „autonomistisches“ Ethikkonzept und entsprechend konträr ausgelegte Bioethiken aufeinander prallen.

### *1. Menschenwürdeschutz versus Verobjektivierung*

Die bereits zitierte *Allgemeine Erklärung über Bioethik und Menschenrechte* der UNESCO schreibt in Art. 3 Abs. 1 im Hinblick auf alles Handeln in der Medizin, den Lebenswissenschaften und den diesbezüglichen Technologien eine Achtung „der Menschenwürde, der Menschenrechte und der Grundfreiheiten“ „in vollem Umfang“ vor.[15] Wenn die Erklärung dabei festhält, dass „die Interessen und das

15 *Allgemeine Erklärung der Bioethik und Menschenrechte*, a.a.O. 14. – Zur Diskussion über die Reichweite des Begriffs „Menschenwürde“ in der Bioethik s. hier im Übrigen nur *M. Kettner*, Biomedizin und Menschenwürde, Frankfurt am Main 2004; *N. Knoepffler*, Menschenwürde in der Bioethik, Heidelberg 2004; *W. Schweidler / H. A. Neumann / E. Brysch* (Hrsg.), Menschenleben – Menschenwürde, Münster / Hamburg / London 2003.

Wohl des Einzelnen ... Vorrang vor dem alleinigen Interesse der Wissenschaft oder der Gesellschaft haben“ sollen (Art. 3 Abs. 2), macht sie zugleich deutlich, wie ein Ausgleich im Falle konkurrierender Rechte und Grundfreiheiten zu gestalten ist: es soll einen Vorrang des individuellen Würde- und Grundrechtsschutzes vor allen kollektiven Ansprüchen und Interessen geben, die nicht auch die des Individuums selbst sind. Das Individuum und die individuelle Integrität dürfen nicht abstrakten Zielen, auch nicht „hochrangigen“ Zielen, wie z.B. dem wissenschaftlichen Fortschritt oder einem erwarteten gesamtgesellschaftlichen Nutzen, geopfert werden. Das bedeutet aber, dass „Menschenwürde“ hier von einer basalen vorbehaltlosen Anerkennung des Daseins und Daseindürfens eines jeden menschlichen Individuums als eines Selbstzwecks her gedacht ist. „Menschenwürde“ zielt entsprechend auf eine integrative Ordnung, in welcher die Zugehörigkeit zum Menschengeschlecht als solche schon ein unbedingtes Daseindürfen, d.h. elementares Freisein, einschließt. Mit der Zugehörigkeit zum Menschengeschlecht ist jedoch auf die – aller konkreten Subjektivität empirisch vorangehende – Leiblichkeit gezielt, in der sich Subjektivität bzw. die Bestimmung zu ihr gleichsam physisch anschaulich macht.

Das deutsche Verfassungsrecht hat den hier angesprochenen, rechtsstaatlich unaufgebbaren Menschenwürdeschutz klassisch in die so genannte „Objektformel“ von Günter Dürig gegossen: Alles Handeln, das ein menschliches Individuum darauf reduziert, Objekt (und Mittel) fremder Zwecke zu sein, verstößt gegen das Gebot der Achtung der Menschenwürde.[16] Denn während es der Sinn der rechtsstaatlichen Ordnung und eines würdewahrenden Handelns ist, den Menschen in den Rang des Subjekts und des freiheitlichen Handelns einzusetzen bzw. ihn darin zu erhalten, geht die mit dem Menschenwürdeschutz unvereinbare Verobjektivierung entweder mit einer vollständigen Aufhebung der möglichen Subjektivität des Individuums oder aber mit einer diese Subjektivität unzulässig einschränkenden Instrumentalisierung einher.

Freilich: auch wenn die Grundlagen insoweit sehr klar zu sein scheinen, hat sich gerade in der Anwendung auf die Forschung mit humanen embryonalen Stammzellen hier dennoch ein Dissens ergeben, der mit den beiden Fragen zu tun hat, inwieweit menschliche Leiblichkeit von lebendiger menschlicher Subjektivität her, inwieweit sie als Objekt zu verstehen ist, aber auch, inwieweit mit dem Begriff Menschenwürde (im Sinne von Integration) eine interpersonale Anerkennungsordnung gestiftet werden oder aber (im Sinne von Autonomie) der

16 S. *G. Dürig*, Kommentierung zu Art. 1 Abs. 1, in: *Th. Maunz*, *G. Dürig* et al., Grundgesetz. Kommentar, München 1976, Rn. 22.

Rechtsanspruch des Einzelsubjekts überhaupt artikuliert werden soll. In der Debatte treten gemäß diesen Frontlinien regelmäßig zwei Lager auf, deren eines das übergreifende Ganze, deren anderes die Freiheit der Zwecksetzung im Blick hat. Während die eine Seite dann den Verbrauch von Embryonen für die Forschung als größtmöglichen Würdeverstoß und „die Gewinnung von Stammzellen durch Tötung von Embryonen" entsprechend als „nicht zu rechtfertigen" ansieht,[17] ist die andere Seite der Meinung, dass, etwa im Falle der so genannten „überzähligen Embryonen", die „Vernichtung menschlichen Lebens" nicht „mit einer Verletzung der Menschenwürde gleichzusetzen sei" – jedenfalls insofern die „Finalität" der Tötung akzeptabel (z.B. von einem therapeutischen Interesse geleitet) sei.[18]

Dabei ist freilich nicht zu leugnen, dass mit jeder „teleologischen", d.h. immer schon nutzenorientierten, Aufhebung des Würdeschutzes der Boden eines in der Tat integrativen Menschenwürdebegriffs, wie er in der Tradition insbesondere von Kant den Menschen vor jeder Art Vereinnahmung durch seinesgleichen schützen soll und der gerade in dieser Bedeutung grundlegend für das neuere Verfassungsrecht wurde, schon preisgegeben ist.[19] Die Rechtsordnung verabschiedet sich so von einem „offenen Menschenbild" zugunsten eines selektionistischen Umgangs mit Menschen durch Menschen.[20] Die schon vor einigen Jahren ausgesprochene Warnung von Jürgen Habermas, dass im Rahmen einer nicht mehr deontologisch regulierten, sondern utilitaristisch enthemmten Praxis in der Biomedizin und Gentechnologie unsere besten, auf eine „Ethik des Selbstseinkönnens" zielenden Regeln des sozialen Umgangs „auf normfrei-funktionalistische Begriffe" der interpersonalen Relationen „umgestellt werden könnte[n]", ist durchaus ernst zu nehmen.[21] Wie der Fall des gestürzten koreanischen

---

17 S. z.B. die prominente Stimme von *E.-W. Böckenförde*, „Menschenwürde als normatives Prinzip. Die Grundrechte in der bioethischen Debatte", in: Juristen-Zeitung 58 (2003), 809-815, loc. cit. 813.

18 S. *M. Herdegen*, „Die Menschenwürde im Fluß des bioethischen Diskurses", in: Juristen-Zeitung 56 (2001), 773-779, loc. cit. 775; außerdem *ders.*, Kommentierung zu Art. 1 Abs. 1, in: *Th. Maunz / G. Dürig* et al., a.a.O., München 2003.

19 Dazu *Th. S. Hoffmann*, „Zur Aktualität Kants für die Bioethik", in: Synthesis Philosophica 39 (2005), 151-163.

20 So etwa *W. Höfling*, „Definiert die Rechtsordnung den Menschen?", in: *W. Schweidler / H. A. Neumann / E. Brysch* (Hrsg.), Menschenleben – Menschenwürde, a.a.O. 165-173, loc. cit. 173.

21 *J. Habermas*, Die Zukunft der menschlichen Natur. Auf dem Weg zu einer liberalen Eugenik?, Frankfurt am Main 2001, 32.

„Klonkönigs“ Woo-Suk Hwang und der „freiwilligen“ Eizellspenden seiner Mitarbeiterinnen gezeigt hat, kann es auch zur Internalisierung einer gesellschaftlichen Erwartung an junge Frauen kommen, die für das so genannte „therapeutische Klonen“ erforderlichen Eizellen zur Verfügung zu stellen, was einer „Tendenz zur Sozialpflichtigkeit des weiblichen Körpers“ gleichkommt.[22] Auch damit ist ethischen und biojuridischen Standards widersprochen, wie sie noch zuletzt die UNESCO-Erklärung festzuhalten versucht.

### *2. Grenzen von „Therapierechten“ und einer „Ethik des Heilens“*

Die Forschung mit embryonalen Stammzellen wird immer wieder mit einem „Recht auf Therapie“ oder „Gesundheit“ begründet, als dessen Sachwalterin sich dann gerne eine „Ethik des Heilens“ anbietet. Tatsächlich ist ein „Recht auf Gesundheit“ nicht einfach nur ein moralisch geltend zu machender Anspruch, sondern durchaus ein positives Recht, das etwa in dem „Internationalen Pakt über wirtschaftliche, soziale und kulturelle Rechte“ vom 19. Dezember 1966 in Art. 12.1 als „Recht auf das für ihn erreichbare Höchstmaß an körperlicher und geistiger Gesundheit“ festgestellt ist.[23] Allerdings kann kein subjektives „Recht auf Gesundheit“ jemals ein absolutes sein, also etwa ein „Recht“, das die Unversehrtheit Dritter gefährden oder gar aufheben könnte. Grundsätzlich gilt hier, und dies gerade auch im Blick auf eine Embryonen verbrauchende Forschung: Wer um zukünftiger – reeller oder vermeintlicher – Heilungschancen willen jetziges individuelles Leben antastet, begeht einen „humanitaristischen Fehlschluß“[24].

Subjektive oder auch objektive „Therapierechte“ kann es so wiederum nicht abstrakt (von einem isolierten autonomistischen Standpunkt aus), sondern nur im Rahmen der rechtsstaatlichen (integrativen) Ordnung insgesamt, d.h. unter Voraussetzung eines Menschenwürde- und Grundrechtsschutzes für alle, geben, und sie können darüber hinaus nur im Rahmen der (niemals unbegrenzten) öffentlichen medizinischen Vorsorgemaßnahmen überhaupt Sinn und Bedeutung haben. Mit dieser Umfangsbeschränkung ist *eo ipso* auch die Wahl der einzufordernden möglichen Therapiewege beschränkt. Insbesondere kann in normativer Hinsicht nicht die Gesundheit (sei es die eigene, sei es die kollektive) zu einem Zweck der Rechtsordnung erhoben werden, der dann elementare Rechtsprinzipien wie den

---

22 S. *I. Schneider*, „‚Reproduktives‘ und ‚therapeutisches‘ Klonen“, in: *M. Düwell / Kl. Steigleder* (Hrsg.), Bioethik. Eine Einführung, Frankfurt am Main 2003, 267-275, loc. cit. 271.

23 S. dazu *O. Höffe*, Medizin ohne Ethik?, Frankfurt am Main 2002, 86 f.

24 Ebd. 44.

Würdeschutz, das Lebensrecht oder das Recht auf körperliche Unversehrtheit ausstechen könnte. Die Gesellschaft darf auch nicht zu einem „Gesamtorganismus", zu einem „Volkskörper" in einem fast buchstäblichen Sinn werden, in dem jeder Teil dem Ganzen rechenschafts- und nutzenpflichtig wäre. In diesem Sinn ist dann aber eine prinzipielle Grenzen ignorierende so genannte „Ethik des Heilens", die gerade im Zusammenhang mit der neueren Biomedizin gerne zu utopistischen Versprechungen neigt, an den konkreten, das Individuum nicht überspringenden ärztlichen Heilauftrag zurückzubinden.[25] Das Individuum nicht zu überspringen, meint hier wiederum, Freiheit zu ermöglichen, indem eine integrative Koexistenzordnung aller leiblichen Freiheitswesen gedacht ist, deren jedes allen anderen eine prinzipiell unübersteigbare Grenze zieht. „Integration" und „Autonomie" schließen sich in Beziehung auf die ethische Grenze, die der menschliche Leib für äußere Interventionen darstellt, gerade nicht aus.

### *3. Forschungsfreiheit und leiblicher Selbstbesitz*

Die Freiheit der Forschung zählt nicht nur zu den unbestritten höchstrangigen Grundrechten, sondern ist in der Tat immer wieder durch ökonomische, weltanschauliche oder politische Interessen gefährdet. Daraus folgt jedoch nicht, dass jedes beliebige Forschungshandeln als solches schon legitim sei und keiner weiteren ethischen oder juridischen Beurteilung unterstehe. Dies gilt um so mehr, als insbesondere die Naturwissenschaften heute wesentlich auf ein (z.B. experimentierendes) „Erkenntnishandeln" basiert sind.[26] Ein Legitimationszwang für konkretes Handeln entsteht hier spätestens dann, wenn es um ein Handeln an Menschen geht (im Versuch ohne Einwilligung, in der experimentellen Enteignung des Leibes, in der fremdnützigen Forschung an Wehrlosen, zuletzt in der Konsumation der embryonalen „Biomasse" durch Dritte). Er entsteht, insofern eine externe Verwaltung von Leiblichkeit stattfindet – und zwar insoweit, als durch den Zugriff Dritter eine „Enteignung" des individuellen Selbstbesitzes geschieht, der stets nur als ein die eigene Physis einschließender Besitz gedacht werden kann.[27]. Es gibt, wie am Beispiel des „Anspruchs" auf die Eizellspende junger

---

25 S. dazu *S. Ewig*, „Ethik des Heilens und ärztliches Ethos", in: *L. Kühnhardt* et al., Biomedizin und Menschenwürde, ZEI Discussion Paper C 97, Bonn 2001, 17-26.

26 So nachdrücklich *P. Janich*, Konstruktivismus und Naturerkenntnis. Auf dem Wege zum Kulturalismus, Frankfurt / Main 1996.

27 S. *Th. S. Hoffmann*, „Urbesitz versus Enteignung des Leibes. Aspekte zur Klonierung des Menschen aus Sicht praktischer Philosophie", in: *Hans Nutzinger* (Hrsg.), Wissenschaftsethik – Ethik in den Wissenschaften?, Marburg 2006, 55-78. Außerdem: *ders.*, „Bioethik und Öffentlichkeit", in: *A. Čović / Th. S. Hoffmann* (Hrsg.), Bioethik

Frauen bereits erwähnt, heute Anzeichen dafür, dass der Beginn einer „gesellschaftlichen Enteignung des Leibes“, der bei den Embryonen gemacht worden ist oder noch gemacht werden soll, nicht der letzte Schritt ist. Um so wichtiger ist es, sich darüber Klarheit zu verschaffen, dass der Anspruch auf Forschungsfreiheit wie alle anderen konkreten Freiheiten vom Prinzip des auch physischen Selbstseins her eingeschränkt werden muss. Dies aber heißt zuletzt: er ist durch das Recht eines jeden Menschen, ein in seiner Individualität selbsthaftes, nicht fremdverwaltetes Wesen zu sein, ursprünglich limitiert. Er endet an jener letzten, objektiven Andersheit – der Leiblichkeit – der Person, ohne die sie weder einen Selbst-Stand besäße noch ein Gegenüber im Sinne einer wahrhaft integrativen Ordnung sein könnte. Am Leib des Anderen wird die Anerkennungsforderung eigentlich „radikal“.

## *4. Resümee*

Dass die (die Fragestellung der Bioethik auch übersteigende) Polarität von Integration und Autonomie nicht einfach auf einen ausschließenden Gegensatz verweisen muss, sondern auf ein Vermittlungsgefüge zeigt, in dessen Vollbegriff erst die ganze Dimension menschlicher Praxis gefunden werden kann, ist eine These, die auch über konkrete Beispiele wie das mit der Stammzellforschung berührte hinaus die praktische Philosophie beschäftigen muss. In der Sache geht es darum, die *Handlungslogik des Ausgriffs auf Welt*, in der der Ausgreifende auch immer selbst ein Stück Welt und sozusagen *dritte Person* ist, mit der *Logik der handelnden Selbsterhaltung* als freies Ich und *erste Person* zu versöhnen.

So formuliert, könnte ein Lösungsvorschlag darin bestehen, das aus dem Diskussionszusammenhang des Deutschen Idealismus stammende Anerkennungsmotiv dahin fortzuentwickeln, dass die Schaffung von Selbsterhaltungsbedingungen freiheitlicher Subjektivität (also das klassische Autonomieprogramm) *zugleich* integrationsethisch als ein Programm deutbar wird, in dessen Verfolg die Mehrung faktischer Freiheit des einen nicht nur implizit die faktische Mehrung der Freiheit des anderen einschließt, sondern ebenso sehr eine Wechselintegration der Subjekte über die gemeinsame Arbeit an den Bedingungen der Freiheit erfolgt. Insbesondere die Hegelsche Version des Anerkennungsgedankens, die, anders als diejenige Fichtes, das Anerkennungsgeschehen an die Realdynamiken der Arbeit und der Begierde koppelt und insofern das Subjekt nicht nur als ideelle Größe, sondern integrationsethisch als in Welt verwickeltes Sub-

---

und kulturelle Pluralität / Bioethics and Cultural Plurality, Sankt Augustin 2005, bes. 74 ff.

jekt-Objekt – als lebendigen Leib – kennt, kann hier in der Tat als eine anspruchsvolle Lösungsperspektive in Betracht kommen. Allerdings scheint mir für die aktuellen praktisch-philosophischen Fragen, so schon für unser Beispiel aus der Bioethik, eine dialektische *Identifizierung* von Integrations- und Autonomiemodell im Anerkennungsgedanken nicht unbedingt das nützlichste Instrumentarium bereitzustellen; denn in der Tat haben wir es einstweilen gerade auch auf global-kulturpolitischem Feld mit vielfach gegenläufigen Dynamiken zu tun, die durch polare Spannungen mehr gekennzeichnet sind als durch glücklichen Ausgleich.

Vielleicht lässt sich aber gerade dann der wesentliche Inhalt des Anerkennungsgedankens auch in eine Formel fassen, die unterhalb einer eigentlichen Identifikation beider Seiten doch ihre Wechselverwiesenheit aufeinander wie folgt zu artikulieren versucht: „Ein Ethos, das sich nicht auf eine Ethik der Freiheit hin übersteigen, das Autonomie nicht aus sich selbst heraus wollen kann, ist über sich selber blind und gewiss nicht in seine höchsten Möglichkeiten getreten; eine Ethik der Autonomie dagegen, die sich nicht auf ein gelebtes Ethos hin öffnen und an ihm ihre Herkunft wie ihre Resonanzräume finden kann, ist leer und stets in Gefahr, im Bewusstsein ihres intrinsisch unbedingten Moments ihren Weltbezug, damit jedoch ihre Objektivität zu riskieren". Die Formel soll dabei auch zu Bewusstsein bringen, dass das Ziel der praktischen Philosophie zuletzt nicht in einer theoretischen Lösung bezüglich des Spannungsverhältnisses zweier Grundaspekte, sondern im Hinweis auf schon vorhandene, gleichzeitig aber immer entwicklungsfähige *rationale Lebensformen* besteht, die nicht minder *gelebter* und lebensmächtiger wie auch *selbstbewusster* und seiner Unbedingtheit gewahr gewordener Logos sind. Es geht so darum, dem Leben und seinen Vollzügen zum einen durchaus das Auge der Freiheit einzusetzen, andererseits aber nicht zu vergessen, dass auch das Sehen zu den Lebensvollzügen gehört. Das sehend gewordene *Leben* und die sehenden Auges gelebte *Freiheit* sind es dann, die die letzte Würde leiblich-menschlicher Praxis ausmachen. Wenn es der praktischen Philosophie gelingt, die vielen Facetten menschlichen Handelns dahin zu bündeln, dass in der Wechselverweisung von Integration und Autonomie, von Ethos und Unbedingtheit zuletzt diese Freiheitswürde der menschlichen Handlung erscheint, hat sie ein gut Teil von dem, was ihres Amtes ist, schon erfüllt. Das vernünftige Leben als solches kann und will sie niemandem abnehmen.

# Die Religion(en) und die Bioethik

*Klaus Tanner*

Die Begriffe „Religion“ und „Ethik“[1] bezeichnen komplexe Sachverhalte, deren Beziehung selbst noch einmal eine wechselhafte und konfliktreiche Geschichte hat. Die heftigen Auseinandersetzungen um die Frage, ob es Ethik- und Religionsunterricht oder Ethik- anstelle von Religionsunterricht in der Schule geben soll, zeigen: „Ethik“ wird heute meistens in Absetzung und als Alternative zu „Religion“ verstanden. Wird „Ethik“ dermaßen ausdifferenziert, dann entsteht die weitergehende Frage: Wer ist eigentlich für „Ethik“ zuständig?

Zunächst einmal erklären sich die Philosophen für zuständig. Aber *de facto* haben wir unter dem Stichwort „Ethik“ heute eine Diskussionslandschaft, die von keinem Fach mehr allein verwaltet wird. Die ethischen Fragestellungen sind eingewandert in die einzelnen Wissenschaftsdisziplinen und Fächer und „Ethik“ wirkt in den Fächern als ein Medium der Kontexterweiterung. So gibt es etwa in den juristischen Fakultäten keinen Kollegen, der sich mit rechtsphilosophischen Fragen beschäftigt, der nicht zugleich auch die Grundlagentexte der ethischen Tradition mit behandelt. In der Medizin gibt es eine lange Tradition des Nachdenkens über ethische Grundfragen, und viele Lehrstühle für die Geschichte der Ethik sind zu Lehrstühlen für Ethik in der Medizin umbenannt worden. Aber auch in den naturwissenschaftlichen Disziplinen, in der Biologie oder auch in den Ingenieurwissenschaften ist in den letzten Jahren zunehmend ethische Reflexionskompetenz aufgebaut und institutionalisiert worden. Die sog. „ethischen“ Fragen sind diejenigen, die oft an die Grenzen der jeweils fachspezifisch eingespielten Argumentationsmuster bzw. über diese Grenzen hinaus führen. So werden Mediziner und Biologen angestoßen, über die gesellschaftlichen Folgen, die rechtlichen und ökonomischen Implikationen ihres Handelns etc. nachzudenken. Zunächst als extern und fachfremd qualifizierte und damit auf Distanz gehaltene Diskussionen werden als Teil der Fachdiskussion akzeptiert, wenn z.B. Genforscher oder Manager die Kritik von Umweltgruppen an gentechnisch veränderten Nahrungsmitteln zum Gegenstand ihrer eigenen Diskussionen machen oder Mediziner die Ängste in der Bevölkerung, die sich mit Stichworten wie Apparate-

1 *Jan Rohls*, Geschichte der Ethik, Tübingen 1991; *John Rawls*, Geschichte der Moralphilosophie, Frankfurt a. M. 2002.

medizin und Klonen verbinden. Der Vorgang des Einwanderns ethischer Fragestellungen in einzelne Disziplinen lässt sich zugleich als Pluralisierung beschreiben. In diesem Prozess sind Deutungsmonopole aufgebrochen worden. Weder eine einzelne Fachwissenschaft noch einzelne Institutionen können hier sinnvoll Alleinvertretungsansprüche erheben.

Das Auseinandertreten von „Religion“ und „Ethik“ ist ein Phänomen, das relativ spät im kulturgeschichtlichen Verlauf erst in der Aufklärung auftritt. Bis an die Schwelle der Neuzeit waren sogenannte „religiöse“ und sogenannte „ethische“ Fragen kaum zu trennen. So finden Sie etwa beim Reformator Martin Luther kein Buch, das den Titel „Ethik“ trägt. Das, was wir heute so nennen, ist in seinen Gelegenheitsschriften und Predigten abgehandelt. Mit Melanchthon beginnt dann auch in den protestantischen Kirchen eine Tradition, in der die aristotelischen Schriften rezipiert werden. Im Lehrkanon der neuen Landesuniversitäten, an deren Aufbau Melanchthon im protestantischen Bereich entscheidend mitbeteiligt war, bekommt die Ethik einen stärkeren Eigenwert.

„Ethik“ und „Recht“ sind dabei anfangs noch eng miteinander verwoben, etwa in den Naturrechtslehren, und erst allmählich differenzieren sich auch „Ethik“ und „Recht“ aus. Eine sensible und bei neuen Herausforderungen immer wieder neu umkämpfte Grenzziehung bildete sich aus zwischen dem Bereich jener Regeln, deren Einhaltung von allen mit der Androhung von Sanktionen erzwungen werden soll, und jenen Regeln, die zwar dem gemeinsamen Leben dienen, deren Anerkennung aber nicht mit Mitteln des Rechtszwanges durchgesetzt werden darf, wenn die Freiheitsmöglichkeiten nicht selbst untergraben werden sollen. Der Bereich gebotenen Handelns ist größer als der Bereich verbotenen Handelns. Gelebte Moral umfasst immer mehr als rechtliche Regelungen. In einem modernen Gemeinwesen, in dem Menschen mit ganz unterschiedlichen Überzeugungen zusammenleben, können die Überzeugungen einer bestimmten Gemeinschaft oder Gruppe von Menschen nicht unmittelbar in Recht umgesetzt werden, und gleichwohl gilt auch unter modernen Bedingungen: Die Steuerungskraft rechtlicher Regelungen bleibt rückgekoppelt an die moralischen Überzeugungen der handelnden Personen.

Eine entscheidende neue Weichenstellung erfolgt in der Epoche der Aufklärung. Zum einen wird der Religionsbegriff zum systematischen Oberbegriff, unter den alle Phänomene des Glaubens und konfessionelle Bekenntnisse gefasst werden.[2] Im Zuge der Zurückdrängung kirchlich-dogmatischer Wahrheitsan-

2 *Falk Wagner*, Was ist Religion? Studien zu ihrem Begriff und Thema in Geschichte und Gegenwart, Gütersloh 1986; *Ulrich Barth*, Religion in der Moderne, Tübingen

sprüche wird das alltägliche Handeln und die auf Orientierung zielende Reflexion dieser Handlungsvollzüge, die sich unter dem Stichwort „Ethik“ vollzieht, aufgewertet.

Diese Diskussionen verlaufen in Europa unterschiedlich. Während in der englischen Aufklärung die meisten großen Denker zwar kirchenkritisch, aber nicht radikal religionskritisch waren, hat sich in Frankreich ein Verständnis von Aufklärung herausgebildet, das nicht nur einen kirchenkritischen, sondern einen radikal religionskritischen Grundton hat. Die deutsche Aufklärung ist nicht zu verstehen ohne die entscheidenden Beiträge, die gerade protestantische Theologen zur Durchsetzung der Aufklärung geleistet haben.[3] Deren Kirchenkritik ist häufig motiviert durch das Bemühen, einer vernünftigen und praktischen Religionskultur den Weg zu bahnen.

Heute diskutieren wir wieder in einer Lage, in der radikalen Säkularisierungstheorien eher der Abschied gegeben worden ist. So spricht etwa Jürgen Habermas, der lange Zeit ein Vertreter der säkularisierungstheoretischen Überzeugungen war, heute von einer „postsäkularen“ Gesellschaft. Er fordert dazu auf, das Artikulationspotential religiöser Sprachen ernst zu nehmen und ihren „vernünftigen“ Gehalt zu erschließen.[4]

Ein zweites kurzes Schlaglicht sei einleitend geworfen auf die Entstehung der Bioethik.[5] Drei Konstellationen sind dabei in den Blick zu nehmen. Grundlagen wurden geschaffen in der langen Tradition medizinischer Ethik, die zurückreicht bis in die griechische Philosophie. Ein entscheidender profilbildender Schritt

---

2003; *Martin Riesebrodt*, Cultus und Heilsversprechen. Eine Theorie der Religionen, München 2007.

3 *Siegfried Jüttner*, *Jochen Schlobach* (Hrsg.), Europäische Aufklärung(en). Einheit und nationale Vielfalt, Hamburg 1992.

4 Jürgen Habermas wehrt in „Zwischen Naturalismus und Religion“ (Frankfurt a. M. 2005) eine „vorschnelle Reduktion der vielstimmigen Komplexität“ öffentlichen Redens ab. „Der liberale Staat hat nämlich ein Interesse an der Freigabe religiöser Stimmen in der politischen Öffentlichkeit sowie an der politischen Teilnahme religiöser Organisationen.“ Er könne nicht wissen, „ob sich die säkulare Gesellschaft sonst von wichtigen Ressourcen der Sinnstiftung abschneidet. Auch säkulare oder andersgläubige Bürger können unter Umständen aus religiösen Beiträgen etwas lernen ... Religiöse Überlieferungen besitzen für moralische Intuitionen insbesondere im Hinblick auf sensible Formen eines humanen Zusammenlebens, eine besondere Artikulationskraft. Dieses Potential macht die religiöse Rede bei entsprechenden politischen Fragen zu einem ernsthaften Kandidaten für mögliche Wahrheitsgehalte“ (S. 137).

5 *Albert R. Jonsen*, The Birth of Bioethics, New York u. Oxford 1998.

erfolgte dann nach 1945 in den Nürnberger Prozessen. In der Aufarbeitung der Verbrechen nationalsozialistischer Ärzte wurden wichtige Orientierungspunkte formuliert für das Feld der Medizin- und Bioethiken. Die eigentliche Gründungsphase dessen, was wir heute „Bioethik" nennen, liegt in den 60er- und 70er-Jahren in den Vereinigten Staaten. „Bioethik" wird deshalb zu Recht als ein Unternehmen wahrgenommen, das hochgradig kulturspezifisch ist. Es ist geprägt durch die westliche, vor allem amerikanische Kultur und ihre Grundüberzeugungen. Am Ende dieser Phase steht die Gründung der großen, bis heute auf dem Feld wichtigen Zentren, etwa des Hastings-Center oder des Kennedy-Instituts an der Georgetown University.

Die Anfänge der Bioethik in den USA sind entscheidend durch Theologen, Kirchenleute und Seelsorger geprägt. Von den Erfahrungen von Seelsorgern in den Kliniken am Krankenbett, die mit den Folgen neuer medizinischer Möglichkeiten, etwa der Herztransplantation, in den Lebensgeschichten konfrontiert waren, gingen wichtige Impulse zur Organisation von ersten Konferenzen zu diesen Fragen aus. Die Philosophen waren zunächst an diesen Fragen nicht sehr interessiert. Erst in einer zweiten Phase vollzog sich dann das, was Beobachter die „Säkularisierung" der Bioethik genannt haben. In diesem Prozess bekamen sogenannte „religiöse" Überzeugungen zunehmend den Status von Privatmeinungen, denen keine argumentative Bedeutung mehr zuerkannt wurde.

Trotz dieser „Säkularisierung" der Bioethik in den USA blieb aber dort immer das Bewusstsein vorhanden, dass die bioethischen Fragen ihre Wurzeln in der Gesamtkultur und damit auch in den religiösen Überzeugungen der Bürgerinnen und Bürger haben. Bei den Anhörungen, die etwa der „President's Council on Bioethics" organisierte, wurden immer auch Vertreter religiöser Gruppierungen und Kirchen eingeladen. In diesen Anhörungen bildete sich dann der sehr viel größere religiöse Pluralismus der Vereinigten Staaten ab. Es wurden nicht nur Vertreter der verschiedenen christlichen Denominationen eingeladen, sondern auch Vertreter aus dem Islam, dem Judentum oder dem Buddhismus. Exemplarisch zeigt sich hier: „Religion" gibt es nur pluralistisch, in Gestalt verschiedener „Religionen" bzw. Konfessionen und Denominationen. Pluralistisch sind aber auch die einzelnen Religionsgemeinschaften selbst. So gab und gibt es auch im Katholizismus neben der offiziellen Lehrmeinung der Amtskirche immer wieder Stellungnahmen von katholischen Ethikerinnen und Ethikern, die anders votierten als die Bischöfe.

In einem zweiten Schritt sollen solche Unterschiede zwischen den religiösen Traditionen etwas beleuchtet werden. Im Rahmen der Diskussion um eine Stellungnahme zum Klonen, die in der UNO geführt wurde, schrieb ein koreanischer

Wissenschaftler einen Artikel, in dem er auf Unterschiede zwischen den westlichen und den asiatischen Kulturen aufmerksam macht.[6] Der Versuch, eine „UN-Declaration on Human Cloning“ auf den Weg zu bringen, scheiterte endgültig in der Generalversammlung im März 2005. Korea, China und Japan stimmten gegen eine Resolution, in der gefordert wurde, alle Formen menschlichen Klonens zu bannen. Das Totalverbot wurde wesentlich unterstützt von den USA und einer Gruppe katholischer Länder.[7] Der Vorgang ist ein interessantes Studienbeispiel. Einerseits soll Recht von Traditionen und kulturellen Prägungen unabhängig sein. Andererseits entsteht neue Rechtssetzung in politischen Prozessen, die geprägt sind durch Akteure, die ihre kulturelle und auch religiöse Prägung mitbringen. Die Rechtsentwicklung ist also in einer vermittelten Weise immer an kulturelle Prozesse und Symbolbestände zurückgebunden. Solche Bindung des Rechts an kulturelle Veränderungsprozesse lässt sich deutlich z.B. auf dem Feld des Sexualstrafrechts studieren. Das Ehe- und Scheidungsrecht, aber auch die Entkriminalisierung von Homosexualität sind Beispiele, an denen sich studieren lässt, wie das Rechtssystem nachlaufend reagiert auf kulturelle Veränderungen. Diese kulturellen und religiösen Prägekräfte sind aber analytisch schwer zugänglich. Deswegen wurde in den Wissenschaften auch lange ein Bogen um sie gemacht. Woran soll sich die Analyse orientieren, wenn solche kulturellen Prägekräfte in den Blick kommen sollen? Geben die großen philosophischen Entwürfe eine Auskunft? Sind wir Deutschen alle Kantianer und die Engländer alle Empiristen? Dasselbe Problem der Erfassung und des Zugangs stellt sich auch beim Abstraktum „religiöse Prägung“. Bekomme ich diese religiösen Prägungen in den Blick, wenn ich die Lehren der Kirche, die Dogmatik- und Ethiklehrbücher studiere? Solche Literaturproduktion der Philosophen oder Theologen, der Reflexionseliten, dürfte gleichsam nur die Spitze eines Eisbergs sein. Die breite alltags- und lebensweltliche Kultur sowie die Frömmigkeit von Akteuren lässt sich damit bestenfalls in Ansätzen erfassen. Die christlichen Hintergrundüberzeugungen eines Politikers, der im Deutschen Bundestag in einer bioethischen Debatte Stellung nimmt, werden sich nur sehr beschränkt erfassen lassen durch eine Orientierung an den klassischen Topoi der Dogmatik. Ähnlich wie die Frömmigkeit bilden sich auch philosophische Großkonzepte kaum direkt in politischen Stellungnahmen und Rechtsbildungsprozessen ab. Wir stehen erst am

6 *Ivo Kwon*, An Asian Model of Bioethics for Stem Cell Research, in: *Hans-Ludwig Schreiber* u.a. (Hrsg.), Globalisierung der Biopolitik, des Biorechts und der Bioethik? Frankfurt a. M. 2007, S. 83 - 90.

7 *Hans Lilie*, Entwickelt sich eine globale Bioethik? Zum Scheitern der UN-Klonkonvention, in: *Schreiber*, a.a.O., S. 91 - 97.

Anfang der Entwicklung von Analyseinstrumenten, die uns helfen können, diese Gewebe von Kultur, religiösen Überzeugungen und anderen Prägefaktoren genauer zu erfassen.[8]

Der koreanische Wissenschaftler versucht den Zugang in seiner Problemanalyse über die philosophischen Traditionen. Seine Argumentation zeigt, wie wenig unsere Abgrenzung von philosophischen und religiösen Traditionen im asiatischen Kontext Sinn macht. Für den Autor haben die Unterschiede auf der Handlungsebene ihre Ursache in tief verwurzelten kulturellen Hintergrundüberzeugungen. In der westlichen philosophischen Tradition werde argumentiert im Rahmen eines Grundverständnisses von „Sein", das es erlaube, einzelne Entitäten als für sich seiende Wesen zu verstehen. In buddhistischer Sicht gebe es kein unabhängiges „Ding", das abgetrennt ist von anderen in der Welt. Im Hinblick auf den Buddhismus könne von einer „Absence of Ego Theory" gesprochen werden. Solch ein Verständnis fände seinen Ausdruck in der „karma-theory", derzufolge alle Dinge in einem dicht gewebten Relationsnetz im Universum stünden. Folgerichtig werde auch das spezifisch Menschliche als ein dynamischer Prozess verstanden, der nicht abgekoppelt werden könne von seinen sozialen und naturalen Relationen. Im Kontext asiatischen Denkens gebe es kein absolut selbstständiges menschliches Wesen. In diesem Rahmen werde der menschliche Embryo als eine Entität verstanden, die wesentlich durch ihre Beziehungen und durch den Prozess des Werdens definiert sei. Sie werde weniger wahrgenommen als ein für sich seiendes, selbstständiges Wesen. Solche Überzeugungen haben ihre Auswirkung im Prozess der Rechtsfindung und Rechtssetzung. Der asiatische Autor fragt: Haben menschliche Personen ein absolutes Recht, nicht als Mittel für Zwecke anderer Personen verwendet zu werden? Das Konzept von „absoluten Rechten" oder „absolut gut oder absolut schlecht" sei der asiatischen Philosophie sehr fremd. In der realen Welt benützt jeder Mensch immer wieder andere und wird von anderen benützt. Das sei eine Art von natürlicher Gegebenheit für asiatische Menschen. Wir wachsen auf in einer Familie und einer Gemeinschaft, und unser Leben hänge absolut ab von solchen Bezie-

8 Erste Schritte in diese Richtung: *Christian Schwarke*, Die Kultur der Gene. Eine theologische Hermeneutik der Gentechnik, Stuttgart, Berlin, Köln 2000; *Silke Schicktanz* u.a., Kulturelle Aspekte der Biomedizin. Bioethik, Religionen und Alltagsperspektiven, Frankfurt a. M. 2003; *Wolfgang Bender* u.a. (Hrsg.), Grenzüberschreitungen, kulturelle, religiöse und politische Differenzen im Kontext der Stammzellforschung weltweit, Münster 2005; *Ulrich H. J. Köstner* u.a. (Hrsg.), Lebensanfang und Lebensende in den Weltreligionen. Beiträge zu einer interkulturellen Medizinethik, Neukirchen 2006.

hungen. Vor diesem Hintergrund könnten asiatische Menschen nur schwer verstehen, warum die „ontologische“ Frage nach dem „moralischen Status des Embryos“ so wichtig in der Debatte sei. Das Zweite, was aus asiatischer Sicht unverständlich sei, ist das westliche Konzept von Subjektivität. Die Separierung eines isolierten Subjekts von seinen Beziehungen, in denen es lebt, und die starke Abgrenzung zwischen Subjekt und Objekt sei im Kontext der asiatischen Philosophie schwer verständlich zu machen. Dort richte sich das Augenmerk stärker auf das Netzwerk des größeren Zusammenhangs, in dem etwas Einzelnes existiert. Diese kurzen Passagen illustrieren, wie das Scheitern eines Versuches, etwas rechtspolitisch zu regeln, offensichtlich in einem untergründigen und im Einzelnen schwer zu analysierenden Zusammenhang mit kulturellen Formationen steht.

Ein zweites Beispiel für die Wechselwirkungen zwischen rechtspolitischen Regelungsanstrengungen und kulturell-religiösen Grundüberzeugungen sei noch genannt. Als in Deutschland im Jahr 2003 intensiv über das Klonen debattiert wurde, erschien in der Deutsch-Jüdischen Wochenzeitung „Jüdische Allgemeine“ ein Interview mit dem Rabbiner Nathan Peter Levinson.[9] Der Rabbiner wurde gefragt nach der jüdischen Sicht zum Klonen. Er wehrte den Vorwurf ab, dass hier versucht werde, „Gott zu spielen“. Therapeutisches Klonen, das der Heilung dienen könnte, sei aus jüdischer Sicht nicht *per se* abzulehnen. Auch ein Verbot des reproduktiven Klonens, wie es damals in der UNO angestrebt wurde, hielt er aus jüdischer Sicht für falsch. Die ersten Entwicklungsstufen menschlichen Lebens sind nach jüdischem Verständnis nicht in gleicher Weise schützenswert wie die späteren Stufen. Dieser kurze Seitenblick auf die jüdische Tradition ist nicht nur deshalb interessant, weil in Deutschland mit humanen embryonalen Stammzelllinien gearbeitet wird, die aus Labors in Israel importiert wurden. Vielmehr sind auch die Grundtexte, die in unseren Debatten von den christlichen Kirchen und Theologen immer zitiert werden, die Schöpfungserzählungen der Genesis, jüdisches Kulturgut. Ohne das Judentum hätten wir keine Schöpfungserzählungen im Alten Testament. Dieselben Texte können offensichtlich sehr unterschiedlich in religiösen Traditionen gelesen und interpretiert werden. Die Texte wirken bis in die Gegenwart nur über verwickelte Auslegungs- und Interpretationszusammenhänge. Diese Auslegungspraktiken stehen ihrerseits in einer Wechselwirkung mit den institutionellen Arrangements von Glaubensgemeinschaften.

9 „Im Prinzip ist gegen das Klonen nichts zu sagen“, Gespräch mit Nathan Peter Levinson, in: Jüdische Allgemeine 58 (2003) Nr. 1; vgl. auch *Yves Nordmann*, Zwischen Leben und Tod. Aspekte der jüdischen Medizinethik, Bern u.a. 2000, S. 37 ff.: „Der Status des ungeborenen Lebens“.

Ernst Troeltsch[10] hat in seinem Werk „Die Soziallehren der christlichen Kirchen und Gruppen" dieses Verhältnis zwischen Organisationsformen und Rezeptionsprozessen zu einer Achse seiner Untersuchungen gemacht. Abgekürzt gesagt: In Großkirchen werden Texte anders ausgelegt als in kleinen Gruppen (Sekten) oder in einer individualistischen Mystik. Eine Minderheitenkirche mit wenig Ressourcen wird sich anders an ethischen Diskussionen in der Gesamtgesellschaft beteiligen als eine Großkirche wie die Evangelische Kirche in Deutschland. Und die römische Kirche als eine weltumspannende Glaubensgemeinschaft, die doch zugleich auch ein eigenes Staatswesen ist, deshalb eigene Diplomaten hat, in der UNO vertreten ist und auf dieser Ebene ganz anders politisch Einfluss nehmen kann als protestantische Kirchen, die keine vergleichbare Organisationsstruktur haben, wird aus den gleichen Texten nochmals andere Folgerungen ziehen.

Was kommt mit „Religion" ins Spiel? Religiöse Ausdrucksformen stellen einen bestimmten Typ von Beschreibungssprache dar. Religionen sind ein Reservoir an Sinnformen, die dazu dienen, Probleme menschlicher Lebensführung symbolisch darzustellen und zu deuten, sowie einen bestimmten Umgang mit dem Leben einzuüben. An dieser „religiösen" Beschreibungssprache entstehen zwei Bruchlinien. Die eine war schon im Blick. Wenn es Religion nur in Gestalt der „Religionen" gibt, dann kommt mit den religiösen Beschreibungssprachen ein enorm pluralisierender Faktor in die Diskussionen. Entgegen dem häufig von Akteuren geäußerten Selbstanspruch, durch religiöse Überzeugungen käme endlich Eindeutigkeit ins Spiel, wird *de facto* durch religiöse Argumentationsmuster die Vielschichtigkeit von Debattenlagen noch einmal potenziert. Die zweite Bruchlinie bildet sich im Gegenüber zu den naturwissenschaftlichen Beschreibungssprachen. Sehr vereinfacht lässt sich sagen, dabei handelt es sich um auf präzise Definitionen in den Raum-Zeit-Koordinaten ausgerichtete Sprachen. Mit den religiösen Sprachen kommen offensichtlich andere Deutungsdimensionen ins Spiel, die sich zwar weniger präzise fassen lassen, deswegen aber nicht weniger wichtig für unsere Lebensführungen sind.

Die bioethischen Debatten selbst sind kulturelle Phänomene. Sie treten auf, wenn Ergebnisse aus den Labors kulturell wirksam werden, d.h. ihre Potentiale zur Veränderung der Lebensführung von Individuen und der Gesamtgesellschaft

---

10 *Ernst Troeltsch*, Die Soziallehren der christlichen Kirchen und Gruppen (Tübingen 1912), Nachdruck Aalen 1977; *Arie L. Molendijk*, Zwischen Theologie und Soziologie. Ernst Troeltschs Typen der christlichen Gemeinschaftsbildung: Kirche, Sekte, Mystik, Gütersloh 1996.

diskutiert werden. Die Erfassung dieser breiteren kulturellen Wirkungen ist aber nur sehr begrenzt mit dem Instrumentarium der naturwissenschaftlichen Analysemethoden möglich. Wir haben heute eine Theorielage, in der anerkannt ist, dass wir ein differenziertes Verständnis von „Rationalität“ brauchen, um die Steuerungsprobleme in unseren Gesellschaften sinnvoll angehen zu können. Wir brauchen verschiedene Beschreibungssprachen, um der Mehrdimensionalität von Problemlagen gerecht zu werden.[11]

„Bioethik“ ist mehr ein Indikator denn eine Lösung dieser gestiegenen Komplexität kultureller Kommunikation. Sie ist selbst ein Medium der Kontexterweiterung und bildet ein Widerlager gegen die ungebrochen attraktiven Versprechungen, kulturelle Orientierungsprobleme würden sich durch Rekurs auf neutrale „Fakten“, die mit Hilfe naturwissenschaftlicher Methoden generiert werden, lösen lassen. Die Debatten um den Embryonenschutz sind dafür ein illustratives Exempel. Warum und wie wir eine Entität schützen wollen und sollen, darüber können uns biologische „Fakten“ keine Auskunft geben. Die Verantwortung für die „Kultur“ als den Gestaltungsraum menschlicher Freiheit lässt sich nicht auf

11 Wichtige Impulse für diese Differenzierungen gingen, anknüpfend an die Sprachphilosophie von Herder und Humboldt, vom Werk Ernst Cassirers aus, insbesondere seiner „Philosophie der symbolischen Formen“ (3 Bände, Berlin 1923f.). Cassirer bezeichnet den Menschen als ein „animal symbolicum“, das im Vollzug seines Denkens offensichtlich nicht nur mit einem Prinzip der Wirklichkeitserschließung und Bedeutungsanreicherung arbeitet. Eine Form der Synthesenbildung in unserem Denken ist jene, die mittels des Gesetzesbegriffs erfolgt. Es ist aber nicht die einzige Form, wie Kant selbst schon vor allem in der „Kritik der Urteilskraft“ deutlich gemacht hat, in der er unter anderem auch den erkenntnistheoretischen Status von teleologischen Erklärungsmustern analysiert. Kant hatte herausgearbeitet, dass in solchen synthetisierenden Urteilen eine „produktive Einbildungskraft“ eine Schlüsselrolle spielt. Cassirer folgt dieser Fährte und zeigt, dass alles Erkennen, gerade auch das naturwissenschaftliche, an Bilder und Symbolisierungsvorgänge gebunden ist. Kulturen bauen sich nach Cassirer aus der Konstanz von Mustern der Bedeutungszuweisung auf, die in den jeweiligen Sprachen präfiguriert sind. Kulturen erweisen sich „wirksam in der Erschaffung bestimmter geistiger Bildwelten“, mit denen wir unser Wissen organisieren. Cassirer analysiert die Pluralität dieser Formen der Welterschließung. Neben diskursiven Formen stehen gleichberechtigt expressive Formen. Sprache, Mythos, Kunst, Religion, Naturwissenschaften beruhen jeweils auf eigenen Weisen der Zusammenfügung und Synthetisierung. Jede solche Form ist eine bestimmte „Art des Sehens“, die ihre „besondere, nur ihr eigene Lichtquelle in sich birgt“ bzw. ihre eigene „Tonalität“ hat. Mythos und „Religion“ sind nicht einfach irrational, sondern haben als eine spezifische Weise des Symbolisierens eine „Begriffsform“ mit einer eigenen Weise der „Synthesis des Mannigfaltigen“.

„Datensätze" abschieben. Normsetzungen sind immer Kulturprodukte; dafür müssen wir selbst die „Verantwortung" übernehmen.

Welche Funktion haben „religiöse" Sprachen? Fünf mögliche Funktionen – ohne Anspruch auf Vollständigkeit – sollen im Folgenden kurz beleuchtet werden.

1) Wer Theologen und Kirchenvertreter fragt, der wird häufig Begründungsansprüche hören: Durch das christliche Reden werde etwas „begründet", ja „letztbegründet", denn das eigene Handeln orientiere sich an Kundgaben „Gottes". Der faktische „religiöse" Pluralismus wird dabei schnell abgeblendet. Ein Muslim wird christologische Argumentationsfiguren so wenig als „Begründungen" akzeptieren wie ein Buddhist. Aber auch unter den christlichen Konfessionen gibt es erhebliche Differenzen bei solchen „Begründungsmustern". Bei einem Protestanten wird der Verweis auf eine päpstliche Enzyklika oder der Rekurs auf Thomas von Aquin weniger Gewicht haben, und umgekehrt wird ein katholischer Christ einen Rekurs auf Luther oder Melanchthon weniger überzeugend finden. Im einen oder anderen Fall geht es aber um Genetisierungen für eigene Überzeugungen. Die „religiösen" Sprachspiele haben eine Legitimationsfunktion.

Die Strittigkeit dessen, was als „gute" oder „richtige" Begründung gelten kann, ist aber keineswegs ein Phänomen, das nur auf dem Feld „religiöser" Kommunikation zu beobachten ist. Auch in der Philosophie oder den Sozialwissenschaften gibt es keinen Konsens darüber, was eigentlich „begründen" heißt.[12] Für einen Transzendentalphilosophen und Kantianer oder einen spekulativen Idealisten heißt „begründen" etwas anderes wie für den, der sich an angelsächsischen, empiristischen und pragmatischen Traditionen, etwa an David Hume oder John Dewey, orientiert. Auch auf dem Feld des Rechtsverständnisses lässt sich dieser Pluralismus beobachten. Die deutsche Verfassungstheorie und Grundrechtsdogmatik lässt sich nicht einfach mit angelsächsischen Case-Law-Traditionen in einen Topf werfen. Der Streit um den Stellenwert und das Verständnis der Bioethik-Konvention ist ein Fall, an dem sich studieren lässt, wie unterschiedliche Rechtsverständnisse die Akzeptanz oder Nicht-Akzeptanz einer „Konvention" beeinflussen.

---

12 *Herbert Schnädelbach*, „Über Rationalität und Begründung", in: *ders.* (Hrsg.), Zur Rehabilitierung des animal rationale, Frankfurt a. M. 1992, S. 61 - 78. Zur Taxonomie von Gründen *Matthias Kettner*, „Gute Gründe. Thesen zur diskursiven Vernunft", in: *Karl-Otto Apel* u. *Matthias Kettner* (Hrsg.), Die eine Vernunft und die vielen Rationalitäten, Frankfurt a. M. 1996, S. 424 - 464.

Alle diese Legitimationsmuster sind deswegen, weil sie strittig sind, aber noch nicht einfach beliebig. Es gibt Typen und Argumentationstraditionen, deren Profil herausgearbeitet werden kann und die zusammen das Ensemble ausmachen, mit dessen Hilfe wir zu Urteilsbildungen im öffentlichen Raum kommen.

Jedes dieser Legitimationsmuster ist zugleich ein Kristallisationskern für Gemeinschaftsbildung. Es erzeugt und stabilisiert einerseits Kohäsion in sozialen Gruppen und Milieus, verschärft aber genau dadurch auch Abgrenzungen von anderen. Eines ist ohne das andere nicht zu haben. Auch das lässt sich an den Bioethikdebatten der letzten Jahre beobachten. Problematisch wird es, wenn die Kohäsion in Lagerbildung umkippt und „Ethik“ zur „Rechthaberei“ verkommt. Dann werden zwei wichtige Voraussetzungen für Konsensbildungsprozesse blockiert, zum einen die Offenheit, eigene Handlungsmaximen gleichsam aus der Perspektive des anderen zu betrachten[13] und zu befragen, und zum anderen die Bereitschaft, die eigenen Überzeugungen „allgemein mitteilbar zu machen“.[14]

2) Die „religiösen“ Semantiken garantieren zwar nicht, ebenso wenig wie die philosophischen Paradigmen, unbezweifelbare „Letztbegründungen“, aber sie leisten trotzdem etwas Entscheidendes. Mit ihrer Hilfe reformulieren Theologen und Kirchenvertreter, aber auch Philosophen und Sozialwissenschaftler Problemlagen in ihrer gleichsam „hausinternen“ Sprache, was an anderen gesellschaftlichen „Orten“ diskutiert wird. Unter Rückgriff auf die eigene Sprache, die institutionenspezifischen Symbole und Kommunikationsformen wird ein Problemkomplex importiert, neu aufgebrochen, perspektiviert in die eigenen Deutungshorizonte integriert und das so Transformierte wieder nach „außen“ kommuniziert. Damit wird ein wichtiger Beitrag zur Urteilsbildung auf gesamtgesellschaftlicher Ebene geleistet. Die „Gesamtgesellschaft“ kann als solche nicht diskutieren. Diese „gesamtgesellschaftliche“ Diskussion ist *de facto* das Feld der Überlagerungen, gegenseitigen Resonanzen und Abgrenzungen solcher in einzelnen Institutionen geführten Debatten.

3) Die „religiöse“ Kommunikation ist auf weiten Strecken symbolische Kommunikation.[15] In ihr spielen Bilder, Analogien, Metaphern und Symbole eine Schlüsselrolle. Diese Metaphern und Symbole haben unscharfe Ränder, ihr Sinngehalt lässt sich nicht genau abgrenzen und definieren und genau darin liegt ihre kommunikative Leistungskraft. Sie ermöglichen neue Synthesen, sie ver-

---

13 *Immanuel Kant*, KdpV 84.

14 *Immanuel Kant*, KdU B 199.

15 Vgl. die Beiträge in: *Klaus Tanner* (Hrsg.), Religion und symbolische Kommunikation, Leipzig 2004.

knüpfen unterschiedliche Wahrnehmungsweisen. Solch eine integrierende Zusammenführung ist eine wichtige Voraussetzung für Identitätsbildung. Am Kreuz als dem christlichen Zentralsymbol lässt sich das verdeutlichen. Es ist nicht nur der Bezugspunkt für abstrakte Lehren, sondern auch für die individuelle Reflexion. Jeder Christ und jede Christin verbindet eigene Erfahrungen des Leidens, der Angst und der Hoffnung mit diesem Symbol. Der angelagerte Assoziationsreichtum, der sich aus der Resonanz von vorgefundenen Deutungen und je eigenen Lebenserfahrungen speist, lässt sich nicht auf ein paar einfache Formeln bringen. Mit religiösen Sprachen und Symbolen werden Sinnformen für das menschliche Erleben entwickelt. Mit Thomas Luckmann lässt sich „Religion" verstehen als ein Ensemble von Ausdrucksformen, ein symbolisches Universum, ein „objektiviertes" Sinnsystem.[16] Solcher Sinn wird in deutenden Akten aufgebaut. „Religiöse" Gemeinschaften können deshalb auch zu Recht als Interpretationsgemeinschaften beschrieben werden. Wer als Christ versucht zu leben, erlebt zunächst einmal nichts anderes als andere, aber er deutet das, was ihm widerfährt, anders. Diese Deutungen sind keine Nebensache. Sie stellen die Grundlage für das Handeln dar und durch sie wird die Lebensführung verändert.

Die synthetisierende und zu einer Gesamtanschauung integrierende Funktion lässt sich gut an ethischen Debatten beobachten. Die „religiöse" Kommunikation gleicht oft einem feinen Netz. Wer solch ein Netz an einer Stelle berührt, bringt das ganze Netz in Schwingung. Wer einen „überzähligen" Embryo aus der IVF in solch einem sensiblen Gesamtzusammenhang „sieht", für denn „gibt" es weitreichende Resonanzen, wenn dieser Embryo zerstört wird. Er befürchtet, der Zugriff an einer Stelle werde die gesamte Kultur unseres Miteinanders zum Unguten verändern. Vom einzelnen Punkt aus wird das „Ganze" in Bewegung gesetzt. Religiöse Kommunikation hat immer solch eine stark vernetzende Funktion, bringt das eigene innere Erleben mit dem von außen Begegnenden in einen engen Zusammenhang, verknüpft im Wahrnehmungshorizont etwas mit anderen, das aus anderer Perspektive nichts miteinander zu tun zu haben scheint. Religiöse Kommunikation erzeugt „Betroffenheit" und hat deswegen auch eine hohe Mobilisierungskraft. Ob das immer hilfreich ist, ist eine andere Frage. Aber ohne solch ein synthetisierendes Zusammenbringen ist keine Identitätsbildung und keine Engagement möglich. Die Debatten um den Embryonenschutz sind voller religiöser Aufladungen und der „Embryo" als eine biologische Entität ist zu einem neuen vielschichtigen Symbol geworden, an dem sich Debatten über grundlegende Normen unseres Zusammenlebens bündeln.

16 *Thomas Luckmann*, Die unsichtbare Religion, Frankfurt a. M. 1961.

4) Durch religiöse Deutungen werden permanent Transzendierungsleistungen angestoßen. Das „Gegebene" wird überschritten, etwa dann, wenn von einem Menschen als „Geschöpf" gesprochen wird.[17] Dem Menschsein wird eine neue Sinndimension beigelegt und zum Ausdruck gebracht, dass er mehr ist als eine Ansammlung von Wasser und Kohlenwasserstoffen. Die religiöse Beschreibung der Wirklichkeit mit Hilfe der Gottesvorstellung ist keine Alternative auf der Ebene einer naturwissenschaftlichen Erfassung der Welt. Sie hat ihren Sinn darin, diese Ebene zu transzendieren. Kant sprach ihr eine freiheitsermöglichende und freiheitsgestaltende Funktion zu. Mit Hilfe der Idee von Gott „macht sich die Vernunft ... vom Fatalismus los". Die religiöse Perspektive diene dazu, die „verengenden Behauptungen des Materialismus, Naturalismus und Fatalismus aufzuheben und dadurch den moralischen Ideen", z.B. der Idee der Freiheit, „Raum zu verschaffen".[18] Die religiösen Sprachformen transzendieren in ihren Vorstellungen und Bildern die raumzeitliche Begrenzung unserer Existenz und Wahrnehmung. Insbesondere die „Schöpfung freier Wesen" lasse sich nur denken, wenn die an die Kausalitätsvorstellung gebundene zeitliche Strukturiertheit unserer Wahrnehmung durch ein Vorher und Nachher als nicht universal gültig gedacht wird, weil nur so dieses Schaffen Freiheit nicht schon durch sein Vorherbestimmen unmöglich macht. Im Versuch, sich solch einen nichtdeterministischen Verursachungszusammenhang, wie er mit dem Gedanken der Schöpfung des Menschen gegeben ist, begreiflich zu machen, stößt der Mensch an eine Grenze seines Begreifen-Könnens. Es sei „unmöglich ... sich von der Erzeugung eines mit Freiheit begabten Wesens durch eine physische Operation einen Begriff zu machen",[19] weil dieses „Verhältnis einer Ursache zur Wirkung ... übersinnlich" sei. Folgt man diesem Hinweis Kants zur Sinnintention religiöser Darstellungsformen, widerspricht es gerade ihrer Struktur, sie aufs engste zu binden an in Raum

---

17 *Immanuel Kant*, „Der Begriff einer Schöpfung ... gehört ... nicht zu der sinnlichen Vorstellungsart der Existenz und Kausalität" (KdpV A 183). Mit dem Schöpfungsbegriff betrachten wir uns zugehörig zu einer anderen „Ordnung der Dinge", die „das empirisch-bestimmbare Dasein des Menschen" (KdpV A 155) übersteigt. Die Rede von der Schöpfung impliziert nach Kant, dass ein „vernünftiges Wesen ... zwei Standpunkte (hat), daraus es sich selbst betrachten, und Gesetze des Gebrauchs seiner Kräfte, folglich aller seiner Handlungen, erkennen kann, einmal so fern es zur Sinnenwelt gehört, unter Naturgesetzen (Heteronomie), zweitens als zur intelligibelen Welt gehörig" (Grundlegung zur Metaphysik der Sitten BA 108/109). Die These von der Zugehörigkeit zur intelligiblen Welt ist nach Kant eine Folge des Postulats der Freiheit.

18 *Kant*, Prolegomena zu einer jeden künftigen Metaphysik, § 60.

19 *Kant*, Metaphysik der Sitten, Rechtslehre B 112.

und Zeit präzise charakterisierbare biologische Prozesse, wie den der „Verschmelzung von Ei und Samenzelle".

Transzendierung beinhaltet dabei ein Doppeltes. Im Überschreiten wird etwas zurückgelassen und eine Bewegung hin auf einen neuen Horizont angestoßen. „Religiöse" Kommunikation beinhaltet deshalb immer Akte der Distanznahme. Ernst Cassirer hat von Religion als einer „Abstandspraxis" gesprochen.[20] In der Art religiöser Kommunikation selbst begründet ist eine Möglichkeit zu Distanznahme gegeben, die aktualisiert werden kann in Protest und Kritik, aber auch in Rückzug und „Weltabwendung".

Gegenläufig zur Distanznahme erfolgt aber durch die religiöse Kommunikation eine Einbettung in neue Kontexte. Entkontextualisierung und Neukontextualisierung sind eng verschränkt. Exemplarisch lässt sich das an der Interpretation von Artikel 1 des Grundgesetzes beobachten. Manchen Juristen stört es mittlerweile schon, dass die Interpretationsgemeinschaft dieses Artikels nun so groß geworden ist, dass auch die Theologen den Grundrechtssatz „Die Würde des Menschen ist unantastbar" mit interpretieren. Durch die theologischen Interpretationen wird „Menschenwürde" entkontextualisiert, d.h. aus dem Verfassungsrecht, der Rechtsprechung des Bundesverfassungsgerichts und der Grundrechtsdogmatik herausgelöst und in einen anderen Horizont gestellt, verknüpft mit der Bibel, dem Topos von der Gottesebenbildlichkeit und theologischen Deutungstraditionen. Welches die „richtigen" Kontexte sind, in denen sich der Sinn solcher Sätze erschließt, ist dabei keineswegs so einfach auszumachen.

5) Eine entscheidende Funktion religiöser Kommunikation ist es, Möglichkeiten für den Umgang mit der Unsicherheit und Unruhe im menschlichen Leben bereitzustellen. Weil unsere Selbstwahrnehmung geprägt ist von dem Wissen um die Kontingenz[21] und Zufälligkeit unseres Daseins, gehört zu unserer Existenzweise die Unsicherheit und das Suchen nach dem, was Halt gibt und verlässliche Orientierung ermöglicht. Augustinus hat in seinen Confessiones von „Unruhe

20 Ernst Cassirer hat das „Zwischenreich" der unterschiedlichen symbolischen Formen als Mittel der Objektivierung und der Distanznahme verstanden. Vgl. etwa *Cassirer*, „Geist und Leben in der Philosophie der Gegenwart" (1930), zit. nach *ders.*, Geist und Leben. Schriften zu den Lebensordnungen von Natur und Kunst, Geschichte und Sprache, hrsg. v. *Ernst Wolfgang Orth*, Leipzig 1993, S. 32 - 60. Solche Distanzsetzung sei die Voraussetzung für die Entwicklung eines „geistigen Horizontes" (S. 51).

21 Vgl. *Hermann Lübbe*, Religion nach der Aufklärung, Graz u.a. 1986, insbesondere Kap III „Religion und Kontingenz", S. 12 ff.

des menschlichen Herzens“[22] als einem Konstitutivum des Menschseins gesprochen, und für Luther war die Frage nach dem, was vertrauenswürdig ist, worauf Verlass ist, unauflöslich mit dem Lebensvollzug verknüpft.[23] Die Gewissheitsthematik steht im Zentrum „religiöser“ Kommunikation. Christliche Lebensformen lösen diese Unruhe nicht ein für allemal auf. Sie können dazu befähigen, mit den Unsicherheiten umzugehen und reflektiert mit der Balance zwischen bleibenden Ambivalenzen und dem Bedürfnis nach Gewissheit umzugehen. Die „religiösen“ Traditionen unterscheiden sich darin, wie mit immer wieder neu aufbrechender Unsicherheit und bleibenden Ambivalenzen umgegangen wird. Weil wir das beunruhigende Wissen um Grenzen, Abhängigkeiten, Zufälle nicht endgültig loswerden können, bleiben wir dauerhaft anfällig für Gewissheitsversprechen. Die unumstößliche Selbstgewissheit ist häufig die Außenseite von Unsicherheit und Angst und das Umkippen in Fanatismus eine immer latente Gefahr in allen umfassenden, durch starke Transzendierungsfiguren geprägten Deutungskulturen.

Die bioethischen Kontroversen der letzten Jahre waren voller „religiöser“ Aufladung. Ein Grund dafür dürfte in diesem Gewissheitsproblem liegen. Das junge und breite Gebiet der Stammzellforschung ist voller großer Versprechen und voller Bedrohungsszenarien. Wir bewegen uns in einem Spannungsfeld von Prognosen, auf dem noch keiner sagen kann, was endgültig dabei herauskommen wird. Das produziert große Unsicherheit in der Bewertung und zieht permanent Strategien der Stilllegung des Unruhepotentials auf sich. Der Streit um die Stammzellforschung ist zu einem Feld geworden, das gepflastert ist mit Bekenntnissen für und gegen diese Forschung. Wer glaubt, dass es eine prinzipiell richtige und gute Lösung gibt nach dem Motto: Sie müssen nur richtig denken, dann können Sie zu gar keinem anderen Schluss kommen, der wird in einer Position, die nicht so vollmundig redet, die Ambivalenzen zulässt, nur eine Schwäche oder mangelnde Logik sehen. Solch eine prinzipientheoretisch geleitete Kasuistik hat zunächst etwas Faszinierendes, weil sie vorgibt, eindeutig zu sein. Wer dagegen Licht und Schatten bei allen Wegen sieht, die wir hier gehen können, wird die Ambivalenz nicht wegerklären, wird die irreduzible Konflikthaftigkeit dieser Handlungssituation anerkennen und Abwägungsprozesse nicht von vornherein in ein schlechtes Licht rücken.

---

22 *Augustinus*, Bekenntnisse, übersetzt von *Joseph Bernhart*, hrsg. von *Jörg Ulrich*, Frankfurt a. M. 2007, Erstes Buch 5,5.

23 Martin Luther sieht in der Gewissheits- und Vertrauensthematik den inneren Sinn der Gottesfrage. Vgl. *Luther*, „Auslegung des ersten Gebots im großen Katechismus“, in: Bekenntnisschriften der Evang.-Lutherischen Kirchen, Göttingen 1976, S. 560.

Die ethische Urteilsbildung vollzieht sich vor allem in Gestalt des Kombinierens und Relationierens.[24] Die einzelnen „Fakten“, „Interpretamente“ und Grundnormen sind meistens wenig strittig. An der Ordnung zum „Ganzen“ entzünden sich die Kontroversen, am „Gewichten“, an den unterschiedlichen Weisen der Herstellung von Bezügen zwischen den einzelnen Elementen. Niemand bestreitet z.B., dass die Verschmelzung von Ei und Samenzelle im Prozess der Menschwerdung eine zentrale Bedeutung hat und das Prinzip der Achtung der Menschenwürde ein hohes Gut ist. Nur wie die Faktoren in der einzelnen Fallkonstellation genau zu gewichten und ins Verhältnis zu setzen sind, darüber gehen die Wege in der Urteilsbildung dann auseinander. In unterschiedlichen ethischen Positionen werden unterschiedliche Kombinationen präsentiert und der Streit geht um die „richtige“ Kombination. „Praktische Urteilskraft“ in solchen Fragen, in der die Umstände, die Kontexte, die „circumstantiae“ mit in den Blick genommen werden, ist etwas anderes als eine einsinnige logische Deduktion aus Prämissen.

Einige abschließende Bemerkungen zur Relevanz christlicher Überzeugungen für den Umgang mit den Kontroversen auf dem Feld der Bioethik.

In der christlichen Deutungsgeschichte der menschlichen Lebensführung spielt die Freiheitsthematik eine wichtige Rolle, in positiver wie in negativer Hinsicht: Der Mensch ist befähigt, schöpferisch Neues zu gestalten und „Gutes“ zu schaffen, aber er ist eben auch in der Lage, seine Freiheit lebenszerstörerisch zu missbrauchen. Hier soll keine whig-interpretation der Geschichte vertreten werden nach dem Motto, die Freiheitsgeschichte ist nur durch das Christentum ermöglicht worden. Aber in der christlichen Symbolwelt, in ihren Ritualen und Texten spielt das Abarbeiten an einer lebensdienlichen Fassung des Verständnisses menschlicher Freiheit eine zentrale Rolle. Freiheit ist dabei nicht als Ermöglichungsgrund für individuelle Beliebigkeit verstanden worden, sondern als Befähigung zur Verantwortung. Bis ins Kantische Autonomie-Verständnis hinein wirkt diese Verknüpfung von Freiheit und Verantwortung: Freiheit ist die Fähigkeit, die eigene Wahrnehmung zu öffnen für andere und sich eine Verpflichtung aufzuerlegen, durch die ein gutes Zusammenleben möglich wird. In der christlichen Thematisierung sind dabei die Chancen wie die Gefährdungen menschlicher Freiheit reflektiert worden. Die Sündenlehren können verstanden werden als

---

24 *Friedrich D. E. Schleiermacher*, Brouillon zur Ethik (1805/1806), hrsg. von *Hans-Joachim Birkner*, Hamburg 1981, „Die „Ethisirung (!) der Wahrnehmung ... besteht ... im Combiniren“ (S. 82). Zur Zentralfunktion des „combinatorischen“ Vermögens im Prozess des Erkennens vgl. S. 80/81.

Reflexionen über die lebenszerstörenden Möglichkeiten des Freiheitsgebrauchs. In dieser Polarität zwischen Befähigung zum Guten wie zum Missbrauch der Freiheit konnte sich immer wieder ein Kritikpotential bilden auch gegenüber religiösen Aufladungen von Gewissheitsbehauptungen. Die Kritik von Sakralisierungen und religiösen Überhöhungen menschlicher Handlungen und Traditionen ist ein essentieller Teil des Christentums.

Die Kehrseite menschlicher Freiheit und Offenheit ist die Angst. Der Theologe Paul Tillich wurde in einem Interview 1962 in der BBC einmal gefragt: Wodurch wird der Mensch unfrei? Tillich nannte die Angst. Der moderne Mensch müsse „von seiner Angst befreit werden". Im weiteren Verlauf des Interviews sprach Tillich über die „Grundangst" des modernen Menschen: „Die Angst des Menschen von heute besteht in der Furcht, ein Ding unter Dingen zu werden, ein Objekt unter Objekten, sein eigentliches Selbst zu verlieren, seinen Charakter als Person, die niemals in ein Objekt verwandelt werden darf. Ich denke, dass dies der Fluch der industriellen Gesellschaft ist, dass sie dahin tendiert, die Menschen zu Objekten zu machen ...". „Verzweckung, Instrumentalisierung menschlichen Lebens" sind offensichtlich Befürchtungen, die die vom Menschen hervorgebrachte Technik immer wieder neu stimuliert. Wir stoßen hier auf einen kritischen Grundton, der die Entwicklung in die Moderne kontinuierlich begleitet.

Diese Befürchtungen haben in der Stammzellforschung einen neuen Kristallisationskern gefunden. Wenn es richtig ist, dass das eine Grundangst ist, die sich, wie die jüngere Geschichte zeigt, schnell mobilisieren lässt (der Mensch instrumentalisiert als Arbeitskraft, als Konsument, im Rahmen der Forschung am Menschen), dann ist es wichtig, genau zu schauen, ob diese Befürchtung im jeweiligen konkreten Fall auch zutrifft. Gibt es heute, nach mehr als sechs Jahren hES-Zellforschung in Deutschland und vielen kontroversen öffentlichen Diskussionen über die Thematik, durch diese Forschung eine Erosion der Achtung von Menschenwürde und Lebensschutz? In der Diktion der Debatte von 2002 gesprochen: Hat der sogenannte Dammbruch stattgefunden? Das Forschungsfeld ist hochdynamisch und verändert sich andauernd. Im Großen und Ganzen haben die Forscher, zumal in Deutschland, keinen Anlass gegeben, sie für unlautere Gesellen zu halten, sondern sich auf die rechtlichen Rahmenbedingungen der Forschungsregulierung eingelassen.

Solche Angst und Ungesichertheit ruft immer wieder neu das Bedürfnis nach Gewissheit hervor. Die Reflexionstraditionen im Christentum machen sensibel für die Gefährdungen, die in dieser Sehnsucht nach Gewissheit liegen, und in ihnen wurde eines immer wieder eingeschärft: Letzte Gewissheiten sind im und durch menschliches Handeln nicht zu gewinnen. Das ermöglicht Entdramatisierungen von Deutungskämpfen.

Freiheit wird konkret auch als Forschungsfreiheit. Die Kirchen als einstige Zensurinstanzen haben hier eine enorme Lerngeschichte hinter sich. Die Freiheit solcher Grundlagenforschung ist in Deutschland grundrechtlich geschützt (Art. 5 Abs. 3 GG). Auch dieser Grundrechtsartikel ist ähnlich wie Artikel 1 ein Ergebnis geschichtlicher Erfahrungen.[25] Freie Forschung hat sich – im Großen und Ganzen betrachtet – als ein wichtiges und effektives Mittel der Realisierung des modernen Freiheitsprinzips und der Verbesserung menschlicher Lebensmöglichkeiten erwiesen. Diese Freiheit musste auch der Zensur abgetrotzt werden, die die Kirchen über Jahrhunderte ausgeübt haben. Heute geht es beim Streit um die Stammzellforschung auch um die Forschungsfreiheit. Ethisch relevant ist freie Forschung auch deshalb, weil allein durch sie Ergebnisse gewonnen werden können, mit denen ein Fundament für die Abwehr von Idealisierungen und Dramatisierungen geschaffen werden kann. Angesichts der Tatsache, dass die Forscher selbst nur in Umrissen wissen, was genau eine Stammzelle zu einer Stammzelle macht, ist Zurückhaltung bei Prognosen über die Leistungsfähigkeit einzelner Forschungswege geboten. Während die meisten Forscher hier zurückhaltend sind, erzeugen manche Akteure auf dem politischen Feld den Eindruck, als wüssten sie schon sehr viel besser als die Fachwissenschaftler, was genau eine Stammzelle ausmacht und was deshalb an Forschung verboten und was erlaubt werden sollte. Dramatisierungen in jede Richtung sollten in dieser Lage vermieden werden. Dabei sollte auch vermieden werden, Forschungsstrategien gegeneinander in Stellung zu bringen, die Forschung an adulten gegen die Forschung an hES-Zellen auszuspielen. Faktisch haben wir es mit einem vernetzten Forschungsverbund zu tun, bei dem auf unterschiedlichen Pfaden versucht wird, entwicklungsbiologische Grundvorgänge zu erforschen. Ein großer Teil der Regulierung dieser dynamischen Prozesse ist noch unbekannt. Richtig ist, dass die Forschung mit adulten Stammzellen schon zur Entwicklung klinisch relevanter Therapien führte. Sie hat aber auch eine weit längere Forschungsgeschichte hinter sich. Unabhängig vom derzeitigen Erfolg einzelner Forschungspfade bleibt die Grundfrage, ob wir gut beraten sind, wenn wir auf Forschungsverbote setzen.

Wolfgang Schäuble hat in der Bundestagsdebatte zu den Anträgen über die Regelung des Imports von aus menschlichen Embryonen gewonnenen Stamm-

---

25 *Henning Zwirner*, Zum Grundrecht der Wissenschaftsfreiheit, in: Archiv des öffentlichen Rechts 98 (1973), S. 313-339; *Kurt Pawlik* u. *Dorothea Frede* (Hrsg.), Forschungsfreiheit und ihre Grenzen, Göttingen 2002.

zelllinien bzw. dessen Verbot am 30. Januar 2002 daran erinnert, dass solche Forschungsfreiheit selbst eine Ausdrucksgestalt der menschlichen Würde ist: „Neugier, Lernbereitschaft, der Drang nach immer mehr und immer neuer Erkenntnis ist beim Menschen einzigartig. Wenn also Forschung und Drang nach mehr Wissen das Besondere und Unverwechselbare des Menschen mit begründen, dann muss Forschungsfreiheit für mich eher ein Bestandteil der Unantastbarkeit der Menschenwürde sein, als dass sie zu ihr in Widerspruch steht". Wolfgang Schäuble folgerte daraus für die Regelungsprobleme: „Im Zweifel sollten wir die Freiheit der Forschung nicht durch gesetzliche Einzelregelungen reglementieren, sondern eher auf die gewissensstärkende Kraft eines ethischen Diskurses setzen" (Plenarprotokoll des Bundestages 14/214, 21232/21233). Dabei geht es nicht um eine „grenzenlose" Freiheit zur Forschung. *De facto* haben wir ein hochreguliertes Handlungsfeld. Das Embryonenschutz- und das Stammzellgesetz setzen den Forschern enge Grenzen. Der Import von Zelllinien, nicht von Embryonen, wird nur nach einem mehrstufigen Prüfverfahren genehmigt, das mit dem Stammzellgesetz etabliert wurde. Damit wurde Verantwortung konkretisiert und realisierbar gemacht.

Die Konflikthaftigkeit unserer Handlungssituationen wird sich nicht „theoretisch" durch dogmatische Lehrbildung oder Gewissheitspathos auflösen lassen. Wir müssen uns den Dilemmata stellen. Dabei besteht keine Differenz im Grundsätzlichen: Es ist besser, menschliches Leben zu schützen als zu zerstören. Die Wege gehen auseinander bei der Frage, wie dem Anliegen, das, was mit solch einer abstrakten Norm festgehalten wird, unter endlichen, spannungsreichen Bedingungen und in Konfliktsituationen zu schützen, am besten entsprochen werden kann. Das führt in risikoreiche, auf konkrete Handlungskonstellationen bezogene Abwägungsprozesse, in denen eben keine letzte normative Sicherheit gegeben ist. Eine Rhetorik moralischer Eindeutigkeit tendiert schnell dazu, die harten Realisierungsbedingungen und die Risikohaftigkeit unserer Entscheidungen zu überspringen. Wir sind herausgefordert, mit Unsicherheit und Ungewissheit zu leben. Diese Fähigkeit zum Umgang mit Ambivalenz zu befördern, ist kein geringer Beitrag, der aus Kommunikationskulturen heraus erfolgen kann, die eine lange Erfahrung im Umgang mit Absolutheitsansprüchen haben und dabei gelernt haben, zwischen dem Absoluten und eigenen Legitimationsstrategien zu unterscheiden.

Bioethische Themen haben eine große Mobilisierungskraft. Wo es um Angst vor Krankheit und Tod, um Hoffnung auf bessere Behandlungs- und Heilungsmöglichkeiten geht, ist jede und jeder „betroffen". Um so mehr ist es nötig, die Kontroversen, die die modernen Lebenswissenschaften immer wieder neu auslösen und auslösen werden, weil sie unser Selbstverständnis berühren, auch in einer Weise auszutragen, in der unnötige Aufladungen, Heilsversprechen wie Horrorszenarien, unlautere Versprechungen wie Angstmacherei vermieden werden. Es gibt eine Verantwortung im Hinblick auf die Sachhaltigkeit der Urteilsbildung. Aber es gibt auch eine Verantwortung für die Form der Kommunikation, in der solche Kontroversen ausgetragen werden.

Dazu gehört in einer pluralistischen Gesellschaft auch die Verantwortung für die Suche nach ausgleichenden Positionen, die ein gemeinsames Leben auch unter den Bedingungen von Dissens ermöglichen. Ethik hat neben der Sachebene im engeren Sinn auch eine Ebene, auf der es um den Umgang mit den Überzeugungen und Urteilen geht, die sich auf der Sachebene bilden. Hier liegt die große ethische Bedeutung der demokratisch-parlamentarischen Verfahren, die dazu dienen sollen, unter Bedingungen faktischen Dissenses, Konsens- und das heißt meistens Kompromissmöglichkeiten auszuloten.

# Stammzellpolitik in Deutschland

*Wolf-Michael Catenhusen*

Die Etablierung erster Zellinien humaner embryonaler Stammzellen durch James Thomson und John Gearhart im Jahre 1998 machte auf einen Schlag in Wissenschaft und Öffentlichkeit die Stammzellforschung zu einem vielversprechenden, ja spektakulären Forschungsgebiet. Sie wurde verbunden mit der spannenden Perspektive der Zelltherapie, ja der Vision des Organersatzes. Mit der Stammzellforschung entstand erstmals ein Forschungsfeld unter Nutzung von menschlichen Embryonen, das nicht nur die Optimierung der Retortenbefruchtung betrieb, sondern grundsätzliche Beiträge zum besseren Verständnis wichtiger, bislang nicht behandelbarer Krankheiten versprach und auf diesem Feld neue therapeutische Ansätze in Aussicht stellte. Dies sorgte weltweit für Aufsehen und schnell steigende Investitionen in dieses Forschungsfeld. Damit entstand zugleich in vielen Ländern ein gesellschaftliches Konfliktpotential, weil zur Gewinnung humaner embryonaler Stammzellen menschliche Embryonen in den ersten Tagen ihrer Entwicklung zerstört werden müssen. Die embryonale Stammzellforschung warf deshalb in Deutschland von Anfang an die Frage nach der Zukunft des Embryonenschutzgesetzes auf. Das ESchG formuliert ein ausnahmsloses und absolutes Forschungsverbot für jedes Embryonen verbrauchende Forschungsprojekt. Dies gilt ohne Unterscheidung auch für die „überzähligen" Embryonen, für die keine Aussicht besteht, in ihre genetische Mutter übertragen zu werden.

Das Embryonenschutzgesetz wurde 1990 nach sechsjähriger Diskussion und Vorarbeit in grundsätzlicher Übereinstimmung zwischen CDU und SPD verabschiedet, getragen von einer Verständigung zwischen den Kirchen und breiter Unterstützung bis in die Ärzteschaft und die feministische Frauenbewegung hinein. Anders als in vielen anderen Staaten waren und sind bis heute in Deutschland Patientenselbsthilfegruppen keine starken Akteure in dieser Debatte, sondern die Sozial- und Behindertenverbände, die insbesondere das Lebensrecht, den Lebensschutz und die gesellschaftliche Akzeptanz von Behinderten in der Gesellschaft durch Entwicklungen in der Biomedizin bedroht sehen.[1] An-

1 Beispielhaft die „Positionen zu Biomedizin und Ethik" des Sozialverbandes Deutschland, November 2001.

hänger eines liberalen Abtreibungsrechts bei SPD und Grünen fanden sich bei der Entscheidung des Embryonenschutzes durch ein Verbot der Embryonenforschung mit konservativen und katholischen Kräften zusammen. In vielen Staaten sind Abtreibung und Embryonenforschung Gegenstand heftiger Kontroversen, wo dieselben Fronten bestehen und teilweise durchaus unterschiedliche Positionen zwischen der katholischen und protestantischen Kirchen bestehen. Anders in Deutschland: 1990 legten der Rat der EKD, die katholische Bischofskonferenz und die anderen Mitglieder der ACK (Arbeitsgemeinschaft Christlicher Kirchen) eine gemeinsame Erklärung „Gott ist Freund des Lebens" vor. In ihr heißt es: „Bei vorgeburtlichem Leben handelt es sich ... um individuelles menschliches Leben, das als menschliches Leben immer ein werdendes ist."[2] Sie formuliert die Verpflichtung, „dass auch die Menschen das ungeborene menschliche Leben annehmen und ihm Schutz gewähren sollen, der der menschlichen Person gebührt."[3] Ein erster Gesetzentwurf des Bundesjustizministeriums von 1986 wollte die Forschung an überzähligen Embryonen bei Zustimmung der jeweiligen Landesbehörde noch zulassen. 1990 fand das Embryonenschutzgesetz mit seinen Verboten der Erzeugung von Embryonen zu Forschungszwecken und der Forschung an überzähligen menschlichen Embryonen eine breite gesellschaftliche Akzeptanz. Es ist getragen von dem Verständnis, dass menschliches Leben mit dem Abschluss der Verschmelzung von Ei- und Samenzelle beginnt und zu schützen ist, dass Lebensschutz generell Vorrang vor den Interessen der Wissenschaft, vor dem Grundrecht der Forschungsfreiheit hat. Das Embryonenschutzgesetz legt aber nicht ausdrücklich fest, dass mit dem Abschluss der Verschmelzung von Ei- und Samenzelle sofort ein Mensch existiert, dem die personenbezogene menschliche Würde zukommt, es spricht von menschlichem Leben, das zu schützen ist. In diesem Sinne erklärte die EKD 1985 in ihrer Handreichung „Von der Würde werdenden Lebens": „Im werdenden menschlichen Leben ist von dem Augenblick an, in dem sich Samen und Ei vereinen, eine künftige Person angelegt."[4] Dieser Ende der 80er Jahre entstandene und bis heute deutliche Wirkung ausübende breite Konsens über eine zurückhaltende Politik gegenüber den neuen Möglichkeiten der Biomedizin baut auf der historischen Erfahrung

---

2 Gott ist ein Freund des Lebens, Gemeinsame Erklärung des Rates der Evangelischen Kirche in Deutschland und der Deutschen Bischofskonferenz in Verbindung mit den übrigen Mitglieds- und Gastkirchen der Arbeitsgemeinschaft christlicher Kirchen in der Bundesrepublik Deutschland und Berlin (West), Bonn 2000, S. 39.

3 S.o. S. 42/43.

4 Von der Würde werdenden Lebens. EKD-Texte 11, Hannover 1985, S. 2; diese Stellungnahme wurde 1987 von der EKD-Synode unter dem Titel „Zur Achtung vor dem Leben – Maßstäbe für Gentechnik und Fortpflanzungsmedizin" verabschiedet.

Deutschlands mit dem verbrecherischen Missbrauch der Medizin – unter aktiver Beteiligung der Wissenschaft – im Dritten Reich auf. Kampagnen aus der Wissenschaft, neue Forschungsfelder mit Heilsvisionen zu versehen und einen „Bio-Boom" auszurufen, wie wir es etwa zum Genomprojekt und zur somatischen Gentherapie, aber auch zur Stammzellforschung in angelsächsischen Ländern erlebt haben, können die deutsche Öffentlichkeit nicht in vergleichbarer Weise erregen, euphorisch stimmen. Nicht zu unterschätzen ist auch, dass in den 80er Jahren führende Akteure der Politik mit christlicher Prägung über Konfessions- und Parteigrenzen hinweg einen Konsens erarbeiteten. Ich nenne beispielhaft Forschungsminister Riesenhuber (CDU) und den SPD-Vorsitzenden Hans-Jochen Vogel.

Es wundert also nicht, dass Wissenschaft und Politik in Deutschland 1999 auf das neue Forschungsfeld embryonale Stammzellforschung anfangs zurückhaltend bzw. abwartend reagierten. Die Deutsche Forschungsgemeinschaft trug dazu mit ihrer ersten Stellungnahme zur Stammzellforschung vom März 1999 bei: „Die DFG sieht aus verschiedenen Gründen im Hinblick auf die Forschung mit humanen pluripotenten Stammzellen derzeit keinen Handlungsbedarf für eine Änderung der deutschen Rechtslage." Die DFG konnte sich noch vorstellen, „dass zur Gewinnung von pluripotenten Zellen der Weg über totipotente Zellen vermeidbar ist. Des Weiteren steht nach Ansicht der DFG der Meinungsbildungsprozess über ethische und embryologische Fragen im Zusammenhang mit der Forschung an Stammzellen in Deutschland wie im Ausland noch am Anfang. Die DFG schlägt vor, dass dieser Meinungsbildungsprozess auf breiter Basis geführt wird, und wird sich an ihm beteiligen."[5]

Das Bundesforschungsministerium setzte darauf, neben der Nutzung adulter Stammzellen könne auch die Gewinnung embryonaler Stammzellen aus abgetriebenen Föten (sog. EG-Zellen) – eine von John Gearhart verfolgte Strategie, die in Deutschland rechtlich zulässig ist – das ethische Dilemma der Zerstörung von Embryonen zu Forschungszwecken vermeiden. Im März 2000 veranstaltete das BMBF 2000 ein Statusseminar zur Stammzellforschung mit John Gearhart als Hauptreferenten. Der Parlamentarische Staatssekretär des BMBF Catenhusen erklärte: „Meine Anfrage an das heutige Statusseminar ist: Können wir mit Hilfe des Wissens aus der Wissenschaft Wege und Verfahren für die Forschung finden, die sicherstellen, dass Menschenwürde und Lebensschutz im Kern unberührt bleiben und gleichwohl notwendige Freiräume für die Stammzell-

---

5 DFG-Stellungnahme zum Problemkreis „Humane embryonale Stammzellen, 1999, S. 6".

Forschung gewährleistet werden? Es geht hier insbesondere darum, die Entwicklung derjenigen Methoden zu analysieren, die eine Stammzellengewinnung auch ohne den Zwischenschritt über totipotente Zellen ermöglichen, denen in unserem Embryonenschutzgesetz ein besonderer moralischer Status zukommt, weil sie das Potential haben, Mensch zu werden … und damit einer Verkürzung der Debatte auf die Perspektiven der Verwendung humaner Stammzellen auf embryonale Stammzellen zu begegnen.“[6]

Gesundheitsministerin Andrea Fischer veranstaltete im Mai 2000 ein Symposium zur Fortpflanzungsmedizin in Deutschland, um zu prüfen, ob die Bundesrepublik ein besonderes Fortpflanzungsmedizingesetz braucht. Dabei wurden auch Grundsätze des Embryonenschutzgesetzes erörtert. Die erste von sieben Leitfragen dieses Symposiums beschäftigte sich mit der Frage, welcher Status dem noch nicht implantierten menschlichen Embryo biologisch, moralisch und rechtlich zuzuschreiben ist. Mit ähnlichen Absichten setzte der Bundestag im Mai 2000 die Enquete-Kommission „Recht und Ethik der Medizin“ ein. Ende 2000 wurde jedoch in der Rot-Grünen Koalition nach dem Rücktritt der Gesundheitsministerin Andrea Fischer vereinbart, dass bis zum Ablauf der Legislaturperiode Ende 2002 generell keine Vorschläge für ein Fortpflanzungsmedizingesetz oder für Änderungen am Embryonenschutzgesetz vorgelegt werden sollen. Damit wurden auch Vorarbeiten zu möglichen gesetzgeberischen Konsequenzen aus der Entwicklung der embryonalen Stammzellforschung eingestellt. Stattdessen sollte die Zeit zu einer intensiven gesellschaftlichen Diskussion neuer biomedizinischer Entwicklungen genutzt werden. Dies war auch die Folge erkennbarer grundsätzlicher Differenzen zu bioethischen Fragen in der Rot-Grünen Koalition, zwischen den und innerhalb der Koalitionsparteien. Die Bundesregierung etablierte wenige Monate später, im Mai 2001, den Nationalen Ethikrat.

Die Einschätzung, man habe Jahre Zeit, war falsch, weil die Frage eines möglichen Imports von im Ausland erzeugten embryonalen Stammzell-Linien nach Deutschland zur Verwendung durch die deutsche Wissenschaft schon im Raume stand. Im August 2000 ging ein erster Antrag von Prof. Brüstle, Bonn, für ein Forschungsprojekt unter Verwendung einer importierten embryonalen Stammzellinie bei der DFG ein. Im Mai 2001 vollzog die DFG einen aufsehenerregenden Richtungswechsel, der für viele in Politik und Öffentlichkeit, aber auch in der Wissenschaft selbst überraschend kam. Die DFG erklärte jetzt, angesichts des Forschungsstandes in der embryonalen Stammzellforschung sei es nunmehr

6 BMBF: Statusseminar. Die Verwendung humaner Stammzellen in der Medizin – Perspektiven und Grenzen am 29. März 2000 in Berlin, Bonn 2000, S. 4.

erforderlich, Wissenschaftler und Patienten in Deutschland von dem Forschungszweig und ihren künftigen Ergebnissen profitieren zu lassen. Die DFG schlug vor, zunächst den Import pluripotenter embryonaler Stammzellen rechtlich zu regeln. „Sollten sich die Wissenschaftlern in Deutschland zur Verfügung stehenden pluripotenten Zellinien objektiv als nicht geeignet erweisen oder sollten die Forschungsarbeiten mit ihnen in nicht zu rechtfertigender Weise eingeschränkt sein, schlägt die DFG dem Gesetzgeber als zweiten Schritt vor, in Überlegungen einzutreten, Wissenschaftlern in Deutschland die Möglichkeit zu eröffnen, aktiv an der Gewinnung von menschlichen embryonalen Stammzellen zu arbeiten."[7]

Die DFG kündigte gleichzeitig eine schnelle Entscheidung über den Antrag von Herrn Prof. Brüstle im Juli 2001 an und machte deutlich, dass der Import embryonaler Stammzellen nach Deutschland nach ihrer Rechtsauffassung mit dem Embryonenschutzgesetz vereinbar sei, gestützt auf ein Rechtsgutachten von Prof. Wolfrum. Bemerkenswert, dass nur wenige Tage später der Deutsche Ärztetag das Votum der DFG deutlich kritisierte: „Die Empfehlungen der Deutschen Forschungsgemeinschaft (DFG) zur Forschung mit menschlichen Stammzellen vom Mai 2001 zielen auf eine Änderung des § 1 Embryonenschutzgesetz (ESchG), um eine Herstellung und Verwendung humaner embryonaler Stammzellen auch in Deutschland zu ermöglichen. Der Deutsche Ärztetag stellt fest, dass derzeit einer solchen Forderung nach einer Öffnung des ESchG nicht gefolgt werden kann... Auch der Import embryonaler Stammzellen ist ethisch nicht akzeptabel."[8]

Der Deutsche Bundestag verabschiedete umgehend Anfang Juli eine Stellungnahme, in der die DFG aufgefordert wurde, keine vollendeten Tatsachen zu schaffen, der Bundestag sich aber zugleich festlegte, bis Ende 2001 auf der Grundlage von Stellungnahmen der Enquete-Kommission, des Nationalen Ethikrates und der DFG Stellung zu nehmen. Gleichzeitig lehnte der Bundestag einen Antrag der CDU/CSU auf einen Importstopp embryonaler Stammzellen ab. Daraufhin vertagte die DFG ihre Entscheidung zum Brüstle-Antrag auf Dezember 2001. Es entstand ein starker Zeitdruck. Der Nationale Ethikrat und die Enquete-Kommission gaben bis November mit unterschiedlichen Mehrheiten Mehrheits- und Minderheitsvoten zur Frage eines Imports embryonaler Stammzellen ab. Ende 2001 erklärte Bundeskanzler Schröder im Bundeskabinett, er erwarte von den Kabinettsmitgliedern, dass sie sich nicht an der anstehenden Gesetzgebung

7 DFG: Empfehlungen der DFG zur Forschung mit menschlichen Stammzellen, Bonn Mai 2001, S. 4.

8 Beschlussprotokoll des 104. Deutschen Ärztetages vom 22.-25. Mai 2001 Punkt 7.

aktiv beteiligten. Kanzler Schröder hatte deutlich zu erkennen gegeben, dass er eine Liberalisierung des deutschen Embryonenschutzgesetzes befürworte, es gab aber auch in seinem Kabinett andere Positionen, etwa bei Justizministerin Däubler-Gmelin und bei Ministern der Grünen. Dies stärkte natürlich die führende Rolle des Parlaments auf dem Feld der Bioethik, die sich seit den Beratungen um das Transplantationsgesetz 1996 entwickelt hatte und zu einem interessanten Teil der politischen Kultur in Deutschland geworden ist. Koalition und Opposition, namentlich Minister Seehofer (CDU/CSU) und Rudolf Dreßler (SPD), verständigten sich damals darauf, dass die ethisch umstrittenen Fragen eines Transplantationsgesetzes, insbesondere die Fragen der Hirntoddefinition und Ausgestaltung einer Zustimmungsregelung, vom Parlament auf der Grundlage interfraktioneller Gruppenanträge entschieden werden sollten. Insgesamt 4 Gruppenanträge wurden dazu im Verfahren vorgelegt. Anfang 1998 wurde diese Tradition durch Erarbeitung eines Gruppenantrages der Abgeordneten Altmaier (CDU), Catenhusen (SPD) und Schmidt-Jortzig (FDP) für eine Unterzeichnung der Bioethik-Konvention des Europarates fortgeführt, zu einer parlamentarischen Beratung kam es jedoch durch Druck aus dem Bundeskanzleramt unter Hinweis auf den bevorstehenden Wahlkampf nicht.

2001 kam es durchaus wieder zu einer Grundsatzdiskussion über Embryonenschutz. Im Vergleich zu den 80er Jahren wurden differenzierte Haltungen in den Parteien, auch bei Grünen und PDS, deutlich erkennbar. Es bildete sich aber schnell eine starke Bewegung in Parlament und Gesellschaft dafür, dass auch Forschung an importierten embryonalen Stammzellen unverantwortbar und demzufolge strafrechtlich zu verbieten sei. Sie konnte sich auf eine volle Übereinstimmung zwischen EKD und Deutscher Bischofskonferenz stützen. Der EKD-Ratsvorsitzende Kock und der Leiter der katholischen Bischofskonferenz Kardinal Lehmann appellierten am 14. Januar 2002 in einem gemeinsamen Brief – ein nach meiner Erinnerung einmaliger Vorgang – an die Abgeordneten des Deutschen Bundestages, für ein umfassendes Forschungs- und Importverbot an embryonalen Stammzellen zu stimmen. Allerdings grenzten sich neun evangelische Theologen eine gute Woche später, am 23. Januar, deutlich von der Linie der EKD ab und plädierten für „Starre Fronten überwinden." Der EKD-Kongress am 28. und 29. Februar 2002 „Bioethik in evangelischer Perspektive" gab denn auch dem durchaus vorhandenen Pluralismus in der evangelischen Kirche zu diesen Fragen Raum, etwa durch die Reden von Schäuble und Prof. Tannert. Die Industrie, auch die Pharmazeutische Industrie, hielt sich in dieser Debatte stark zurück. Schon im Herbst 2001 wurde deutlich erkennbar: Der Bundestag wird seine grundsätzliche Ablehnung der embryonalen Stammzellforschung wegen des damit verbundenen Verbrauchs von Embryonen zu Forschungszwecken bekräftigen. Zu klären war: Kann die Forschung an importierten pluripotenten embryonalen Stammzellen, aus denen kein Mensch entstehen kann, die also nicht unmittelbar Grundrechtsträger sein können, angesichts der grundgesetzlich verbrieften Forschungsfreiheit verboten werden? Kann ein Stammzell-Importverbot verfassungsrechtlich wirksam sein, weil zu ihrer Erzeugung in anderen Ländern überzählige Embryonen zerstört wurden, was nach dortigem Recht nicht verboten, wohl aber nach dem deutschen Embryonenschutzgesetz strafbar ist? Die grundgesetzlich garantierte Wissenschaftsfreiheit kann nur dann eingeschränkt werden, wenn andere Grundrechte tangiert werden. Nach diesem Verfassungsverständnis kann der Import von embryonalen Stammzellen nicht verboten werden. Am 3. Juli 2001 bekräftigte die Fraktionsvorsitzende von Bündnis90/Die Grünen Kerstin Müller: „Rechtlich kann und wird man auch in der nächsten Legislaturperiode den Import embryonaler Stammzellen nicht verbieten können.“[9] Ein Verbot würde gegen die Verfassung verstoßen. Auch die Enquete-Kommission Recht und Ethik in der Medizin formulierte in ihrem Zwischenbericht zur Stammzellforschung: „Inwieweit ein generelles Verbot des Imports gesetzlich geregelt werden könnte, ist vor diesem Hintergrund schwer entscheidbar.“[10]

Das Mehrheits-Votum des Nationalen Ethikrates vom 29. November[11] kam sehr spät. 15 Mitglieder des Rates sprachen sich für einen zeitlich befristeten Import unter strengen Auflagen aus, neun Mitglieder dagegen. Es entsprach im Kern dem Minderheitsvotum der Enquete-Kommission und hatte schon aus Zeitgründen keinen großen Einfluss auf die Entscheidungsabläufe im Parlament. Bei seiner Sitzung am 30. Januar hatte der Deutsche Bundestag die Entscheidung zwischen drei Gruppenanträgen zu treffen:

Ein Antrag, der von wichtigen Akteuren des Mehrheitsvotums der Enquete-Kommission „Ethik und Recht der Medizin“ für ein Verbot des Imports embryonaler Stammzellen, den Abgeordneten Röspel und Wodarg (SPD), Hüppe (CDU) und Christa Nickels (Bündndis90/Die Grünen) getragen wurde, stellte fest:

„Kriterien des Embryonenschutzes können für Embryonen außerhalb Deutschlands und solchen aus Deutschland ethisch nicht unterschiedlich betrachtet werden. Unabhängig von der rechtlich möglichen getrennten Bewertung von

9 Berliner Zeitung, 3. Juli 2001.

10 Zweiter Zwischenbericht der Enquete-Kommission „Recht und Ethik der modernen Medizin“, Teilbericht Stammzellforschung, Deutscher Bundestag Drucksache 14/ 7546, 21.11.2001, S. 54.

11 Nationaler Ethikrat: Zum Import embryonaler Stammzellen, Stellungnahme.

Gewinnung und Import höhlt eine getrennte ethische Bewertung von Gewinnung und Import die Legitimation des Embryonenschutzes in nicht hinnehmbarer Weise aus.

1. Der Deutsche Bundestag fordert die Bundesregierung auf,

   – sicherzustellen, dass der Import von Stammzellen, die aus menschlichen Embryonen gewonnen worden sind, dem Geist des Embryonenschutzgesetzes entsprechend nicht zugelassen wird und

   – ethisch unproblematische Forschungsalternativen (z. B. Forschung an adulten Stammzellen) verstärkt zu fördern.

2. Das Importverbot soll durch eine gesetzliche Regelung klargestellt werden.“[12]

Ein Antrag der FDP, dem sich einige prominente CDU-Abgeordnete wie Wolfgang Schäuble und Rita Süssmuth anschlossen, plädierte im Sinne der DFG für den Import embryonaler Stammzellen und schloss für die Zukunft auch die Möglichkeit der Änderung des Embryonenschutzgesetzes mit dem Ziel der verbrauchenden Embryonenforschung nicht aus: „Für Forschungsvorhaben zur Grundlagenforschung oder zur Entwicklung diagnostischer und therapeutischer Verfahren können embryonale Stammzellinien importiert werden. Voraussetzung ist, dass es sich hierbei um im Rahmen der künstlichen Befruchtung (IVF) nicht genutzte Embryonen handelt, die für hochrangige Forschungszwecke selbstlos gespendet wurden… Für den Fall, dass nach einem angemessenen Zeitraum und nach dem dann geltenden Stand von Medizin und Wissenschaft die Forschung mit importierten embryonalen Stammzellen nicht den für die Entwicklung von Therapien gegen schwere Krankheiten gewünschten Erfolg erbringt, hält der Deutsche Bundestag eine Weiterentwicklung des Embryonenschutzgesetzes für erforderlich.“[13] Dieser Antrag erhielt in der ersten Abstimmung 106 Stimmen.

Ein Gruppenantrag, der von den Abgeordneten Margot v. Renesse und Wolf-Michael Catenhusen (SPD), Dr. Maria Böhmer, stellv. Vorsitzender der CDU-Bundestagsfraktion, sowie der früheren Bundesgesundheitsministerin Andrea Fischer (Bündnis90/Die Grünen) erarbeitet wurde, plädierte für einen kontrollierten Import von humanen embryonalen Stammzellinien, wollte aber gleichzeitig unterbinden, dass durch deutsche Forscher die Gewinnung embryonaler Stammzellinien im Ausland veranlasst würde: „Menschliche embryonale Stammzellen

---

12 BT-Drs.14/8101, 29.01.2002, S. 2.

13 BT-Drs.14/8103, 29.01.2002, S. 2.

sind jedoch keine Embryonen, weil sie sich nicht zu einem vollständigen menschlichen Organismus entwickeln können. Ein unmittelbarer Grundrechtsschutz kann für sie nicht in Anspruch genommen werden. Deshalb stehen dem Grundrecht der Freiheit der Wissenschaft und Forschung, dessen Schranken sich nur aus der Verfassung selbst ergeben können, bei der Forschung an humanen embryonalen Stammzellen keine unmittelbar kollidierenden Grundrechte eines Embryos entgegen. Gleichwohl ist der Import von humanen embryonalen Stammzellen rechtlich und ethisch problematisch, da ihre Gewinnung nach derzeitigem Stand von Wissenschaft und Technik die Tötung von Embryonen voraussetzt. Die Wahrung der Werteordnung des Grundgesetzes ist uns von der Verfassung aufgegeben. Sie würde gefährdet, wenn durch die Zulassung des Imports eine Ausweitung der Nachfrage nach neuen Stammzellinien hervorgerufen würde mit der Folge der Tötung weiterer Embryonen. Deshalb muss sichergestellt werden, dass der Import von humanen embryonalen Stammzellen nach Deutschland keine Tötung weiterer Embryonen zur Stammzellgewinnung veranlasst. Zugleich muss klargestellt werden, dass die Zulassung des Imports von bestehenden humanen embryonalen Stammzellen keine rückwirkende Billigung der Tötung von Embryonen zu Forschungszwecken bedeutet... Der Import humaner embryonaler Stammzellen ist für öffentlich wie privat finanzierte Vorhaben grundsätzlich verboten und nur ausnahmsweise für Forschungsvorhaben unter folgenden Voraussetzungen zulässig."[14]

Dieser Gruppenantrag fand im zweiten Wahlgang mit 340 von 631 Stimmen die Mehrheit, er wurde in diesem Wahlgang auch von den Unterstützern des FDP-bestimmten Gruppenantrages unterstützt. Ganze 27 Tage später legte diese Abgeordnetengruppe einen eigenen kompletten Gesetzentwurf vor, in dem die Voraussetzungen und die Schritte eines Zulassungsverfahrens für einen Import von embryonalen Stammzellinien einschließlich der Einführung eines Stichtages 1.1.2002 festgelegt wurden. Der Gesetzentwurf sollte vor allem sicherstellen, dass innerhalb weniger Monate ein Genehmigungsverfahren mit den dafür erforderlichen Kriterien und Prozeduren festgelegt wurde, dass es also nicht zu einem längeren faktischen Moratorium kommt.[15] Er wurde am 25. April vom Bundestag verabschiedet, gegen die deutliche Mehrheit in den Fraktionen von CDU/CSU, Grünen und PDS. Schon am 22. Juli nahm die vom Gesetz geschaffene Zentrale Ethik-Kommission für Stammzellforschung ihre Arbeit auf, im Dezember 2002 wurde der erste Antrag auf Import humaner embryonaler Stammzellen

14 BT-Drs.14/8102, 29.01.2002

15 BT-Drs.8394, 27.02.2002

aus Israel bewilligt. Der Rat der EKD erklärte am 22. Februar 2002 ungeachtet seiner Grundsatzhaltung seinen Respekt vor der Mehrheitsentscheidung des Bundestages: „Die Befürworter der Mehrheitsentscheidung des Bundestages haben vorgebracht, auch im Fall der Stammzellforschung solle die rechtliche Regelung so gefasst werden, dass ethische Konflikte in der Rechtsordnung befriedet werden können. In diesem Sinne respektiert der Rat der EKD den vom Deutschen Bundestag unternommenen Versuch, einen Ausgleich zwischen gegensätzlichen, tiefen Überzeugungen zu finden."

## Deutsche Stammzellpolitik und Europa – eine Chance, einen deutschen Alleingang zu vermeiden?

Vielen Akteuren war bei den Beratungen des Stammzellgesetzes bewusst, wie schwierig auf nationaler Ebene Bioethik-Gesetzgebung zu formulieren und seine Wirksamkeit und Akzeptanz angesichts einer weltweit vernetzten Forschung zu gewährleisten ist. Es gibt bis heute auf diesem Feld keine Alternative zu einer nationalen Regulierung, wenn sie für erforderlich gehalten wird. Die Menschenrechtskonvention zur Biomedizin des Europarates war der bisher einzige Versuch, international zumindest rechtliche Mindeststandards zu verankern. Sie wurde weder von Großbritannien noch von Deutschland durch Unterzeichnung bzw. Ratifizierung unterstützt. Die Menschenrechtskonvention ist aber bis heute für die EU Rahmenbedingung für ihre Forschungsförderung und für viele Beitrittsländer aus Osteuropa Grundlage für ihre nationale Gesetzgebung geworden. In dem deutschen Stammzellgesetz ist die gewählte Stichtagsregelung verwandt mit der von Präsident Bush festgelegten Regelung für öffentlich finanzierte Forschung mit embryonalen Stammzellinien, nach der nur bis zum 1.09.2000 entstandene Stammzellinien verwandt werden dürfen. Die Antragsteller für das Deutsche Stammzellgesetz richteten sich an diesem Modell aus, mit der Stichtagsregelung wollte man verhindern, dass von Deutschland ein Anreiz oder ein Kausalbeitrag zur Stammzellgewinnung im Ausland ausgehen kann. Der deutsche Stichtag orientierte sich wie in den USA an dem Datum der politischen Grundsatzentscheidung. Allerdings gilt diese Regelung in den USA nur für Forschungsprojekte, die mit öffentlichen Mitteln gefördert werden. Diese Doppelbödigkeit hat Deutschland mit seiner Gesetzgebung vermieden. Damit stellte sich die Frage: Hat Deutschland eine Chance, dass Grundelemente des deutschen Stammzellgesetzes und damit verbunden des Embryonenschutzgesetzes, insbesondere eine Stichtagsregelung, über die USA und Deutschland hinaus Verbreitung finden? Dieser Versuch bestimmte die deutsche Stammzellpolitik in Europa bis zur Verabschiedung des 7. Forschungsrahmenprogramms. Eine Zeit, in der eine Vielzahl europäischer Länder mit Gesetzen bzw. Gesetzesänderungen auf die Entwicklung der Stammzellforschung reagierten. So liberalisierten im Jahre 2002 Dänemark und die Niederlande ihre Gesetzgebung und erlaubten Forschung mit menschlichen embryonalen Stammzellinien. 2002 stand unmittelbar nach Verabschiedung des deutschen Stammzellgesetzes in der EU die Entscheidung über das 6. Forschungsrahmenprogramm an. Am 15. Mai hatte das Europäische Parlament dem 6. Forschungsrahmenprogramm ohne konkrete Aussagen über spezielle Rahmenbedingungen für eine Förderung embryonaler Stammzellforschung zugestimmt, keine gute Ausgangsposition für deutsche Aktivitäten in diesem Prozess. Schon eine Woche später, am 22. Mai, konnte Deutschland einen ersten Erfolg in Brüssel vermelden: In einer überraschenden gemeinsamen Initiative drohten Deutschland, Österreich, Italien und Irland damit, den Gesamtbetrag von 17 Milliarden Euro durch eine Sperrminorität zu blockieren. Bis das Geld fließt, sollten in Brüssel strenge, an die deutsche Gesetzgebung angelehnte Regeln für die Förderung der Stammzellforschung geschaffen werden. Als Kompromiss stellte Forschungs-Kommissar Busquin ein Moratorium der Forschungsförderung für embryonale Stammzellforschung bis Ende 2003 in Aussicht, so könne man in Ruhe und gründlich über geeignete Rahmenbedingungen beraten und entscheiden. Daraufhin stimmten Deutschland, Italien und Irland dem 6. Forschungsrahmenprogramm zu. Da die weitere Beratung im Kontext der Beratungen zum Spezifischen Programm „Integration und Stärkung des Europäischen Forschungsraums" als Teil des FRP 6 erfolgte, verfügten die vier Länder über eine Sperrminorität: Ein Beschluss zu Rahmenbedingungen bedurfte ihrer Zustimmung. Allerdings wurde nur durch Druck der dänischen Präsidentschaft, unterstützt auch von Finnland, Griechenland und Spanien das Moratorium formal festgelegt. Die Verhandlungen über die Ausgestaltung entsprechender Richtlinien, von deutscher Seite durch das BMBF geführt, zogen sich bis nun Ende 2003 hin. Das Rot-Grün regierte Deutschland kooperierte in dieser Frage eng mit den konservativen Regierungen von Bundeskanzler Schüssel (Österreich) und Ministerpräsident Berlusconi (Italien), suchte aber auch die Zusammenarbeit mit Staaten wie Portugal, Spanien, Dänemark, Luxemburg, Irland und Frankreich. Bundestag und Bundesrat formulierten als Ziel der deutschen Bemühungen in der Europäischen Union: „Nach Auffassung des Deutschen Bundestages darf die Vernichtung menschlicher Embryonen zu Forschungszwecken, die in EU-Mitgliedstaaten, darunter Deutschland, eine Straftat darstellt, nicht durch das Sechste Forschungsrahmenprogramm der EU gefördert werden."[16] Es wurde mit harten Bandagen vorgegangen. Das Europäische Parlament lehnte im November 2003 in einem Beschluss zum Vorschlag

---

16 BT-Drs. 15/1310, 01.07.2003, S. 3.

der Kommission eine Stichtagslösung ab. Für die Rats-Sitzung am 25.11.2002 legte die Kommission einen Vorschlag für die Rahmenbedingungen vor, der auch eine Stichtagslösung mit Datum 27. Juni 2002 enthielt, allerdings bezogen auf das Alter der für die Forschung verfügbaren Embryonen. Ein für Deutschland und seine Mitstreiter nicht akzeptabler Vorschlag, da so eine künftige Zerstörung dieser Embryonen möglich blieb. In der Ratssitzung selbst legte Portugal einen Vermittlungsvorschlag vor, der einen Stichtag für die im Rahmen EU-geförderter Forschungsprojekte verwendbaren embryonalen Stammzellinien beinhaltete. Kommissar Busquin kündigte in der Sitzung ein Eingehen auf diesen Kompromiss und die Rücknahme des eigenen Vorschlages an. Eine Sondersitzung des Forschungsministerrates am 3. Dezember sollte die Entscheidung bringen. Für diese Sitzung wurde von der italienischen Präsidentschaft der Text einer Leitlinie für die Förderung von Stammzellforschung vorgelegt, der entsprechend dem portugiesischen Vorschlag folgende Punkte enthielt: „Research using human stem cells may be financed depending on the contents of the proposal and the legal framework of the Member State(s) involved. The procurement of stem cells from a human embryo in vitro may not receive community funding. However, only research with stem cells and stem cell lines created before 03. December 2003 derived from human embryos in vitro may receive community funding."[17] Die Bemühungen endeten jedoch in dieser Sitzung abrupt und ohne Ergebnis. Offenkundig zog Kommissar Busquin auf Druck seiner Experten, der Parlamentsmehrheit und von Mitgliedsstaaten, die für eine Förderung der embryonalen Stammzellforschung eintraten, vor allem Großbritannien, Schweden und Belgien, es vor, auf einen EU-weiten Kompromiss zu verzichten. Er vertraute darauf, dass ab 1.1.2004 nach Ablauf des zugesagten Moratoriums die Kommission ohne Zustimmung des Ministerrates in eigener Kompetenz Rahmenbedingungen für die Förderung der Stammzellforschung erlassen könne, was dann auch geschah. Alle Forderungen nach Fortführung des Moratoriums, der Verhandlungen liefen ins Leere. Dieses Vorgehen war offenkundig auch in der Kommission umstritten. Denn im Februar 2004 beschloss die EU-Kommission intern, dass die Zerstörung von menschlichen Embryonen nicht in die Förderung von Forschungsprojekten der Stammzellforschung einbezogen werde und entsprechende Anträge nicht in das Begutachtungsverfahren einbezogen würden. Ein kleiner Erfolg der deutschen Bemühungen beim ethischen Kernproblem der embryonalen Stammzellforschung.

Bei den Vorbereitungen für das 7. Forschungsrahmenprogramm unternahm die Bundesregierung durch Ministerin Schavan (CDU) einen neuen Versuch zur

---

17 Council of the European Union, 15495/1/03, 1.12.2003, S. 2.

Einschränkung der Förderung embryonaler Stammzellforschung. Auf der Ratssitzung am 28.11.2005 gab Deutschland durch Staatssekretär Catenhusen gemeinsam mit Italien, Malta, Österreich, Polen und der Slowakei anlässlich der politischen Einigung über das 7. FRP eine Protokollerklärung ab, mit der insbesondere der Ausschluss der verbrauchenden Embryonenforschung von der Forschungsförderung der EU gefordert wird. Die Rahmenbedingungen für die Förderung der Stammzellforschung sind aber gegenüber denen für das 6. Forschungsrahmenprogramm nur an einem Punkt geändert worden, der aber die Praxis selbst nicht verändert: Die Kommission erklärte am 30.12.2006, wie im Rat vereinbart, in einer Zusatzerklärung zum Beschluss über das 7. Forschungsrahmenprogramm: „Die Europäische Kommission wird die gängige Praxis fortführen und dem Regelungsausschuss keine Vorschläge für Projekte unterbreiten, die Forschungstätigkeiten beinhalten, bei denen menschliche Embryos einschließlich zur Gewinnung von Stammzellen zerstört werden. Der Ausschluss dieses Forschungsschrittes von der Förderfähigkeit bedeutet nicht, dass die Gemeinschaft sich daran anschließende Forschungstätigkeiten, bei denen humane embryonale Stammzellen verwendet werden, von der Förderung ausschließt.“[18]

Bei den Entscheidungen vieler europäischer Länder auf dem Feld der Stammzellpolitik seit 2002 kam es nur in Norwegen und Italien zu einem weitgehenden Verbot embryonaler Stammzellforschung. In Frankreich, Dänemark, den Niederlanden, der Schweiz und Spanien wurde die Gesetzgebung liberalisiert. Kein Land übernahm die Strukturen des deutschen Stammzellgesetzes. 10 EU-Mitgliedsstaaten haben keine gesetzliche Regelung für das Feld der embryonalen Stammzellforschung, 12 Mitgliedsstaaten erlauben die Gewinnung und Verwendung embryonaler Stammzellinien. Nach der nächsten Wahl in den USA wird auch die amerikanische Stichtagsregelung auf den Prüfstand gestellt werden.

Auf einem Feld war die Struktur des deutschen Rechts begrenzt erfolgreich: Die Schweiz wie auch Italien übernahmen in ihre Gesetzgebung von 2003 die Bestimmung des Deutschen Embryonenschutzgesetzes, dass nur soviel Eizellen befruchtet werden dürfen, wie zur unmittelbaren Einpflanzung in die Gebärmutter einer zu behandelnden Frau benötigt werden. Nur Vorkernstadien von Embryonen dürfen aufbewahrt/eingefroren werden. Italien und Schweiz wurden durch die deutsche Erfahrung überzeugt, dass es auf diesem Wege nicht bis zu

18 L 412/42 DE Amtsblatt der Europäischen Union 30.12.2006 S. 1; Erklärung der Kommission zu Art. 7, Beschluss Nr. 1982/2006/EG des Europäischen Parlaments und des Rates über das Siebte Rahmenprogramm der EG für Forschung, technologische Entwicklung und Demonstration.

Hunderttausenden an überzähligen menschlichen Embryonen in Tiefkühlschränken kommen kann, die auf eine sinnvolle Verwendung/auf ihr Absterben warteten. Diese Bestimmung hat nach meiner Erfahrung maßgeblich dazu beigetragen, dass bis heute in Deutschland kein massiver Druck auf eine Öffnung des Embryonenschutzgesetzes hin zur Forschung an sog. überzähligen Embryonen entsteht. In der Schweiz und auch in Frankreich hat die Existenz großer Mengen überzähliger tiefgefrorener Embryonen maßgeblich zur Akzeptanz des Verbrauchs von Embryonen zu Forschungszwecken beigetragen, während in Deutschland bei der jährlichen Entstehung von deutlich unter 200 überzähligen Embryonen – wenn man inoffiziellen Informationen Glauben schenken darf, offizielle Zahlen werden seit 1990 vermieden – das ethische Dilemma „überzähliger menschlicher Embryonen" keine praktische Relevanz erhalten hat.

2006 war klar geworden: Der Versuch, die Diskrepanz zwischen dem deutschen Stammzellgesetz und der EU-Forschungsförderung abzubauen, war endgültig gescheitert, das deutsche Stammzellgesetz blieb ein nationaler Sonderweg ohne Nachahmer. Damit erhielt die schon 2003 anlaufende Debatte um eine Novellierung/Liberalisierung des Stammzellgesetzes zusätzlichen Schub. Für die deutsche Forschung ergaben sich aus dem Stammzellgesetz zwei große Probleme: Einmal der Rückgang der Zahl der für die deutsche Forschung zur Verfügung stehenden humanen embryonalen Zelllinien, die mit zunehmendem Alter an Qualität verlieren. Dies könnte, so die Sorge der Wissenschaftler, auf Dauer Forschung mit embryonalen Stammzellinien in Deutschland grundsätzlich infrage stellen, also auf ein DeFacto-Verbot hinauslaufen. Zum anderen der Sachverhalt, dass die vor dem 1. Januar 2002 etablierten humanen embryonalen Stammzellen durch tierische Produkte bzw. Viren verunreinigt sind, so dass der wissenschaftliche Nutzen dieser Stammzellen als deutlich eingeschränkt angesehen wird, vor allem für therapiebezogene Forschung. Beklagt wurden auch die unklaren strafrechtlichen Vorschriften, die unkalkulierbare Risiken für deutsche Stammzellforscher bei internationalen Kooperationen geschaffen hätten. Dies drohe die deutsche Wissenschaft in einen strategischen Rückstand zu bringen. Dazu wuchs die Zahl der Stimmen in der Wissenschaft, dass Forschung an adulten und an embryonalen Stammzellen im wechselseitigen Interesse sei, die Alternativdebatte also nicht sinnvoll sei. Die DFG legte am 10.11.2006 ihren dritten Bericht zur Stammzellforschung vor und forderte darin:

„1) Die Stichtagsregelung sollte abgeschafft werden. Der deutschen Forschung sollten auch neuere, im Ausland hergestellte und verwendete Stammzellinien zugänglich gemacht werden, sofern diese aus ‚überzähligen' Embryonen entstanden sind.

2) Die Einfuhr von Zellinien sollte auch dann erlaubt sein, wenn diese für diagnostische, präventive und therapeutische Zwecke verwendet werden sollen.

3) Die Strafandrohung für deutsche Wissenschaftler sollte aufgehoben und der Geltungsbereich des Stammzellgesetzes eindeutig auf das Inland bezogen bleiben.“[19]

In seiner Stellungnahme vom gleichen Tage machte der Ratsvorsitzende der EKD Bischof Huber deutlich, dass eine vorsichtige Novellierung des Stammzellgesetzes ohne generelle Aufhebung des Stichtages nicht rundum verwerflich sein müsse: „Wer dem Geist und der Logik der vom Deutschen Bundestag am 30. Januar 2002 beschlossenen Regelung verpflichtet ist, verfügt gleichwohl über Spielräume, um zu einer Lösung für die von der DFG aufgewiesenen Probleme zu gelangen. Zu diesen Problemen gehört insbesondere die Kontaminierung der in Deutschland bisher verfügbaren Stammzellinien durch tierische Produkte und Viren. Der vom Bundestag angestrebte Ausgleich zwischen den gegensätzlichen ethischen Überzeugungen bliebe gewahrt, wenn der Stichtag neu festgesetzt würde. Dabei müsste es sich, wie auch schon 2002, um einen zurückliegenden Stichtag, also beispielsweise den 31. Dezember 2005, handeln. Aus evangelischer Sicht würden damit zwar die grundlegenden ethischen Bedenken gegen den Verbrauch menschlicher Embryonen bei der Gewinnung von humanen embryonalen Stammzellen nicht ausgeräumt. Aber ein solcher Weg ließe sich – wie schon die vom Deutschen Bundestag 2002 getroffene Regelung – respektieren als ein ernsthafter Versuch, einen Ausgleich zu finden und ethische Konflikte zu befrieden.“[20] Er wandte sich zugleich gegen eine völlige Aufhebung des Stichtages. Huber würdigte damit das Stammzellgesetz als wichtigen Beitrag zu gesamtgesellschaftlicher Konsensbildung, Friedensstiftung in bioethischen Grundsatzfragen. Er löste damit eine anhaltende Verstimmung auf Seiten der bis dahin biopolitisch mit der EKD engstens verbundenen katholischen Amtskirche aus, die von „Belastung der Ökumene“ sprach. Auch führende Vertreter der Lutheraner innerhalb der evangelischen Kirche, wie der Braunschweiger Bischof Weber, übten deutliche und anhaltende Kritik an Huber. Eine Reihe evangelischer Theologen und der evangelischen Kirche verbundene PolitikerInnen nahmen dagegen Hubers Neubestimmung der evangelischen biopolitischen Rolle dankbar auf, der

19 DFG: Stammzellforschung in Deutschland, Möglichkeiten und Perspektive, Stellungnahme von Herrn Prof. Ernst-Ludwig Winnacker am 10.11.2006, Manuskript, S. 4.

20 „EKD warnt vor Aufweichung des Embryonenschutzes“, Wolfgang Huber zur Erklärung der DFG zur Stammzellforschung. Hannover, 10. November 2006, Pressemitteilung.

Rat der EKD bestätigte Hubers Position. Nur wenige Tage später, am 14.11., nahm Bundeskanzlerin Merkel in einem Gespräch der CDU-Spitze mit dem Rat der EKD den Ball auf. Sie entschied strategisch, sich den durch die Erklärung Hubers erkennbaren Handlungsspielraum für die Verbesserung der Rahmenbedingungen für Stammzellforschung von Anfang an zu Eigen zu machen und zu unterstützen. Dieser Linie schloss sich schon in desem Gespräch die Forschungsministerin Schavan an, was ihr, die bis 2005 dem Zentralkomitee der Katholiken angehört hatte, massive Kritik als ‚Umfallerin' von der katholischen Amtskirche, katholischen Verbänden und dem ZdK eintrug. Ein Jahr intensiver gesellschaftlicher Debatte folgte, in der es unübersehbar zu einer stärkeren Differenzierung ethischer und politischer Positionen in der gesellschaftlichen Debatte kam. Auffällig waren die intensiven, bis in die Gesetzesberatungen Anfang 2008 andauernden Bemühungen der katholischen Kirche und ihrer Verbände, die Mehrheit von CDU/CSU wieder auf die Linie der katholischen Amtskirche zu bringen bzw. zu halten, von der sich die protestantische Bundeskanzlerin Merkel und die katholische Ministerin Schavan gemeinsam erkennbar abgesetzt hatten. Dies spiegelte sich auch in den Beratungen des CDU-Bundesparteitages 2007 wider. Der 2. Erfahrungsbericht der Bundesregierung zum Stammzellgesetz vom 11.01.2007 sah noch keinen Änderungsbedarf beim Stammzellgesetz.[21] Im Mai 2007 hörte der Bundestagsausschuss für Bildung und Forschung 24 Experten als Grundlage für konkrete Überlegungen zu einer möglichen Novellierung. Hier wurden die politischen Optionen – Verschiebung des Stichtages, nachlaufender Stichtag, Aufhebung des Stichtages – eingehend diskutiert. Im Juli 2007 legte der Nationale Ethikrat seine Empfehlungen „Zur Frage einer Änderung des Stammzellgesetzes" vor, er sprach sich mehrheitlich wie die DFG für die Abschaffung eines Stichtages im Stammzellgesetz aus: „Das Schutzziel des § 1 Nr. 2 StZG, nämlich zu vermeiden, dass von Deutschland aus eine Gewinnung embryonaler Stammzellen veranlasst wird, sollte in Zukunft durch eine praktikable und zuverlässige Einzelfallprüfung im Verfahren zur Genehmigung des Imports und der Verwendung embryonaler Stammzellen gewährleistet werden. Die Strafvorschriften des Stammzellgesetzes sollten entfallen… Jede von Deutschland aus erfolgende Beteiligung am Verbrauch extrakorporal erzeugter Embryonen im Ausland ist ohnehin nach dem Embryonenschutzgesetz strafbar."[22]

---

21 Deutscher Bundestag Drucksache 16/4050, 11.01.2007; Unterrichtung durch die Bundesregierung: Zweiter Erfahrungsbericht der Bundesregierung über die Durchführung des Stammzellgesetzes (Zweiter Stammzellbericht).

22 Nationaler Ethikrat. Zur Frage einer Änderung des Stammzellgesetzes. Stellungnahme, S. 51.

Unter der Federführung von vier Abgeordneten, Rene Röspel (SPD) und Ilse Aigner (CDU/CSU) – die 2002 noch das Stammzellgesetz abgelehnt hatten –, Jörg Tauss (SPD) und Thomas Rachel (CDU/CSU) wurde am 9. Februar 2008 ein Gruppenantrag eingebracht, der ganz im Sinne der Intentionen von Bundeskanzlerin Merkel und Bischof Huber forderte: „Der Stichtag wird durch die Änderung des § 4 Abs. 2 Nr. 1 Buchstabe a StZG einmalig auf den 1. Mai 2007 verschoben und somit an neue wissenschaftliche Erkenntnisse angepasst, ohne dass die Grundausrichtung des Gesetzes verändert wird. Auf diese Weise bleibt der Schutzmechanismus des Stammzellgesetzes erhalten und es bleibt gewährleistet, dass von Deutschland aus nicht die Gewinnung embryonaler Stammzellen oder eine Erzeugung von Embryonen zu diesem Zweck veranlasst wird. Damit wird es den Wissenschaftlerinnen und Wissenschaftlern weiterhin ermöglicht, Forschung mit solchen bereits existierenden Stammzelllinien zu betreiben. Angesichts der Probleme im Zusammenspiel von Strafrechtsdogmatik und Stammzellgesetz ist durch eine Änderung der §§ 2 und 13 StZG eine Klarstellung des Anwendungsbereichs des Stammzellgesetzes auf das Inland vorzunehmen. Hierdurch werden Unsicherheiten im Hinblick auf die Reichweite der Regelung des Stammzellgesetzes beseitigt und es wird dem verfassungsrechtlichen Bestimmtheitsgebot Rechnung getragen."[23] Am 11. April wurde dieser Gesetzentwurf mit 326 gegen 228 Stimmen angenommen. Eine Mehrheit der Unionsfraktion stimmte gegen den vorliegenden Gesetzentwurf, dazu fast die gesamte Fraktion Bündnis90/Die Grünen. Eine starke Mehrheit der SPD sicherte zusammen mit einer starken Minderheit der Union dem Gesetzentwurf die Mehrheit. Die Linken waren in dieser Frage gespalten, mit einer deutlichen Mehrheit unter den ostdeutschen Abgeordneten für die Gesetzesänderung. Ein Antrag der Abgeordneten Flach (FDP), Stöckel (SPD) und Reiche (CDU/CSU) zur Abschaffung des Stichtages, erhielt 126 Stimmen.

## Spezifika deutscher Stammzellpolitik:

1. Wir leben im Sozialstaat Deutschland in einer über Jahrzehnte hin stark von Konsens getragenen Gesellschaft. Seit nunmehr fast 20 Jahren besteht in Politik und Gesellschaft bei erkennbarem weltanschaulichem Pluralismus ein starker Konsens über die Prinzipien und Grundentscheidungen des deutschen Embryonenschutzgesetzes. Dieser Konsens ist zwingende Voraussetzung dafür, die Werteabwägung: Genereller Vorrang für Lebensschutz vor Forschungsinteressen, für jedermann verbindlich im Gesetz festschreiben zu können. In diesen Konsens

---

23 BT-Drs. 6/7981, 06.02.2008, S. 3.

sind auch wichtige Entscheidungsträger der Gesellschaft, etwa aus der Ärzteschaft und der Wirtschaft einbezogen. Es ist eine spannende Frage, ob dieser erstaunlich stabile Konsens angesichts einer stärkeren internationalen Öffnung des deutschen Diskurses, der weltweiten Verflechtung der Wissenschaft und bei einem Generationenwechsel der politischen Führungsschicht anhalten wird. Er hat die Bewährungsprobe durch die Stammzelldebatte bisher bestanden. Auch die DFG nimmt in ihrer Argumentation starken Bezug auf diesen im Embryonenschutz verankerten Konsens.

2. Dieser Konsens stützt sich bisher stark auf eine fast identische Positionierung der Kirchen in Deutschland zu diesen Fragen. Nun hat zur Frage des Stammzellgesetzes ein – im internationalen Vergleich immer noch vorsichtiger – Differenzierungsprozess in diesen Fragen zwischen evangelischer und katholischer Kirche eingesetzt. Die Kirchen haben es nun selbst in der Hand, bei gegenseitiger Respektierung unterschiedlicher Positionen eine „wertebezogene ökumenische Biopolitik zum Erhalt einer konsensorientierten Rahmensetzung für die gesamte Gesellschaft“ zu formulieren und so Träger eines bioethischen Konsenses in Deutschland zu bleiben, was angesichts der Grundposition des Stammzellgesetzes, die aber nicht auf die Lebensschutzposition des Vatikan reduziert werden kann, für die katholische Kirche möglich sein dürfte, aber zugleich eine besondere Herausforderung darstellt. Eine „Fundamentalisierung“ des Embryonenschutzgesetzes könnte diesen breiten Konsens auf die Dauer zerstören.

3. Deutschland ist – abgesehen von Österreich – der einzige Staat, in dem es unter aktiver Beteiligung der linken/sozialdemokratischen Partei (Embryonenschutzgesetz), ja sogar unter einer von Sozialdemokraten geführten Bundesregierung zu einer restriktiven bioethischen Gesetzgebung (Stammzellgesetz) gekommen ist, und das bei einer bedeutenden Pharmazeutischen Industrie, dazu in einer Gesellschaft, die nicht besonders stark religiös geprägt ist. Simon Fink ist zuzustimmen: Das Politikergebnis hat damit zu tun, „dass die Gegner der verbrauchenden Embryonenforschung eine wichtige diskursive Ressource auf ihrer Seite hatten. Sie konnten argumentieren, wenn man das Grundgesetz als Reaktion auf die Verbrechen des Nationalsozialismus begreife, könne nur eine restriktive Interpretation als legitim gelten.“[24] Unsere historische Erfahrung hat auch bei vielen, die die Auffassung nicht teilen, werdendem menschlichen Leben komme von Anfang an der volle moralische Status einer Person zu, zu einer Haltung geführt, dem Lebensschutz werdenden menschlichen Lebens von An-

---

24 *Fink, Simon* (2007): „Ein deutscher Sonderweg? Die deutsche Embryonenforschungspolitik im Licht international vergleichender Daten“, Leviathan 1/2007, 1, S. 123.

fang an und rechtsverbindlich den Vorrang vor Interessen der Grundlagenforschung zu geben. In diesen verfassungshistorischen Kontext ist offenkundig die Frage des Schwangerschaftsabbruchs nicht erfolgreich einzubringen. In diese von Simon Fink aufgezeigte Diskurs-Struktur passt übrigens durchaus das Vorgehen des katholischen Bischofs Gebhard Fürst, der nach dem CDU-Bundesparteitag am 10.12. 2007 Stammzellforschung in die Nähe nationalsozialistischer Menschenversuche rückte.

4. Die beschlossene Liberalisierung des Stammzellgesetzes mit seiner *einmaligen* Verschiebung des Stichtages wird zwangsläufig eine neue Novellierungsrunde in den nächsten 5-7 Jahren bringen: Denn viele Stammzellinien „neuer Qualität" werden erst nach dem neuen Stichtag als Zellinie voll etabliert sein. Manches spricht für die Prognose von Simon Fink: „Der deutsche Sonderweg in der Embryonenforschungspolitik wird vermutlich noch lange beschritten werden."[25] Ich sehe aber auch Anzeichen dafür, dass der schon begonnene Prozess der internationalen Öffnung der deutschen Diskurskultur, der Generationswechsel bei den wichtigen Akteuren, aber auch mögliche weitere Erfolge in der Forschung diesen in den 80er Jahren gewachsenen Konsens „pragmatisieren" und für Abwägungsentscheidungen öffnen könnte. Und es wächst die Hoffnung, das ethische Dilemma der Stammzellforschung könnte durch Entwicklungen in der Forschung selbst aufgelöst werden. Dazu gibt die Entwicklung von menschlichen, aus Hautzellen induzierten pluripotenten Stammzellen durchaus Grund.

25 S.o. Anm. 24, S. 125.

# Einstellungen zum Lebensanfang in Deutschland

*Tanja Krones*

## I. Einleitung

Immer wieder haben neue wissenschaftliche Erkenntnisse und technische Entwicklungen sowohl große Erwartungen als auch tiefste Ängste und Befürchtungen geweckt, insbesondere, wenn zwei oder mehr wissenschaftliche Felder ihre Aktivitäten verschränken und Grenzen überschreiten, die zuvor als fraglos gegeben erschienen sind. Über kaum einen Bereich der Humanmedizin und Biotechnologie wurde bisher so intensiv im Parlament und in den Medien diskutiert, wie über Eingriffe in den Beginn menschlichen Lebens, die durch die Verbindung von Reproduktionsmedizin und Molekulargenetik ermöglicht wurden. Im neuen Feld der „*Reprogenetik*", dem „*big embryo experiment*"[1] sind verschiedene Interessenlagen vermengt, die sowohl wissenschaftliche Grundlagenforschung, kommerzielle Motive, Heilung von Krankheiten als auch den Wunsch nach eigenen, gesunden Kindern umfassen.[2] Seit es 1978 erstmals gelungen ist, eine extrakorporale Befruchtung beim Menschen vorzunehmen, ging es um die Ermöglichung eines Kinderwunsches von sterilen Paaren. Bereits in den 60er Jahren konnte man durch molekulargenetische Methoden vor der Geburt Aussagen über die genetische Ausstattung des zukünftigen Kindes machen, welche die Schwangere und ihren Partner aber auch gleichzeitig vor schwerwiegende Entscheidungen stellen: das Kind zu bekommen oder einen Schwangerschaftsabbruch durchzuführen. Ende der 80er Jahre wurde es erstmals möglich, frühe Embryonen in vitro mittels molekulargenetischer Methoden zu untersuchen. Das erste Kind nach einer solchen Präimplantationsdiagnostik wurde erstmals 1990 in England geboren. 1998 gelang es der Arbeitsgruppe von Thomson in den USA, aus überzähligen Embryonen aus der IVF-Behandlung pluripotente menschliche embryonale Stammzellen zu extrahieren, die in Mäusen und ande-

1 Vgl. zur Entstehung und Definition des Begriffs und des mit ihm bezeichneten wissenschaftlichen Feldes *Erik Parens/Lori P Knowles*, Reprogenetics and Public Policy. Reflections and Recommendations. Hastings Center Report Juli-August 2003, Special Supplement.

2 Zu eindrücklichen Schilderungen der Verschränkungen von Hoffnungen und Kommerzialisierungen im Bereich der Reproduktionsmedizin vgl. *Deborah L. Spar*, The Baby Business, Boston: Harvard Business School Press 2006.

ren Tieren in der Lage sind, sich zu verschiedenen Geweben weiter zu differenzieren. Damit wurden frühe menschliche Embryonen zu einem auch wissenschaftlich und ökonomisch wertvollen Gut, einer sozial-ökonomischen Entität, mit der Folge, dass hier Interessen und Einflussnahmemöglichkeiten Dritter direkt in das Fortpflanzungsgeschehen eingreifen: ‚Überzählige Embryonen', die nicht in dem IVF-Zyklus, in dem sie entstanden sind, eingesetzt werden sollen, können für ein späteres Einsetzen bei demjenigen Paar, von dem die Embryonen abstammen, eingefroren werden. Um diese Embryonen konkurrieren aber potentiell auch andere Paare (Embryonenspende – ‚Embryoadoption') oder Wissenschaftler, die humane embryonale Stammzellen erzeugen möchten.

Den biopolitischen und bioethischen Debatten um diese Möglichkeiten liegt zudem die Frage zugrunde, was für uns der Beginn biologischen menschlichen Lebens bedeutet. Wie und warum Menschen sich fortpflanzen, berührt einen Bereich, der sowohl von höchster gesellschaftspolitischer Relevanz ist, als auch die intimsten, wichtigsten Lebensentscheidungen betrifft. Die körperhistorische und sozialanthropologische Forschung, die in den angloamerikanischen Ländern wesentlich begründet wurde, fördert jedoch Fundamentaleres zu Tage. Bilder, die wir von der Fortpflanzung, von ethisch rechtem und gutem Handeln bei Fortpflanzungsentscheidungen haben, sind zutiefst geprägt von historischen, religiösen und sozialen Wurzeln der jeweiligen Gesellschaft, von unseren Vorstellungen über Geschlechtsrollen und Verwandtschaftsbeziehungen. Dass die Biologie auch ein kulturelles System ist, wir biologische Befunde nicht objektiv erheben, sondern auch sozial konstruieren, ist eines der zentralen Erkenntnisse der Sozialanthropologie seit Beginn des letzten Jahrhunderts.[3] Wir projizieren kollektive kognitiv-mentale Bilder über Zeugung und Reproduktion, sozial (historisch, religiös, gesellschaftlich, wissenschaftlich) geprägte Vorstellungen von dem, was der Mensch ist, was ihn ‚als Menschen' konstituiert, auf die ‚reine Biologie'. Durch Eingriffsmöglichkeiten in diesen Bereich ändern sich aber demnach auch unsere Bilder vom Menschen, von Verwandtschaftsbeziehungen und Geschlechtsrollen. Daher sind sozialwissenschaftliche Untersuchungen über Vor- und Einstellungen der Gesellschaft und der Repräsentanten des öffentlichen

---

3 Vgl. hierzu insbesondere *Sarah Franklin*, Embodied progress. A cultural account of assisted conception. London: Routledge 1997, *Barbara Duden*, „Zwischen wahrem Wissen und Prophetie. Konzeptionen des Ungeborenen", in: *Barbara Duden/Jürgen Schlumbohm/Patrice Veit* (Hrsg.), Geschichte des Ungeborenen. Zur Erfahrungs- und Wissenschaftsgeschichte der Schwangerschaft, Göttingen: Vandenhoek und Ruprecht 2002, S. 11-48; sowie *Kurt Schmidt/Fabrice Jotterand/Carlo Foppa* (Hrsg.), Stem Cell Research in Europe, Journal of Medicine and Philosophy 2004, 29 (5).

Diskurses, sowie von denjenigen, die mit Fortpflanzungstechnologien und ihren Resultaten direkt befasst oder von ihnen unmittelbar oder mittelbar betroffen sind oder sein könnten (unter anderem IVF-Paare, Paare mit einem bekannten genetischen Risiko, Menschen mit genetisch bedingten Behinderungen oder Erkrankungen, Reproduktionsmediziner, Humangenetiker, Pädiater, Forscher im Bereich der Gentechnologie), für die bioethische und biopolitische Debatte von höchster Relevanz. Gerade in dieser Debatte trifft man vielfach auf Aussagen, die Eindeutigkeiten in den Kategorisierungen der Menschwerdungsprozesse postulieren, Definitionen wie zum Status des Embryos als fraglos gegeben, als ‚richtig' oder ‚falsch' behauptbar annehmen.

In diesem Beitrag stelle ich einige Ergebnisse unserer Arbeitsgruppe zu Auffassungen der Bevölkerung, von Experten und Betroffenen zum Beginn menschlichen Lebens und zur Zulässigkeit oder Unzulässigkeit verschiedener Eingriffsmöglichkeiten dar.

Unser empirisches Vorgehen war hierbei primär induktiv. Zunächst haben wir 10 offene, narrative Interviews durchgeführt, gefolgt von leitfadengestützten Interviews von ‚Laien', direkt Betroffenen und ‚Experten' (4-10 pro Gruppe). Parallel wurde in einem Forschungsseminar am Zentrum für Konfliktforschung eine Printmedienanalyse durchgeführt. Es folgten für die untersuchten Gruppen (betroffene Paare, Experten, Gesamtbevölkerung) repräsentative standardisierte Befragungen von insgesamt 1.000 Befragten der Bevölkerung, 879 Experten (Hebammen, Ethikern, Humangenetikern, Pädiatern, Gynäkologen/Reproduktionsmedizinern) und betroffenen Paaren (deutsch- und türkischstämmige IVF-Paaren und Paaren mit einem bekannten genetischen Risiko). Die Befragungen wurden 2005 abgeschlossen. Nun befinden wir uns im Interpretationsprozess, einer Kohärenz-Konfliktanalyse der empirischen Ergebnisse im Licht der vorherrschenden bioethisch-biopolitischen, gesellschaftstheoretischen Argumentationen, theologischen Anschauungen und juristischen Aspekte, um so zur biopolitischen Diskussion und zu Lösungen beizutragen, die, so hoffen wir, kontextsensitiver sind als viele bisherigen Argumentationen und Entscheidungen.[4] Unsere eigene Auslegung der Ergebnisse kann die Überlegungen hierzu nur anstoßen.

---

4 Eine ausführliche Beschreibung der epistemologischen Grundlagen und der Methodik findet sich in *Tanja Krones*, Kontextsensitive Bioethik. Wissenschaftstheorie und Medizin als Praxis, Frankfurt am Main, Campus 2008.

Der Gesellschaft insgesamt bleibt es nach unserer Auffassung überlassen, wie die weitere Regulierung der Reprogenetik in Deutschland aussehen sollte.[5]

## II. Ansichten zum Beginn menschlichen Lebens

In den qualitativen, narrativen und leitfadengestützten Interviews, die wir geführt haben, zeigte sich bezüglich des Beginns menschlichen Lebens vor allem ein zentrales Ergebnis. Anders als in den Printmedien, bioethischen Stellungnahmen philosophischer und theologischer Provenienz und den Parlamentsdebatten spielte der Status des Embryos an sich in den Gedanken und Argumentationen der befragten IVF-Paare und in der Praxis arbeitenden Experten eine eher untergeordnete Rolle. In vielen Interviews wurden Gedanken dazu erst auf Nachfrage geäußert. Die Frage nach dem Beginn menschlichen Lebens und dem Status des Embryos wurde vielmehr in körperlich-geistigen Beziehungen thematisiert. Betont wurden bei der Beurteilung auch der gesamte Beziehungskontext und die situativen Bedingungen, mit denen Menschen bei Entscheidungen zur IVF, zur Pränataldiagnostik und zum Austragen bzw. zum Schwangerschaftsabbruch bei einem Kind mit einer Behinderung oder Erkrankung konfrontiert sind. *Tabelle 1* gibt exemplarisch hierzu einige Aussagen der Befragten wieder:

---

5 Die Ergebnisse wurden bereits weitgehend publiziert, vergleiche u.a. *Tanja Krones et al.*, „What is the preimplantation embryo?", Social Science and Medicine 2006, 63, S. 1-20; *Tanja Krones/Gerd Richter*, „Kontextsensitive Ethik in der Reproduktionsmedizin: Theorie und empirische Ergebnisse", in: *Marcus Düwell, Josef N. Neumann* (Hrsg.), Wie viel Ethik verträgt die Medizin?, S. 307-328; *Tanja Krones et al*, „Attitudes of patients and professionals towards embryonic stem cell research and donation of gametes and embryos in Germany", in: Reproductive Biomedicine online, 13 (5), S. 607–617.

*Tabelle 1*: Ansichten über den Beginn menschlichen Lebens und den Status des präimplantativen Embryos, Ausschnitte aus den qualitativen Interviews mit Experten und deutsch- und türkischstämmigen IVF-Paaren:

| Gruppe | Soziodemographie | Status des Embryos |
|---|---|---|
| **Pädiater 2** | **Frau, Mitte 40, 4 Kinder, seit 18 Jahren im Beruf, seit 4 Jahren niedergelassen, religiös, aber nicht konfessionell gebunden** | Ein Embryo ist ja schon kein Zellhaufen mehr, ich neige eher zu der Ansicht, dass es ein menschliches Wesen ist. Und je länger man es wachsen lässt, umso kritischer ist es, daran zu manipulieren.<br>Ich würde das nicht an einer Woche festmachen wollen, das ist nicht medizinisch zu begründen. Wenn es aber über den Zellhaufen und dieses erste Blastenstadium hinausgeht und Funktionssysteme wie Augenanlage und Herzanlage da sind, dann wird das ja relativ schnell irgendwie sehr menschlich. |
| **Heb-amme 4** | **Ende 30, 2 Kinder, freiberuflich tätig, seit 20 Jahren im Beruf, nicht religiös** | Das Menschsein fängt im Mutterleib an, wenn die Mutter mit Schwangerschaftszeichen reagiert. In dem Moment, in dem bei der Frau körperliche und psychische Veränderungen eintreten, ist eine Schwangerschaft vorhanden und ein kleiner Mensch, der wächst. Der Zeitpunkt Befruchtung, vier oder sechs Wochen, ist nicht der entscheidende Punkt. Ich denke da von der betroffenen Frau her.<br>Menschwerdung und Elternwerdung hängen zusammen. Ein Mensch ohne den Mutterleib ist für mich nicht vorstellbar und nicht wünschenswert, da er schon als Ungeborener psychische und emotionale Zuwendung braucht. |
| **Ethiker 1** | **Frau, 50 Jahre, 2 Kinder, Theologin** | Man kann den Wert des vorgeburtlichen Lebens nicht unabhängig von der Mutter sehen, so ist es auch bei der Abtreibungsdebatte. Meiner Meinung nach gibt es keinen Punkt, an dem man klar entscheiden kann, ab jetzt ist es Leben. Das hat in der Ethik dazu geführt, dass man den Begriff Leben sehr früh fasst, um diese Grenzziehung zu vereinfachen. |

| | | |
|---|---|---|
| | | Der Embryo an sich hat aber auch einen Wert. Man muss das System sehen: der Embryo hat ein Recht, die Paare haben ein Recht und sie haben eines im Zusammenspiel. |
| **Ethiker 3** | **Mann, Mitte 30, 2 Kinder, Philosoph, nicht (mehr) religiös** | Die Debatte um den Status des Embryos geht an der Realität des Empfindens der Bevölkerung vorbei, auch wenn das auf gewisse Art bedauerlich ist. Die Bevölkerung kann die feinsten Unterscheidungen, die in dieser Debatte getroffen werden, nicht mehr nachvollziehen. Mit der Möglichkeit des Schwangerschaftsabbruchs hat man quasi eine Abstufung des Lebensrechtes eingeführt, der sich mit einem uneingeschränkten Lebensrecht des Fötus nicht verbinden lässt. Man muss einfach akzeptieren, dass die Gesellschaft im konkreten Fall des Embryos eine Einschränkung des Lebensrechtes befürwortet, die wir beim geborenen Leben nicht akzeptieren würden.<br>Die Debatte um den Status des Embryos im Zusammenhang mit PID und Stammzellforschung erscheint mir daher wie eine Art Rückzugsgefecht. |
| **Gynäkologe 1** | **Frau, Anfang 40, keine Kinder, Fachärztin / Oberärztin für Gynäkologie/Endokrinologie an großer Klinik, nicht religiös** | Ich muss ganz ehrlich sagen, dass ich einen Zweizeller, oder auch noch Mehrzeller, nicht in dem Sinne so sehe wie ich den Embryo, der sämtliche Organanlagen bereits hat, .....den sehe ich ganz anders. Also für mich ist ein Embryo was anderes als das, wie er vom rechtlichen Sinne her gefasst wird. Es wird immer versucht, der Öffentlichkeit klar zu machen, also man zeigt der Öffentlichkeit einen Föten und sagt, das ist jetzt ein Embryo, das sind diese üblichen Bilder gegen die Abtreibung, wo die kleinen Füßchen rausgucken, dieser Embryo, wie schrecklich, und der wird gleichgestellt mit dem Zweizeller, den man unter dem Mikroskop als solchen sehen kann. Ab dort, wo eine gewisse Entwicklung fortgeschritten ist, z.B. ein pulsierendes Herz zu erkennen ist, ist der Begriff Menschenwürde am ehesten zu gebrauchen. |

| | | |
|---|---|---|
| **Gynäkologe 5** | **Mann, Anfang 50, Gynäkologe, 1 Kind, seit 25 Jahren niedergelassen, religiös** | Der Embryo sollte sehr wohl ein geschütztes Recht haben. Die Menschenwürde beginnt bei der Verschmelzung von Ei- und Samenzelle. Als Christ muss ich jede Tötung menschlichen Lebens ablehnen. Aber wenn die Eltern einverstanden sind, ist unter bestimmten Bedingungen die Verwerfung oder Forschung an Embryonen vertretbar. |
| **Humangenetiker 2** | **Frau, Mitte 50, Kinderärztin und Humangenetikerin, in großem Institut tätig** | Es ist alles in sich nicht schlüssig. Die ganze Gesetzgebung ist zur Zeit nicht schlüssig. Ich glaube, der Gesetzgeber hat das Problem. Letztlich sind die Eltern diejenigen, die mit den Füßen abstimmen über den Status des Embryos und ins Ausland gehen. |
| **Humangenetiker 3** | **Frau, Ende 40, 3 Kinder, Pharmakologin und Humangenetikerin, niedergelassen in größerer Praxis** | Ich bin ja selbst mal schwanger gewesen, und ich weiß, dass das Verhältnis zu einem Kind mit der Zeit wächst, das ist ja nun nicht alles vom grünen Tisch aus zu betrachten. Ich persönlich differenziere, ob es ein Embryo im 8. Zellstadium ist, oder einer im 3. Monat. Dies ist aber von Frau zu Frau unterschiedlich und das muss man auch beachten. |
| **IVF-Paar 1** | **F1, 26 Jahre, Masseurgehilfin, ein Kind aus früherer Beziehung mit Erbkrankheit**<br>**M1, 25 Jahre, Lieferfahrer, keine Kinder Kinderwunsch seit 3 Jahren, vor dem 1. Zyklus ICSI** | Der Embryo ist erst ein Kind, wenn er nicht mehr außerhalb des Körpers ist, und drin bleibt. Definitiv ist dies so ab dem dritten Schwangerschaftsmonat, dann, wenn man es fühlen kann. Gefühle entstehen erst, wenn der Embryo sich eingenistet hat und bleibt, der Embryo an sich ist nicht entscheidend. |
| **IVF-Paar 4** | **Frau, Mitte 30, Tischlerin**<br>**Mann, Mitte 30, Maschinist**<br>**Ein gemeinsames Kind mittels IVF, z.Zt. mit dem zweiten Kind nach IVF schwanger** | Frau: Die Embryonen sind natürlich Zellen, realistisch gesehen, aber aus denen Kinder entstehen könnten. Sie sind beides, Zellen und Kind, es ist schwer auszudrücken. Aber es lebt in dem Sinne noch nicht. Da ist noch kein Herz, das schlägt.<br>Mann: Ich sehe das ähnlich: Ich finde, es ist schon ein Mensch, aber mit Einschränkungen. Es ist irgendwas, es ist in dem Moment noch kein richtiger Mensch, meiner Meinung nach, aber es ist auch nichts, was irgendwie technisch verwertet werden sollte oder dürfte. Es ist kein Zellhaufen, mit dem ich machen kann, was ich will. |

| | | |
|---|---|---|
| | | Beide: An die Forschung spenden würden wir eher weniger als an andere Paare.<br>Frau: Die Spende an andere Paare würde ich mir auch gut überlegen, weil, es bleibt im Hinterkopf. Dann sieht man vielleicht irgendwann mal eins rumlaufen, wo man sich denkt, Gott das kommt uns doch bekannt vor. |
| **IVF-Paar 7** | **Frau, 40 Jahre, Sozialarbeiterin<br>Mann 36 Jahre Journalist<br>6. Zyklus ICSI** | Frau: Die Embryonen, die da jetzt entstanden sind – das wäre schon so ein Gag, den man macht, gehen wir es mal besuchen. Natürlich versuche ich auch dann so emotional und geistig eine Beziehung, aber das wäre gelogen, würde ich sagen, oh kille, kille das ist jetzt mein Kind, das ist ein ganz großer Hoffnungsträger, aber natürlich, weil wenn es geteilt, also ein Embryo ist und wenn es ein Vierzeller ist oder eingesetzt wird, dann habe ich (...) dann versuche ich schon einen Bezug zu kriegen.<br>Eine Spende an andere Paare würde ich schon machen, aber es ist nicht so einfach, ich sage es nicht so locker daher, ich würde es sicherlich tun. Und dann denkt man ups, da hätte man vielleicht noch mal jemand von uns beiden, was ja auch eine schöne Vorstellung ist, das gibt es (...) das zum Thema Spende bei Paaren (...) das ist ja auch eine ganz schöne Vorstellung, trotzdem bleibt dann im Kopf ups vielleicht ist dann irgendwo jemand. Und ich bin auf jeden Fall für Forschung, also wenn versprochen oder versiegelt wird, dass da seriös mit umgegangen wird, wäre ich glaube ich auch dafür. |
| **Türkischstämmige Interviewpartner 2** | **Frau, Mitte 20, Erzieherin, seit 5 Jahren verheiratet, mit Cousin ersten Grades, ein Versuch ICSI, muslimisch-sunnitisch** | Ich verstehe nicht, warum diese ganzen Sachen in Deutschland nicht erlaubt sind. Ich weiß es nicht, aber der Embryo, o.k. es ist ein Lebewesen, vielleicht, aber wenn ich doch weiß, dass es denn doch krank ist. Ich meine, viele, die wissen, dass sie ein behindertes Kind erwarten, können es doch auch abtreiben lassen. Dann ist es doch nicht so schlimm, wenn es doch noch so klein ist und noch gar nichts entwickelt ist. Dann ist es doch o.k. |

| | | |
|---|---|---|
| **Türkischstämmige Interviewpartner 3** | **Frau, Anfang 30, PTA, verheiratet mit Cousin ersten Grades, zwei Kinder, ältestes Kind mit Trisomie 21, zweite Schwangerschaft Abbruch bei Downsyndrom in der 14. Woche, drittes Kind nach Hormonbehandlung bekommen** | Für mich beginnt Leben sobald Ei- und Samenzelle zusammenkommen und es zu keimen anfängt. Da hat der Embryo die ganze Information schon. Es ist schon ein Problem, wenn Embryonen einfach weggeschmissen werden. Das ist ja auch das Problem mit den abgetriebenen Embryonen. Was passiert mit denen? Aber es wird wahrscheinlich mit der Zeit so sein, das es etwas Normales ist, diese Embryonen zu produzieren, auszuwählen und wegzuwerfen, was man nicht braucht. Aber bei begründeten Fällen – und die Paare sollten bei zwei bis drei Ärzten in Beratung gehen – so wie es ja auch beim Schwangerschaftsabbruch ist. Wenn man so von außen guckt, verurteilt man Menschen oft. Man denkt sich so: Wie konnte sie ein Kind bloß abtreiben? Aber man muss sich eben in die Menschen hineinversetzen. |
| **Türkischstämmige Interviewpartner 5** | **Frau, Ende 20, Hausfrau, Mann, Mitte 30, Elektoinstallateur, arbeitslos, muslimisch-sunnitisch, seit 5 Jahren verheiratet bisher 4 erfolglose ICSI-Versuche** | Frau: Früher habe ich immer gedacht, dass, wenn es ein Embryo ist, es ein Mensch ist. Jetzt denke ich aber erst an einen späteren Zeitpunkt. Also wenn es in meinem Bauch ist und schon größer. Sobald ich Leben sehe, sobald es in mir wächst und ich es spüre. Aber einen kleinen Embryo im Reagenzglas kann ich jetzt nicht mehr als Mensch sehen.<br>Mann: Ich denke auch so. Wenn man sich jetzt mal das mit unseren Eiern anguckt, von den 8 Embryonen haben wir nur 3 genommen. Jetzt muss man sich natürlich überlegen, ob das nun schon menschliches Leben war oder nicht. Vielleicht fängt es ja dann schon da an. Wenn man jetzt aber denkt, dass es da schon anfängt, man aber auch 5 weggeschmissen hat, wird man ja verrückt.<br>Frau: Er scherzt manchmal und sagt: „Was ist denn jetzt mit unseren anderen Kindern passiert?"<br>Mann: Das kann man sich alles kaum vorstellen. |

Aus den qualitativen Interviews wurden Kategorien für die standardisierten Befragungen entwickelt. Genannt wurden als wesentliche Momente:

- Zeugung (Verschmelzung von Ei- und Samenzelle)
- Nidation (Einnistung des befruchteten Eies in die Gebärmutter)
- wenn das Herz beginnt, im Ultraschall sichtbar zu schlagen
- um den vierten Monat (wenn die Frau das Kind zu spüren beginnt, wenn alles angelegt ist und das Kind lediglich noch wächst)

Da diese Kategorien beinahe exakt den Kategorien aus einer Allensbachuntersuchung zum Beginn menschlichen Lebens und zu Gen-Reproduktionstechniken entsprachen, bis auf den Zeitpunkt der Geburt[6], wurde die ursprüngliche Allensbachfrage mit dieser zusätzlichen Kategorie übernommen. Aus Vergleichsgründen mit der Allensbachfrage haben wir uns aus demselben Grund gegen die Einführung der Kategorie ‚Beginn menschlichen Lebens, wenn das Herz im Ultraschall schlägt', welches vor allem von Gynäkologen und türkischstämmigen Interviewpartnern angegeben wurde, entschieden. Hinsichtlich des Status des Embryos zeichnete sich durch die qualitativen Interviews deutlich ab, dass es etwas anderes ist, nach dem Status des Embryos im allgemeinen gemäß bioethisch definierten Kategorien zu fragen, oder nach der antizipierten (bzw. bei IVF-Paaren empfundenen) Beziehung zu eigenen präimplantativen Embryonen. Alle der qualitativ befragten Ethiker nahmen diese Trennung zwischen lebensweltlicher und ethisch-deduktiver Perspektive ebenfalls vor. Wir entschieden uns daher dazu, zwei Fragen zum Status des Embryos zu formulieren:

1) eine allgemeine Frage, die auf den uns durch die qualitativen Experteninterviews angebotenen Kategorisierungen und unserer Kenntnis der bioethischen Literatur fußte, sowie

2) eine Frage zum Verhältnis der Befragten zum eigenen Embryo.

Da die befragten Paare nur zwei Kategorisierungen für den Embryo, wie bereits in der Studie an genetischen Hochrisikopaaren, verwendeten, entweder ‚Mensch' / ‚mein Kind' oder ‚Zellhaufen' / ‚Zellen', erfragten wir die Beziehung zum eigenen Embryo analog zur ersten Projektphase in diesen Kategorien, wobei die Frage an die IVF-Paare sich auf die real ‚erlebten' Embryonen bezog und die Frage in den Expertengruppen und in der Bevölkerung sich auf einen imaginären, eigenen präimplantativen Embryo richtete.

---

6 *Elisabeth Noelle-Neumann/Renate Köcher*, Balkon des Jahrhunderts. Allensbacher Jahrbücher für Demoskopie, Bd. 11, 2002, 822 ff.

Im Hinblick auf das Bild des Menschen in der Reproduktion haben wir in den standardisierten Befragungen zunächst die Frage nach dem entscheidenden Beginn menschlichen Lebens gestellt, dessen Kategorien wir mittels der qualitativen Interviews ermittelt haben. Die prozentualen Angaben fasst *Tabelle 2* zusammen.

*Tabelle 2*: Beginn menschlichen Lebens

| **Zeitpunkt** | **Bevölkerung** | **Deutsche IVF-Paare** | **Türkischstämmige IVF/-Hochrisikopaare** | **Pädiater** | **Gynäkologen** | **Humangenetiker** | **Hebammen** | **Ethiker** |
|---|---|---|---|---|---|---|---|---|
| Zeugung | 20.8 | 14.4 | 17.8 | 34.9 | 32.7 | **45.2** | **62.9** | **65.5** |
| Nidation | **46.7** | **64.4** | **35.6** | **46.4** | **54.4** | 37.5 | 32.0 | 23.8 |
| 4. Monat | 20.2 | 18.8 | **35.6** | 11.4 | 6.1 | 6.7 | 1.7 | 3.0 |
| Geburt | 5.9 | 2.5 | 2.2 | 4.8 | 3.4 | 3.8 | 1.4 | 4.2 |

Die Befragten der Bevölkerung, sowie Gynäkologen, Pädiater und insbesondere (deutsche) IVF-Paare, die Erfahrungen mit der assistierten Reproduktion und deren Scheitern haben, sehen als Beginn menschlichen Lebens mehrheitlich den Zeitpunkt der Einnistung des befruchteten Eies in die Gebärmutter, die Nidation an. Türkischstämmige Hochrisikopaare geben zu gleichen Teilen den Zeitpunkt der Einnistung und den Zeitpunkt ‚4. Monat der Schwangerschaft' als häufigste Nennung an. Lediglich Humangenetiker, Hebammen und Ethiker vertreten mehrheitlich die Auffassung des Embryonenschutzgesetzes, in dem der entscheidende Zeitpunkt menschlichen Lebens mit der Zeugung, der Verschmelzung des Spermiums mit der Eizelle (genauer: Verschmelzung der Genome), definiert wird. Bei ersterer Auffassung wird demnach die Verbindung mit der Mutter, bei der zweiten der individualisierte, entkontextualisierte Embryo als Beginn menschlichen Lebens gesetzt.

Da sich, wie beschrieben, aus den qualitativen Interviews mit Laien und Experten, IVF- und Hochrisikopaaren herauskristallisiert hatte, dass es etwas anderes ist, nach dem Status des Embryos allgemein oder nach dem Status des Embryos in der eigenen Reproduktion zu fragen, wurden zwei Fragen zum Status des präimplantativen Embryos gestellt. Folgende mögliche Beschreibungen des präimplantativen Embryos im Allgemeinen (basierend auf der Literatur und den qualitativen Interviews) wurden den Befragten in den standardisierten Befragungen vorgelegt: ‚Zellhaufen ohne speziellen Schutzanspruch', ‚Zellhaufen mit speziellem Schutzanspruch', ‚potentieller Mensch', ‚menschliches Wesen mit Recht auf Leben', ‚Mensch mit vollem Würdestatus' und ‚kein unabhängiger Status von der Mutter'. Die häufigste Angabe in der Bevölkerung, bei deutschen IVF-Paaren und Gynäkologen fiel auf die Kategorie ‚Zellhaufen mit speziellem Schutzanspruch' (zwischen 32 und 40%). Hebammen, Humangenetiker, Pädiater, türkische Hochrisikopaare und Ethiker sind mehrheitlich der Auffassung, der Embryo sei am ehesten als ein ‚potentieller Mensch' zu kategorisieren (37-45%). Die Kategorien, die dem Embryonenschutzgesetz zugrunde liegen (Artikel 2 GG, Recht auf Leben, und Artikel 1 GG, Würde des Menschen) spielen quantitativ lediglich eine untergeordnete Rolle, ebenso die Auffassung, nach welcher der Embryo keinerlei unabhängigen Status von der Mutter habe – dies gaben aber immerhin 15% der Humangenetiker und Gynäkologen an.

Wenn jedoch nach dem präimplantativen Embryo innerhalb der eigenen Reproduktion gefragt wird, führt dies dazu, dass dieser insbesondere bei Befragten mit Kinderwunsch eher als ‚Kind' denn als ‚Zellhaufen' klassifiziert wird. Interessanterweise stieg in fast allen Stichproben bei der Frage nach dem erlebten (IVF-Paare) oder antizipierten eigenen Embryo der Grad der Personifizierung an. Bei allen befragten *Paaren* lag der Anteil, der den eigenen Embryo als ‚(eher) mein Kind' klassifizierte, (61% deutschstämmige IVF-Paare, 77% deutschstämmige Hochrisikopaare, 80% türkischstämmige Hochrisikopaare/IVF-Paare und deutschstämmige Kontrollpaare) deutlich über dem Prozentsatz in der Allgemeinbevölkerung mit 39%. Viele der Befragten (36,5%) der Bevölkerung konnten zu dieser Frage nicht Stellung nehmen. Der Status des Embryos ist in der Allgemeinbevölkerung, in der viele Menschen keinen Partner und/oder keinen Kinderwunsch haben, anscheinend eher ein ‚non-issue'. Auch in den meisten Expertengruppen stieg gegenüber der Frage nach dem Status des extrakorporalen Embryos im Allgemeinen (potentieller Mensch, menschliches Wesen mit Recht auf Leben, Mensch, voller Würdestatus) in der eigenen Reproduktion der Anteil der Befragten an, die den Embryo als Kind oder eher mein Kind personifizierte – in der Gruppe der Gynäkologen von 32 auf 40%, in der Gruppe der Hebammen von 57 auf 76% und in der Gruppe der Mitglieder der Akademie für Ethik in der Medizin von 63 auf 70%. Lediglich Humangenetiker depersonalisierten den Embryo in der eigenen Reproduktion.

Der moralische Status des Embryos wird daher in keiner Weise gering eingeschätzt. Die Verbindung zu den ‚prospektiven Eltern' und ‚Erzeugern' scheint jedoch real entscheidend zu sein und nicht der Status des präimplantativen Embryos an sich.

## III. Einstellungen zu technischen Eingriffsmöglichkeiten: Pränatal- und Präimplantationsdiagnostik und Forschung an Embryonen

In den qualitativen Interviews haben sich die meisten Befragten auch intensiv zu den Möglichkeiten der Pränatal- und Präimplantationsdiagnostik und zu Forschung mit Embryonen geäußert. Insgesamt lassen sich die Aussagen dazu wie folgt zusammenfassen:

In allen Interviews wurde der sogenannte Wertungswiderspruch zwischen der hierzulande bestehenden Abtreibungsregelung und der Präimplantationsdiagnostik (PID) als gegeben betrachtet, unabhängig von einer eher kritischen oder eher befürwortenden Haltung zur PID. Dies führte in sehr wenigen Fällen dazu, dass die Befragten darüber reflektierten, ob man beides wieder einschränken sollte. Die Mehrheit der Befragten ging davon aus, dass eine Legalisierung der PID als nicht vermeidbar oder sogar als unabdingbar erscheint. Das stärkste Unverständnis zur ablehnenden Haltung im Hinblick auf den Umgang mit Embryonen, Pränatal- und Präimplantationsdiagnostik wurde von den von Frau Prof. Borde interviewten türkischstämmigen Paaren geäußert. Viele dieser (teils sehr religiösen) Paare waren sich unsicher über die Haltung der eigenen Glaubensvertreter in diesen Fragen, viele waren der Auffassung, ihre Religion sehe dieses eher kritisch, aber dennoch, konträr zur (offiziellen) Herangehensweise beider christlichen Kirchen in Deutschland, letztlich pragmatisch.

Ein großes Maß an Verständnis für die spezifische Problematik genetischer Hochrisikopaare und auch für Paare in Dilemmasituationen bei der IVF kam in allen Interviews zum Tragen. Daraus folgte in allen bis auf 3 Interviews (eine Ethikerin, ein Humangenetiker, Freundin eines Aktivisten der Behindertenbewegung) die Auffassung, eine gewisse Liberalität müsse die Grundlage für Entscheidungen im Bereich der Reproduktionsmedizin bilden.

Die Etablierung von Stammzellforschung/Produktion aus Embryonen und die Forschung und Manipulation an Embryonen wurden dagegen von den meisten Befragten deutlich kritischer betrachtet. Die Problematik wurde jedoch vornehmlich nicht in der Zerstörung des frühen Embryos, sondern in dessen möglicher Weiterentwicklung zum Menschen ohne Beziehung zu seinen Vorfahren und Geschwistern, der Verwendung als Ersatzteillager oder der Entstehung eines ‚Monsters' oder ‚willigen Soldaten' gesehen.

Unsere standardisierten Befragungen fokussierten in allen Stichproben auf die Auffassungen zur Pränatal- und Präimplantationsdiagnostik (PND und PID). IVF-Paare und die Experten wurden jedoch auch dezidiert zu Möglichkeiten der Forschung an Embryonen befragt. Hinsichtlich der PND und PID fanden wir –

insbesondere bezüglich der PID anders als erwartet – eine sehr positive Bewertung. Die Einstellung zur Pränataldiagnostik war positiver als zur PID in allen Gruppen, andererseits fanden sowohl Laien als auch Experten die PID für fast alle möglichen Indikationen gerechtfertigter als einen Schwangerschaftsabbruch – was darauf hinweist, dass die Befragten einen deutlichen Unterschied zwischen einem frühen Embryo oder einer befruchteten Eizelle und einem weiter entwickelten Embryo/Fötus sehen. Die Zustimmung zur Legalisierung der PID in Deutschland war überwältigend: Knapp 70% der Hebammen und Ethiker, 88% der Bevölkerung und über 90% der betroffenen Paare, der Pädiater, Humangenetiker und Gynäkologen/Reproduktionsmediziner war der Auffassung, die PID sollte in Deutschland legalisiert werden.

*Tabelle 3* und *Tabelle 4* geben die Ansichten der IVF-Paare, sowie der befragten Experten zu Blastozystenkultivierung, Eizell- und Embryonenspende, die Möglichkeit des Kostenerlasses bei Spende, und zur Verwendung von Embryonen für verschiedenen Forschungszwecke wieder.

Alle angegebenen Möglichkeiten wurden zunächst auf einer Skala von 1 (moralisch nicht bedenklich) bis 6 (moralisch sehr bedenklich) bewertet. Danach wurden Experten und IVF-Paare gebeten mitzuteilen, ob die jeweilige Möglichkeit in Deutschland zugelassen werden oder verboten bleiben sollte. IVF-Paare wurden darüber hinaus gefragt, ob sie die jeweilige Möglichkeit selbst nutzen, bzw. einer Verwendung von eigenen Eizellen oder überzähligen Embryonen für die angegebenen Zwecke zustimmen würden, und ob sie auch selbst eine Eizell-/Embryonenspende eines anderen Paares annehmen würden.

Im Gegensatz zur hohen Zustimmung für die Zulassung der PID war die Bewertung unterschiedlicher Möglichkeiten, präimplantative Embryonen zu nutzen, bei Experten und auch bei den befragten Paaren eher von Skepsis geprägt. IVF-Paare stimmten jedoch im Gegensatz zu den Experten fast allen Möglichkeiten mehrheitlich zu. Die höchste Zustimmung fand sich bei IVF-Paaren für die Zulassung der Blastozystenkultivierung (80%), 74% würden diese nutzen wollen. Die Zustimmung zur Eizellspende lag mit 77% ebenfalls hoch, wobei nur 33% sich vorstellen konnten, eine Eizellspende zu nutzen, 37% würden selbst Eizellen spenden. 70% der IVF-Paare waren für die Zulassung der Embryonenspende, selbst nutzen würden diese lediglich 16%, selbst Embryonen an andere Paare spenden dagegen 30%. Der Anteil der IVF-Paare, welche die Forschung an Embryonen für verschiedene Möglichkeiten zulassen würden, liegt zwischen 55% für die Grundlagenforschung und 75% für die Forschung zur Verbesserung der IVF-Behandlung und zum besseren Verständnis von Erbkrankheiten. Für eine Zulassung der Stammzellforschung und -herstellung aus Embryonen sind 71%

der Paare. Die Hälfte der IVF-Paare würde die eigenen Embryonen für die Stammzellherstellung und für IVF-/genetische Erkrankungsforschung zur Verfügung stellen, ein gutes Drittel auch für die Grundlagenforschung.

*Tabelle 3:* Moralische Bedenklichkeit der Eizellspende, Embryonenspende, Embryonenforschung, Stammzellproduktion, Blastozystenkultivierung und der Spende gegen kostenlose IVF-Behandlung

| Moralische Akzeptanz | IVF-Paare (n=202) | Ethiker (n=168) | Hebammen (n=298) | Pädiater (n=166) | Humangenetiker (n=104) | Gynäkologen (n=147) | p |
|---|---|---|---|---|---|---|---|
| Blastozystenkultivierung | 2.5(1.7) | 4.2(1.8) | 4.8(1.5) | 3.9(1.8) | 2.6(1.6) | 2.2(1.7) | <.0001 |
| Eizellspende | 3.1(1.8) | 4.1(1.6) | 4.1(1.8) | 3.8(1.8) | 3.4(1.6) | 3.0(1.9) | <.0001 |
| Embryonenspende | 3.7(1.9) | 4.6(1.5) | 5.0(1.4) | 4.5(1.7) | 4.2(1.6) | 3.7(1.9) | <.0001 |
| Spende gegen kostenlose IVF-Behandlung | 4.1(1.9) | 5.2(1.5) | 5.5(1.1) | 5.4(1.2) | 5.3(1.2) | 4.9(1.5) | <.0001 |
| Stammzellproduktion | 3.1(1.7) | 4.0(1.8) | 4.4(1.6) | 3.4(1.7) | 3.4(1.7) | 3.3(1.7) | <.0001 |
| Forschung zur Verbesserung der IVF-Behandlung | 3.3(1.8) | 4.4(1.7) | 5.1(1.4) | 4.3(1.7) | 4.0(1.7) | 3.8(1.8) | <.0001 |
| Forschung zum besseren Verständnis von Erbkrankheiten | 3.1(1.7) | 4.0(1.8) | 4.6(1.6) | 3.8(1.7) | 3.6(1.8) | 3.4(1.7) | <.0001 |
| Grundlagenforschung | 3.8(1.9) | 4.4(1.8) | 5.0(1.4) | 4.1(1.8) | 3.9(1.8) | 3.8(1.8) | <.0001 |

Die Zahlen geben die Mittelwerte und Standardabweichungen der Likertskalen (1 = moralisch völlig angemessen – 6 = moralisch völlig unangemessen) wieder. p = sig. F der Varianz, Einfaktorielle ANOVA.

*Tabelle 4*: Einstellung zur Legalisierung der Eizellspende, Embryonenspende, Embryonenforschung, Stammzellproduktion, Blastozystenkultivierung und der Spende gegen kostenlose IVF-Behandlung in Deutschland

| Zustimmung zur Legalisierung | IVF-Paare (n=202) | Ethiker (n=168) | Hebammen (n=298) | Pädiater (n=166) | Humangenetiker (n=104) | Gynäkologen (n=147) | p |
|---|---|---|---|---|---|---|---|
| Blastozysten-kultivierung | 80.4 | 37.7 | 23.2 | 44.1 | 72.9 | 78.4 | <.0001 |
| Eizellspende | 77.2 | 35.4 | 40.5 | 46.4 | 58.8 | 64.9 | <.0001 |
| Embryonen-spende | 69.6 | 23.8 | 16.1 | 33.1 | 35.3 | 45.0 | <.0001 |
| Spende gegen kostenlose IVF-Behandlung | 50.0 | 11.5 | 7.7 | 10.0 | 7.1 | 18.5 | <.0001 |
| Stammzell-produktion | 71.3 | 41.1 | 32.2 | 65.5 | 63.1 | 68.0 | <.0001 |
| Forschung zur Verbesserung der IVF-Behandlung | 75.3 | 30.9 | 16.8 | 38.1 | 46.3 | 49.6 | <.0001 |
| Forschung zum besseren Verständnis von Erbkrankheiten | 75.0 | 38.9 | 28.3 | 58.6 | 56.5 | 64.8 | <.0001 |
| Grundlagenforschung | 55.0 | 29.1 | 17.5 | 35.5 | 38.1 | 46.0 | <.0001 |

Die Zahlen geben gültige Prozentwerte der Subgruppen an; p = Signifikanz chi-Quadratwerte der Kreuztabellen Subgruppe/Verfahren, df = 5

Das moralische Urteil der Experten über alle Formen des Umgangs mit Embryonen fällt sehr unterschiedlich aus. Gynäkologen standen allen Formen der weiteren Nutzung von Embryonen eindeutig am positivsten gegenüber. Die Auffassung der Humangenetiker im Hinblick auf die Forschung an Embryonen gleicht derjenigen der Pädiater, welche die Forschung an Embryonen zum besseren Verständnis von Erbkrankheiten und die Verwendung von Embryonen für die Stammzellherstellung sogar positiver als die Humangenetiker beurteilen. 59% der Kinderärzte würde die Forschung an Embryonen zulassen, um ein besseres Verständnis für genetische Erkrankungen zu erreichen, 66% stimmen einer Verwendung zur Herstellung von Stammzellen zu, ebenso wie die Mehrheit der

Gynäkologen/Reproduktionsmediziner und Humangenetiker. Der Blastozystenkultivierung und Eizell-/Embryonenspende stehen Pädiater jedoch skeptischer gegenüber als Humangenetiker und insbesondere als Gynäkologen, wobei sich für die Eizellspende nur die Mehrheit der Gynäkologen und Humangenetiker ausspricht. Für die Spende von Eizellen oder Embryonen an andere Paare findet sich weder bei Pädiatern noch bei Humangenetikern oder in den weiteren Expertengruppen eine Mehrheit. Ethiker stehen der Forschung an Embryonen, sowie allen weiteren Verfahren zum Teil signifikant positiver gegenüber als Hebammen, beide Gruppen lehnen jedoch alle Verfahren mit deutlicher Mehrheit ab. Am ehesten positiv bewerten Ethiker zu 40% die Verwendung überzähliger Embryonen zur Stammzellherstellung in Deutschland, gefolgt von der Zulassung der Forschung an Embryonen zum besseren Verständnis von Erbkrankheiten (39%) und der Blastozystenkultivierung (38%).

Ebenfalls erfragt wurde in diesem Zusammenhang, ob die Kosten der IVF-Behandlung erlassen werden sollten, wenn Paare Eizellen oder Embryonen spenden, wie dies teilweise in England praktiziert wird. Dies wurde mehrheitlich sowohl von den IVF-Paaren, als auch mit überwältigender Mehrheit von allen Expertengruppen abgelehnt und moralisch mit Werten zwischen 4,1 (IVF-Paare) und 5,1 (Hebammen) als höchst bedenklich eingestuft. IVF-Paare sahen die ‚Bezahlung' einer Spende jedoch hochsignifikant weniger problematisch an als alle befragten Expertengruppen. Die Gruppe der Gynäkologen sah die ethische Problematik des finanziellen Anreizes zur Spende dabei als statistisch signifikant weniger bedenklich an als Hebammen und Pädiater, lehnte die Zulassung einer ‚Bezahlung der IVF durch Embryonen' jedoch ebenfalls mit deutlicher Mehrheit ab.

## IV. Diskussion

Bei der PID, PND und der Polkörperchendiagnostik, sowie bei der Herstellung von Stammzellen werden befruchtete Eizellen, Embryonen im Sinne des Deutschen Embryonenschutzgesetzes[7], oder Embryonen und Feten, die bereits im Bauch der Mutter weiter entwickelt sind, getötet. Die Fragen ‚darf man dies tun?'; ‚wenn ja, warum?'; ‚und wenn ja, unter welchen Bedingungen?' führten insbesondere in der bioethischen Debatte in Deutschland zur breiten Erörterung

7 ***ESchG § 8, Abs. 1***: „Als Embryo im Sinne dieses Gesetzes gilt bereits die befruchtete, entwicklungsfähige menschliche Eizelle vom Zeitpunkt der Kernverschmelzung an, ferner jede einem Embryo entnommene totipotente Zelle, die sich bei Vorliegen der dafür erforderlichen weiteren Voraussetzungen zu teilen und zu einem Individuum zu entwickeln vermag".

der Frage, wie der Beginn menschlichen Lebens und der Status des Embryos *an sich* zu definieren sei.[8] Nach der deutschen Gesetzgebung beginnt der Mensch mit der Befruchtung, genauer: der Verschmelzung der Genome von Mann und Frau. Ab diesem Zeitpunkt muss – so auch die Auslegung der Enquetekommission ‚Recht und Ethik der Modernen Medizin' des 14. Deutschen Bundestages – mindestens Artikel 2 GG ‚Recht auf Leben' oder schon Artikel 1 GG, die Menschenwürde auf den Embryo und jede von ihm abstammende totipotente Zelle angewendet werden. Dies bedeutet, der Embryo besitzt eine Grundrechtssubjektivität, obwohl dies nicht explizit im Embryonenschutzgesetz ausformuliert ist. Ethisch begründet wird diese Zuschreibung mit vier Argumenten: dem Speziesargument, dem Kontinuumsargument, dem Identitätsargument und dem Potentialitätsargument. Diese Argumente begründen einzeln oder in ihrer Verknüpfung, dass Embryonen *„jedenfalls mehr sind als bloße Zellhaufen"* und eine *„Würde"* besitzen, die zwar möglicherweise anders als die eines geborenen Menschen sei, aber dennoch *„starke Schutzrechte"* erzwinge, welche die tutioristische Haltung *„in dubio pro embryone"* für alle totipotenten Zellen des Menschen begründe.[9] Insgesamt behandeln diese Argumente die Verbindung zwischen ‚uns als Embryonen' und ‚uns als geborenen oder erwachsenen Menschen', welche uns dazu veranlassen sollen, dem frühen Embryo die Menschenwürde intrinsisch anzuerkennen, sie also in ihm selbst vorfindlich zu sehen oder sie ihm extrinsisch in einem Werturteil zuzusprechen.

Aufgrund unserer Ergebnisse und der Ergebnisse internationaler Studien zur ähnlichen Problematik denken wir, dass hier eine fundamentale Normkritik im Hinblick auf die deutsche Gesetzgebung zum Embryonenschutz und zur Stammzellforschung und die hegemoniale, hier in aller Kürze skizzierte deutsche philosophisch-bioethische Debatte zum Status des Embryos angebracht ist.

Das Problem liegt in der Entkontextualisierung des Embryos und der biologisch-normativ-essentialistischen Sicht auf den Beginn menschlichen Lebens im Embryonenschutzgesetz und im Bioethikdiskurs. Vorherrschende Argumentatio-

---

8 Vgl. insbesondere *Giovanni Maio*, Welchen Respekt schulden wir dem Embryo? Deutsche Medizinische Wochenzeitschrift 127, 2002, S. 160-163. *Giovanni Maio*, „Zur Begründung der Schutzwürdigkeit des Embryos e contrario", in: *Giovanni Maio, Hansjörg Just* (Hrsg.), Die Forschung an embryonalen Stammzellen in ethischer und rechtlicher Perspektive. Nomos Verlag: Baden Baden 2003, S. 168-177 (nachfolgend *G. M.*); *Gregor Damschen/Dieter Schönecker* (Hrsg.), Der moralische Status menschlicher Embryonen. Pro und Contra Spezies-, Kontinuums-, Identitäts- und Potentialitätsargument. De Gruyter: Berlin, New York 2002 (nachfolgend *D & S*).

9 *D & S*, S. 1.

nen und Reflexionen philosophischer und auch biomedizinischer Hermeneutik weisen hinsichtlich der zentralen bioethischen Konflikte zu biomedizinischen Eingriffsmöglichkeiten am Beginn menschlichen Lebens ein Muster auf, welches Irma van der Ploeg (2004) treffend als ‚deletion & purification pattern'[10] beschrieben hat. Mit der medizinischen und medialen Sichtbarmachung des Embryos in seinen frühesten Stadien wurde in medizinischen, ethischen und juristischen Expertendiskursen immer unsichtbarer, was lebensweltlich fraglos gegeben ist. Embryonen sind immer Embryonen *von* jemandem – von realen, erwachsenen Menschen. Nur in körperlich untrennbarer Verbundenheit mit einer Frau (im deutschen Embryonenschutzgesetz gefasst als ‚weitere notwendige Voraussetzung') werden sie zum Kind und seine Erzeuger zu Eltern.

Im deutschen Kontext hat sich insbesondere Claudia Wiesemann mit der einseitigen Ausrichtung des Diskurses befasst.[11] Sie nimmt diesen blinden Fleck zum Ausgangspunkt fundamentalethischer Überlegungen zu Konflikten am Beginn menschlichen Lebens und füllt die Leerstelle, die Ignoranz der Perspektive der Eltern im Diskurs um Konflikte am Lebensbeginn mit einer anderen Perspektive: einer Beziehungs- und Verantwortungsethik der Elternschaft, die sie im Sinne von Seyla Benhabib bisherigen individualethischen, sozialethischen und auch diskursethischen Überlegungen, vornehmlich beruhend auf der „*Ethik des Fremden*", die sich mit „*losgelösten, entkörperlichten, verallgemeinerten Anderen*" als Akteuren befasst, gegenüberstellt.

Dabei geht es Wiesemann nicht darum, durch ihren Ansatz vorherrschende Konzepte komplett zu ersetzen. Nach der Geburt des Kindes tritt „*die individualrechtliche Perspektive zu der beziehungsethischen Perspektive hinzu, muss sie ergänzen und in manchen Fällen sogar ersetzen, wenn die elterliche Sorge vernachlässigt wird* ".[12] Zuvor, d.h. von der Befruchtung inner- und außerhalb des Körpers bis zur Geburt, betont sie den Vorrang der beziehungsethischen Perspektive vor individual- und sozialethischen Ansätzen. Diese neigen ihrer wie unserer Auffassung und unseren Ergebnissen nach zu einer lebenswelt- und leibfernen Betrachtung der Konflikte um Elternschaft und werdendes Leben und sprechen in abstrakter Sprache unter Verwendung teils neologistischer Termino-

---

10 *Irma van der Ploeg*, Only angels can do without skin. On reproductive technology's hybrids and the politics of body boundaries. Body and Society, 10 (2-3), 153-181.

11 *Claudia Wiesemann*, Von der Verantwortung, ein Kind zu bekommen. Eine Ethik der Elternschaft, Huber: München 2006 (nachfolgend: *C. W.*).

12 *C. W.*, S. 96.

logie („*je abstrakter und allgemeiner eine Definition, desto besser*“[13]) von den fundamentalsten, (leib-)nächsten Beziehungen des Menschen. Vollzieht man die ihrer Ansicht nach notwendige „leibliche (*und lebensweltliche,* T.K.*) Wende in der Medizinethik*“[14], kommt man im Bezug auf Konflikte am Beginn menschlichen Lebens zu plausibleren Schlüssen als durch Ethiktheorien, die an sich konsistent und formallogisch einwandfrei sind, jedoch häufiger zu „*bizarren Konsequenzen*“[15] führen. Diese bedienen sich in ihren Argumentationen zu Konflikten der Fortpflanzungsmedizin unter anderem szientistisch konstruierten, künstlichen Beispielen und vermeintlich eindeutigen moralischen Intuitionen, um dem Vollzugsdefizit lebensweltlich ferner Theoriekonstruktionen begründungstheoretisch zu begegnen.

Als Signum dieser Denkfigur zitiert Wiesemann das Buch von Damschen und Schönecker (2002) und stellt fest, dass im Register die Begriffe Vater, Mutter, Eltern und Kind schlicht nicht vorkommen. Die Herauspartialisierung der Eltern aus den Debatten um Konflikte am Beginn menschlichen Lebens fußt auf verschiedenen Gründen und Begründungen. In beiden bundesdeutschen philosophisch-bioethischen Hauptargumentationssträngen, dem christlich-sozialethisch-substanzontologischen Ansatz des uneingeschränkten, wie dem liberalistisch-utilitaristischen Ansatz des abgestuften Lebensschutzes ist gemeinsam, dass sie die relationale Ontologie nicht beachten. Beide folgen entweder biologischen Fakten der Embryogenese oder ziehen embryo-immanente Eigenschaften heran, um sich einer angemessenen Betrachtung des Status des präimplantativen Embryos und den bioethischen Konflikten am Beginn menschlichen Lebens zu nähern. Beide blenden aus unterschiedlichen Gründen das zentrale leibnahe und emotionale Beziehungsverhältnis zur Mutter / zu den Eltern aus.

Die Position des uneingeschränkten Lebensschutzes vermeidet den Bezug, um den Embryo auch gegen den Willen der Mutter schützen zu können. Der Bezug zur Lebenswelt wird insbesondere hier als gefährliche ‚Kontamination‘ der reinen ethischen Lehre aufgefasst, häufig verbunden mit dem Argument des naturalistischen Fehlschlusses und der Behauptung, stelle man den Embryo in seine Beziehung zur Mutter (gefasst als einen externen Parameter[16]) habe man das (Vernichtungs-)Urteil über den Embryo bereits gesprochen. Die Position des abgestuften Lebensschutzes vermeidet die Begriffe Kind und Mutter/Eltern aus

13 *C. W.*, S. 14.

14 *C. W.*, S. 10.

15 *C. W.*, S. 61.

16 *G. M.*, S. 174.

ähnlichen Gründen mit anderen Vorzeichen. Auch hier möchte man von der ‚sozialen Konnotation' der Begriffe absehen, um unvoreingenommener, sprich: emotional problemloser, die Konflikte am Beginn menschlichen Lebens zu diskutieren, und so einen abgestuften Lebensschutz verteidigen.

Indem beide Positionen das Erleben der embryonal-kindlichen Entwicklung durch die Eltern ausblenden, statt dieses zentral einzubeziehen, kommen sie zu hochproblematischen Schlüssen. Während erstere z.B. die geringere Trauer um abgegangene Eizellen (hier = gestorbene Kinder) in der IVF-Behandlung im Verhältnis zu einer späteren Fehlgeburt nicht erklären kann, sondern die geringere Trauer im Grunde moralisch verurteilen muss, kommt letztere bei konsequenter Anwendung ihrer eigenen Bewertungskriterien zu Schlüssen, die lebensweltlich ebenso unhaltbar sind, wenn beispielsweise objektive Schutzwürdigkeit erst dann angenommen wird, wenn ein Ich-Bewusstsein beim Kind im zweiten Lebensjahr entsteht. Beide Positionen sind, so Wiesemann, „*Kopfgeburten*", entsprechen einer „*intellektuellen Einsicht ohne leibliche Erfahrung*", in denen der „*Mensch sich als Mensch, und das heißt als Mutter, Vater oder Kind, nicht mehr wiedererkennt.*"[17]

So gibt es durchaus gute Gründe, die Geburt nicht als eine, wie von vielen utilitaristischen als auch christlichen Ethiken behauptet, pragmatische, sondern reale und entscheidende leibliche und soziale Zäsur zu sehen, ebenso wie die Momente der Einnistung des befruchteten Eies in die Gebärmutter als Moment der leiblichen Verbindung zwischen frühem Embryo und Frau, nach welcher auch der Schwangerschaftstest positiv wird, und auch den Moment, da die Bewegungen des Kindes zuerst körperlich gespürt werden, was meist Ende des vierten Monats passiert. Durch die Geburt treten neben die beziehungsethische Betrachtung individualrechtliche und -ethische Perspektiven. Letztere sind eben erst dann anwendbar, wenn das Kind vollständig leiblich individuiert ist, d.h. nach der Geburt. Das Kind wird bei der Geburt erst wirklich zum Du. Auch der Moment, in dem die Schwangere (und dann etwas später der Vater) beginnen, die Bewegungen des Kindes tatsächlich zu spüren, ist aus Sicht der Lebenswelt – bis heute – ein ganz entscheidender Zeitpunkt. Jede, die einmal schwanger gewesen ist, weiß um den Sprung der Beziehung zum werdenden Kind in dem Moment, da die Bewegungen des Kindes real zu spüren sind.

Spätabbrüche sind aus Sicht der Schwangeren auch deswegen so problematisch, weil diese nach Erspüren des Kindes stattfinden. Immerhin für einen Fünftel der heutigen bundesdeutschen Bevölkerung (24% der Männer, 17% der Frau-

---

17 *C. W.*, S. 38.

en) beginnt nach unseren Daten erst im vierten Monat richtig das menschliche Leben. Wir können sicher davon ausgehen, dass heute allgemein bekannt ist, dass bereits vor dem vierten Monat ein ‚werdendes Leben' existiert. Die Befragten sind also nicht ‚unwissend', messen jedoch bestimmten Prozessen/Zeitpunkten der Menschwerdung eine höhere Bedeutung zu als anderen. Dagegen besteht im bioethischen Diskurs die Neigung, szientistisch-biologistische Welterklärungen, moralisch-ethisch aufgeladen, gegen die (leiblichen) Erfahrungen der Lebenswelt zu wenden, um die ‚ethischen und wissenschaftlichen Laien' über die sachlich moralisch wirklichen Tatsachen ‚aufzuklären', um damit lebensweltliche Intuitionen als wissenschaftlich und ethisch irrelevant zu klassifizieren und so die eigene Geltungsmacht zu behaupten.

Die Ursprünge der substanzontologischen Auffassung und die auch in der Diskursethik verfolgte artifizielle Konstruktion eines individuell frei flottierenden Bürgers Embryo liegen, wie bereits geschildert, nach Auffassung von Sozialanthropologen, Historikern, Ethnologen und auch einigen Ethikern und (anglikanischen) Theologen[18] in der postdarwinistischen Sicht des Westens auf den Menschen begründet. Auf dieser Weltsicht beruht, die (christlich-westliche) Doktrin der biologischen – und nicht wie zuvor sozial oder selbsttranszendent intergenerational begündeten – Einheit der Menschheit. Unsere zuvor im wesentlichen sozialen Verwandtschaftsbeziehungen wurden zu reinen Bluts-Verwandtschaftsbeziehungen. Erkenntnisse der Biologie haben seitdem eine fundamentale Bedeutung für das westliche Menschenbild, dessen biologische ‚Fakten' nun essentialistisch als gegeben und nicht (auch) als sozial konstruiert interpretiert werden. Biologische Erkenntnisse werden so zu normativ hochrelevanten Fakten. Dabei haben diejenigen sozialwissenschaftlich-funktionalistischen, bioethischen und auch naturwissenschaftlichen Theorien, die moralische Normen durch biologische ‚Fakten' begründen und letztere als objektiv eindeutig wahr annehmen, nicht bemerkt, wie sehr die Biologie durch die normative Brille interpretiert und als Begründung normativer Vorannahmen herangezogen wird und andererseits die Biologie die gesellschaftlichen Normen beeinflußt.

Die DNA wird so zum Schicksal, das Spermium zum ‚Eroberer', der Primitivstreifen des Embryos und die Totipotenz von Weissbüscheläffchenblastozysten werden zu zentralen moralischen Argumenten in den Debatten um

---

18 *Sarah Franklin*, Embodied progress. A cultural account of assisted conception. London: Routledge 1997; *Kurt Schmidt/Fabrice Jotterand/Carlo Foppa* (Hrsg.), Stem Cell Research in Europe, Journal of Medicine and Philosophy 2004, 29 (5); *Rev. Polkinghorne*, „The person, the soul, and genetic engineering", Journal of Medical Ethics 2004, 30, S. 593-597.

Stammzellforschung und Fortpflanzungsmedizin. Gemäß vieler bioethischer Argumentationen – selbst feministischer Provenienz – schwingt mit, dass die soziale Ordnung sich der biologischen Ordnung anpassen solle. Im Extremfall wird die Korrespondenz sozialdarwinistisch (= der Stärkere muss gewinnen), im weniger extremen Fall konservativ-funktionalistisch (= die biologische Familie aus genetischer Mutter, Vater und Kind ist die moralisch erstrebenswerte Form der menschlichen Fortpflanzung und Sozialisation) interpretiert. Der Zeitpunkt der Zeugung, den wir biologisch nun genau mit der Verschmelzung der Genome terminieren, wurde in der katholischen Lehre durch Papst Pius IX. endgültig zum heiligen Beginn menschlichen Lebens und die Abtreibung als Mord definiert. Diese normative Festschreibung der katholischen Kirche im 19. Jahrhundert ist historisch nicht ohne die Entdeckung der menschlichen Eizelle und die allgemeine Embryologie durch Karl Ernst von Baer 1826 und ohne Darwins Veröffentlichung der Entstehung der Arten (zuerst 1842, Hauptwerk 1859) zu erklären. In der deutschen Gesetzgebung und der bioethisch-biopolitischen Diskussion mutierte auf dieser Denkfigur beruhend jede totipotente humane embryonale Zelle zum Bürger Embryo, der antizipatorisch in den Diskurs mit einbezogen werden soll – unter Umgehung der Eltern, insbesondere auch der Frauen, die als Eizellspenderinnen körperlich mit dem Geschehen immer direkt und invasiv verbunden sind.

Der Annahme, dass der entscheidende Beginn menschlichen Lebens die Zeugung darstelle, folgten mehrheitlich auch die von uns befragten Ethiker und die Humangenetiker, sowie die Hebammen in unserer standardisierten Umfrage, und dies, wie wir aufgrund unserer empirischen, historischen und ethischen Analyse vermuten, aufgrund unterschiedlicher Ursachen. Die Verbindung von biologischem und normativem Essentialismus (Verschmelzung menschlicher Genome = eindeutiger biologischer und so auch normativer Beginn menschlichen Lebens) mag eine der Ursachen dafür sein, dass Humangenetiker und Ethiker, welche ansonsten völlig differente Einstellungen zum Embryo, zur PID und zur verbrauchenden Embryonenforschung haben, beide die Zeugung als Beginn menschlichen Lebens definierten. Die Religiosität (unabhängig von der Religionszugehörigkeit) hatte zudem nach unseren Analysen auch bei Ethikern, ebenso wie in der Bevölkerung, einen sehr großen Einfluss auf die Definition menschlichen Lebens, ebenso bei Gynäkologen und Pädiatern. Je stärker die Religiosität, desto wahrscheinlicher wird die Zeugung als Beginn menschlichen Lebens definiert. Bei Hebammen und Humangenetikern hat dieser Prädiktor jedoch keinerlei Einfluss. Während wir dieses bei Humangenetikern durch biologisch essentialistische Ansichten erklären (aus humangenetisch-biologischer Sicht ist klar, dass der Mensch mit der Verschmelzung der Genome beginnt, die Religiosität beeinflusst hier diese Definition nicht), vermuten wir bei Hebammen einen anderen Zusammenhang (s.u.).

Alle anderen Gruppen definieren den entscheidenden Beginn menschlichen Lebens mit dem Zeitpunkt der Einnistung des befruchteten Eies in die Gebärmutter, dem Zeitpunkt also, an dem der Embryo mit der Mutter in direkte körperliche Verbindung tritt. Damit ist die Verbindung zur Mutter der entscheidende Vorgang, der das Biologicum Embryo zum Menschen macht – und nicht ein biologisch spezifisches Entwicklungsstadium des Embryos an sich. Dieser Intersubjektivitätsaspekt der Anthropologie menschlichen Werdens entspricht konstruktivistisch-sozialwissenschaftlichen wie auch beziehungsethischen Ansätzen, nach denen die Entwicklung des Menschen, seine Anthropologie und sein gesellschaftliches Werden sich immer intersubjektiv in Beziehungen gestaltet und ohne diese nicht gedacht werden kann. Die Mutter wurde dagegen im Zuge der Sichtbarmachung des Embryos innerhalb und außerhalb der Gebärmutter, wie auch die Körperhistorikerin Barbara Duden eindrucksvoll geschildert hat, zum fötalen Umfeld, zu einer ‚weiteren Voraussetzung' degradiert. Auch die zur Zeit in Deutschland dominante feministische Debatte hat sich dieser ‚fötistischen' Auffassung angeschlossen – konträr zur internationalen feministischen Theoriebildung.[19] In dieser spezifischen feministisch-sozialethisch-konsequentialistischen Argumentationsfigur kam es zu einer vorwiegend pragmatischen – weniger religiösen – Umdefinition des Embryos als Würdeträger und zur Festlegung des Beginns menschlichen Lebens zum Zeitpunkt der Zeugung, was im scharfen Kontrast zur feministischen Position in der Abtreibungsdebatte steht.

Da Hebammen wie auch die Ethiker in unserer Expertenbefragung diejenigen sind, die sich am stärksten als feministisch orientiert beschreiben, ist der Einfluss der zur Zeit hierzulande dominanten feministischen Argumentationsstrategie zu Gen- und Reproduktionstechniken möglicherweise die Ursache für die in der standardisierten Befragung zur Pränatal- und Präimplantationsdiagnostik geäußerte Ansicht der Hebammen, der Mensch beginne mit der Zeugung, während die Hebammen, völlig konträr dazu, in unseren offenen qualitativen Interviews den Intersubjektivitätsaspekt des Beginns menschlichen Lebens hervorgehoben haben.

---

19 Beispielsweise *Kathrin Braun*, „Eine feministische Verteidigung des Menschenwürdeschutzes für menschliche Embryonen", in: *Sigrid Graumann/Ingrid Schneider* (Hrsg.), *Verkörperte Technik – Entkörperte Frau*, Frankfurt am Main 2003, S. 152-166.

Die Ansichten zum Status des Embryos belegen ebenfalls das zentrale Moment der Intersubjektivität, welches sich auch in verschiedenen weiteren oben zitierten ethnographischen Studien von Rayna Rapp und anderen zeigt, in denen das medizinethische Problem ‚Status des Embryos' als familienethisches Problem definiert wurde. Zunächst wurde der Entität ‚früher Embryo an sich' mehrheitlich nicht wie im Embryonenschutzgesetz intrinsisch eine Grundrechtssubjektivität, ein Recht auf Leben oder die Menschenwürde zuerkannt. Diese Auffassung teilen lediglich 20% der Bevölkerung, Ethiker und Hebammen und nur 6% der Humangenetiker und Gynäkologen. Die Mehrheit der Bevölkerung sieht den Embryo als Zellhaufen mit einem speziellen Schutzanspruch, alle anderen Experten, sowie türkischstämmige Hochrisikopaare definieren den frühen Embryo im Sinne des Potenzialitätsarguments: der Embryo ist gemäß dieser Definition ein potenziell menschliches Wesen, welches zum Menschen werden *kann* und welchem demnach personale Schutzansprüche zugesprochen werden *können* aber nicht *müssen*.

In der Vorstellung fast aller befragten Gruppen wird der Embryo in der eigenen Reproduktion jedoch eher zum eigenen Kind. Ethisch können wir uns hier wieder an die von Claudia Wiesemann vertretene Position anlehnen, nach der die Definition des Embryos in den bioethischen Debatten, in denen viele Ethiker ‚auf die Befruchtung gestarrt haben wie das Kaninchen auf die Schlange' und den Embryo nach der Befruchtung als entscheidenden Akteur betrachten, lebensweltlich unangemessen ist. Entscheidendere Zeitpunkte, legt man eine Ethik der Beziehung zugrunde, sind die Momente der Eizellentnahme und der Reimplantation. Die Beziehungen der in der spezifischen Situation Beteiligten sollten insgesamt bei der Bewertung neuerer Reproduktionstechnologien im Vordergrund stehen, was auch in der von den Experten mehrheitlich vorgeschlagenen Gesetzgebung zur PID analog zum § 218 StGB zum Ausdruck kommt.

Nach allem, was wir bisher wissen, scheint die Separierung des Embryos von der Mutter/Spenderin, die im Embryonenschutzgesetz nur noch als weitere notwendige Voraussetzung für die Weiterentwicklung des Embryos auftaucht und die in der Definition der Stammzelle im Stammzellgesetz ganz verschwindet, lebensweltlich völlig unangemessen zu sein. Insbesondere zu monieren ist unseres Erachtens, dass im Stammzellgesetz sogar die informierte Zustimmung der ‚ErzeugerInnen' zum Umgang mit dem Embryo/den Eizellen nicht enthalten, sondern lediglich deren Bezahlung untersagt ist. Wie unsere Ergebnisse zeigen, wären deutschstämmige IVF-Paare durchaus geneigt, Embryonen zu spenden, jedoch differiert ihre Bereitschaft stark im Hinblick auf das jeweilige Ziel der Forschung. Ob die Vernachlässigung des aus ethischer Sicht zentralen Aspektes der informierten Zustimmung nach informellen Aussagen einiger Verfasser dieses Gesetzes daran liegt, dass es bei dessen Niederlegung keine Stammzelllinien gab, die eine solche Voraussetzung sicher erfüllt hätten, oder ob dies darin begründet ist, dass den ErzeugerInnen grundsätzlich das Vertrauen nicht entgegengebracht wird, ethisch verantwortlich ‚für ihre Embryonen' zu entscheiden – keiner dieser Gründe rechtfertigt unseres Erachtens die Unterschlagung der zentralen Voraussetzung der informierten Zustimmung von SpenderInnen und ‚Erzeugern' hinsichtlich des Umgangs mit den von ihnen abstammenden Embryonen/Stammzellen. Zu den eigenen präimplantativen Embryonen besteht nach unseren Ergebnissen erkennbar eine Beziehung, die sich affektiv auf das Wohl eines zukünftigen Kindes richtet.

Es macht daher nach unseren Ergebnissen mehr Sinn, die reproduktive Einheit von Mutter und Kind, wie auch Claudia Wiesemann fordert, im Rahmen einer Fortpflanzungsgesetzgebung zu schützen, die sich auf die realen lebensweltlichen Beziehungen zwischen prospektiven Eltern, Spendern und den von ihnen abstammenden Gameten und Embryonen stützt, statt den ‚Bürger Embryo', verstanden als jede totipotente Zelle, die das *Telos*, Kind zu werden nicht (mehr) erfüllen kann, oder, wie dies bereits für Klonembryonen nach § 6 des Embryonenschutzgesetzes gilt, auch nicht erfüllen soll. Ebenso wie Blastozysten, die aus embryonalen Stammzellen entstehen, haben einzelne totipotente Zellen keine ‚Eltern' und ihre mögliche Weiterentwicklung stellt das eigentliche moralische Problem dar. Diese Überlegungen führen schließlich zur Transposition auf die universelle Ebene der Ergebnisse unserer Untersuchung. Im Rahmen einer kontextsensitiven Ethik ist zu fragen, ob die Auffassung, die im Embryonenschutzgesetz sowie im Stammzellgesetz vom Beginn menschlichen Lebens vertreten wird, als universal gültig gelten kann. Falls eine universelle Gültigkeit nicht gegeben ist, wie ein Blick auf die internationale bioethische Debatte und die empirischen Ergebnisse insgesamt nahe legt[20] müssen die Fragen, woher die zur Zeit in Deutschland orthodoxe, legitim juridisch durchgesetzte Auffassung des biologischen frei flottierenden Bürgers Embryo stammt und welche Auswirkungen diese Auffassung auf unser Bild vom Menschen haben könnte, verschärft gestellt werden.

---

20 Vgl. neben den hier dargestellten Ergebnissen unserer Arbeitsgruppe die Ergebnisse von *Ulrike Meister* et al., „Knowledge and attitudes towards preimplantation genetic diagnosis in Germany", in: Human Reproduction, 20 (1), 2005, S. 231-238; *Davor Solter* et al., Embryo Research in Pluralistic Europe, Springer: Berlin/Heidelberg/New York, 2003.

# Die Stammzelldebatte in Europa – Akteure, Positionen, Koalitionen

*Katrin Hatzinger*

Auf der Ebene der Europäischen Union spielt die ethische Debatte um den Status des menschlichen Embryos vor allem im Zusammenhang mit der Europäischen Förderpolitik der Forschungsrahmenprogramme (FRP) eine Rolle; zuletzt tauchte sie bei der politischen Auseinandersetzung um die „Verordnung über Arzneimittel für neuartige Therapien“ wieder auf.

Das Brüsseler Büro der Evangelischen Kirche in Deutschland (EKD) hat den politischen Streit um die Förderung embryonaler Stammzellforschung mit EU-Geldern in Form von Stellungnahmen, Veranstaltungen und politischen Gesprächen in den vergangenen Jahren aktiv begleitet. Im Folgenden möchte ich im Rückblick auf diese Auseinandersetzungen, Akteure, Positionen und Koalitionen der Debatte um die gemeinschaftliche Förderung der Forschung mit menschlichen embryonalen Stammzellen (hES-Zellen) vorstellen und an Hand des politischen Streits die Herausforderungen einer ethischen Debatte um dieses äußerst dynamische Forschungsfeld auf europäischer Ebene illustrieren.

Doch zunächst einige Bemerkungen zu den Aufgaben und zum Selbstverständnis der EKD auf europäischer Ebene: Seit 1990 unterhält die Evangelische Kirche in Deutschland ein eigenes Büro in der belgischen Hauptstadt. Während in Berlin kirchliche Belange über den „Bevollmächtigten des Rates der EKD bei der Bundesrepublik Deutschland und der Europäischen Union“ in die Bundespolitik eingebracht werden, beobachtet das Büro als Außenstelle in Brüssel das europäische Rechtssetzungsverfahren und lotet Möglichkeiten aus, wie kirchliche Positionen gegenüber den EU-Institutionen bestmöglich zu vertreten sind.

Konkret sieht die Arbeit vor Ort so aus, dass die Entstehung und Entwicklung europäischer Gesetzgebung und Politiken verfolgt, eine erste Einschätzung des Verfahrensstandes vorgenommen und Handlungsempfehlungen an die EKD, ihre Gliedkirchen und Werke ausgesprochen werden. Gegebenenfalls erfolgt dann, z.B. über die Beteiligung an Konsultationsverfahren, eine Teilnahme an europäischen Gesetzgebungsprozessen.

Grundsätzlich will die evangelische Kirche dazu beitragen, durch ihre kritische Begleitung des wissenschaftlichen Fortschritts die Würde der einzelnen

Menschen zu sichern, gerade auch der Schwachen, und derer, die sich selbst nicht äußern können. Ihre Basis dabei ist das christliche Menschenbild.

Mit ihren Äußerungen und Stellungnahmen zu bioethischen Themen wie z.B. der Förderung der embryonalen Stammzellforschung oder den ethischen Aspekten der Nanotechnologie will die EKD Orientierung zur ethischen Urteilsfindung geben. In den Fällen, in denen die derzeit absehbaren negativen Folgen neuer Technologien und Forschungsfelder überwiegen, fordert sie Korrekturen und gegebenenfalls ethische Grenzziehungen ein. Dabei fördert sie den sachlich-konstruktiven Dialog zwischen Wissenschaft und Gesellschaft über die ethischen Aspekte neuer Wissenschaften und Technologien auf vielfältige Weise.

## I. Gesetzeslage

In den mittlerweile 27 Mitgliedstaaten der Europäischen Union (EU) lassen sich verschiedene Cluster hinsichtlich der gesetzlichen Regelung embryonaler Stammzellforschung ausmachen.[1] Zum Zeitpunkt der Debatte über das 7. FRP waren Rumänien und Bulgarien allerdings noch nicht Mitglieder der EU und das spanische Gesetz war noch nicht verabschiedet.

### *1. Liberale Haltung*

In einigen EU-Mitgliedstaaten ist die Herstellung und Nutzung von menschlichen embryonalen Stammzellen für die Forschung erlaubt, z.B. in Belgien, Spanien, Schweden und Großbritannien. In Großbritannien etwa dürfen z.B. auch menschliche Embryonen zu Forschungszwecken und zur Gewinnung embryonaler Stammzellen gezüchtet werden.

### *2. Liberale Haltung mit Restriktionen*

In anderen EU-Mitgliedstaaten wie Tschechien, Dänemark, Finnland, Frankreich, Griechenland, den Niederlanden und Portugal ist es gesetzlich erlaubt, überzählige Embryonen aus Behandlungen zu künstlicher Befruchtung für Forschungszwecke zu nutzen.

### *3. Restriktive Haltung*

Deutschland und Italien haben hinsichtlich der Forschung mit menschlichen embryonalen Zellen (hES-Zellen) strengere Regelungen. In Deutschland gilt das

1 European Group on Ethics: Recommendations on the ethical review of heSC FP7 research projects, June 2007.

am 1. Juli 2002 in Kraft getretene „Gesetz zur Sicherstellung des Embryonenschutzes im Zusammenhang mit Einfuhr und Verwendung menschlicher embryonaler Stammzellen (Stammzellgesetz)“. Danach sind Einfuhr und Verwendung menschlicher embryonaler Stammzellen für hochrangige Forschungsziele unter strengen Voraussetzungen erlaubt. Einfuhr und Verwendung werden dabei auf Stammzellen beschränkt, die vor dem 1. Januar 2002 gewonnen wurden. In Italien ist Forschung, die eine Zerstörung von Embryonen umfasst, verboten. Italien hat allerdings keine Gesetzgebung über die Verwendung von importierten hES oder überzähligen hES-Zellen.

*4. Keine spezielle Gesetzgebung*

In Bulgarien, Zypern, Estland, Irland, Luxemburg, Lettland und Rumänien gibt es *keine* spezielle Gesetzgebung die Forschung mit hES-Zellen betreffend.

Andere EU-Mitgliedstaaten haben zwar keine spezielle Gesetzgebung zu dieser Thematik, aber ausdrücklich klar gestellt, dass sie diese Art der Forschung ablehnen, nämlich: Österreich, Litauen, Malta, Polen und die Slowakei, indem sie sich anlässlich der Ratsentscheidung zum 7. FRP gegen die Förderung dieser Forschung ausgesprochen haben.

In Ungarn und Slowenien schließlich ist die Forschung mit hES-Zellen nur indirekt durch ein Gesetz zur Embryonenforschung geregelt, ohne dass es einen speziellen Verweis auf die hES-Zellen geben würde.

## II. Vorgeschichte

Bis zum 31. Dezember 2003 bestand auf EU-Ebene ein Moratorium hinsichtlich der Förderungswürdigkeit von Projekten mit menschlichen Embryonen und embryonalen Stammzellen. Es wurde vereinbart, dass der Rat der Europäischen Forschungsminister nach einem Vorschlag der Europäischen Kommission ethische Leitlinien für diese Forschung (im Rahmen des Spezifischen Programms zum 6. FRP, 2002-2006) beschließen sollte. Der ursprüngliche Vorschlag der Europäischen Kommission sah vor, dass mit EU-Geldern an sog. „überzähligen Embryonen“ aus künstlicher Befruchtung, die vor dem 27. Juni 2002 hergestellt worden waren, geforscht werden sollte. Das Europäische Parlament der damals noch 15 Mitgliedstaaten (das in dem Verfahren lediglich konsultiert wurde) votierte im November 2003 gegen diese Stichtagsregelung.

Der Vorschlag der EU-Kommission, mit europäischen Mitteln die Forschung an „überzähligen“ Embryonen zu fördern, erzielte jedoch im Rat der europäischen Forschungsminister keine qualifizierte Mehrheit. Deutschland, Österreich,

Portugal, Italien und Luxemburg stimmten dagegen. Stattdessen brachte Portugal einen Kompromissvorschlag ein. Eine Förderung der sog. verbrauchenden Embryonenforschung wurde darin strikt abgelehnt. Stattdessen sollte eine gemeinschaftliche Förderung von Projekten mit bereits existierenden embryonalen Stammzelllinien zulässig sein, soweit diese bereits vor der Entscheidung im EU-Ministerrat hergestellt worden wären. Dieser Kompromiss zielte darauf ab, durch die EU-Förderung keinen Anreiz für die Zerstörung menschlicher Embryonen zu bieten. Eine Einigung im Rat scheiterte letztlich daran, dass die Europäische Kommission in buchstäblich letzter Sekunde ihre Zustimmung zu dieser Lösung zurückzog und stattdessen eigene Leitlinien festlegte: Ein Vorgehen, das stark umstritten war.

Die Förderpraxis sah dann unter dem 6. FRP bis Ende 2006 dergestalt aus, dass die gemeinschaftliche Förderung von Forschungsvorhaben, die Stammzellen aus „überzähligen" menschlichen Embryonen *nutzen,* möglich war. Die Gewinnung dieser Stammzellen, sprich die *Zerstörung* menschlicher Embryonen, wurde aufgrund einer internen Regelung der Europäischen Kommission (vom Februar 2004) nicht gefördert. Formal war die Möglichkeit aber weiterhin gegeben, Forschungsarbeiten an und mit überzähligen menschlichen Embryonen durchzuführen.

Die EU-Kommission betonte, dass der Finanzierung von Forschungsvorhaben mit adulten Stammzellen Vorrang eingeräumt würde. Die embryonale Stammzellforschung mache lediglich einen geringen Anteil (0,002 %) am 6. FRP aus. Zwar verdeutlichen die damaligen Vorgaben der EU-Kommission eine Sensibilisierung hinsichtlich der ethischen Kontroverse, eine allseits befriedigende und eindeutige Lösung war jedoch mit dieser Vorgehensweise nicht gefunden worden. Derartige Vorgaben schließen nämlich nicht aus, dass auf nationaler Ebene menschliche Embryonen zur Gewinnung von Stammzelllinien zerstört werden, um anschließend mit diesen – gefördert durch EU-Mittel – embryonale Stammzellforschung zu betreiben.

## III. Vorschlag der Europäischen Kommission für das 7. FRP

Am 6. April 2005 (KOM [2005] 119 endg.) legte die Europäische Kommission ihren Vorschlag für das 7. FRP für den Zeitraum 2007-2013 vor. Kernelemente des Vorschlags waren eine Verdopplung der Ausgaben für Forschung und technologische Entwicklung gegenüber dem 6. FRP auf rund 71 Milliarden Euro und neue Impulse für Grundlagenforschung und Innovationen.

Von der Beachtung ethischer Grundsätze ist in dem Vorschlag an zwei Stellen die Rede:

Wie auch im 6. FRP gibt es einen Passus (Absatz 25), wonach „die Forschungsaktivitäten, die von diesem Rahmenprogramm unterstützt werden, den Respekt vor grundlegenden ethischen Prinzipien widerspiegeln sollten, einschließlich derjenigen, die in der europäischen Grundrechte-Charta genannt sind. Die Stellungnahmen der Europäischen Gruppe für Ethik der Naturwissenschaften und der Neuen Technologien (EGE) werden weiterhin berücksichtigt.“ In Artikel 6 der FRP heißt es dann: „Bei allen Forschungsmaßnahmen innerhalb des Siebten Rahmenprogramms müssen ethische Grundprinzipien beachtet werden.“

Am 21. September 2005 stellte die Europäische Kommission schließlich ihren Vorschlag über die Spezifischen Programme zur inhaltlichen Ausgestaltung des FRP (KOM [2005] 440 endg.) vor. In ethischen Fragen wurde die bisherige Kommissionslinie, wie sie bereits zum 6. FRP etabliert wurde, fortgesetzt (Art. 4 des Spezifischen Programms[2]), d.h. reproduktives Klonen („Dolly“), Eingriffe in die Keimbahn des Menschen sowie die Erzeugung von Embryonen zu Forschungszwecken, einschließlich des sog. therapeutischen Klonens, sind von der EU-Finanzierung ausgeschlossen. Nicht finanziert werden Forschungsmaßnahmen, die in allen Mitgliedstaaten untersagt sind, sowie Forschungsmaßnahmen, die in einem Mitgliedstaat ausgeführt werden sollen, in dem sie untersagt sind.

---

2 1. Bei allen Forschungstätigkeiten des Spezifischen Programms müssen ethische Grundprinzipien eingehalten werden.

2. Folgende Forschungsgebiete werden im Rahmen dieses Programms nicht finanziert:

- Forschungstätigkeiten mit dem Ziel des Klonens von Menschen zu Reproduktionszwecken,
- Forschungstätigkeiten zur Veränderung des Erbguts des Menschen, durch die solche Änderungen vererbbar werden könnten,
- Forschungstätigkeiten zur Züchtung menschlicher Embryonen ausschließlich zu Forschungszwecken oder zur Gewinnung von Stammzellen, einschließlich auch durch Kerntransfer somatischer Zellen.

3. Folgende Forschungstätigkeiten werden innerhalb dieses Programms nicht finanziert:

- Forschungsmaßnahmen, die in allen Mitgliedstaaten untersagt sind,
- Forschungsmaßnahmen, die in einem Mitgliedstaat ausgeführt werden sollen, in dem sie untersagt sind.

## IV. Kirchliche Positionen

Der Ratsvorsitzende der EKD, Bischof Wolfgang Huber, sagte anlässlich einer Podiumsdiskussion im Haus der EKD im Februar 2006 in Brüssel, die deutsche Stichtagsregelung, nach der lediglich Forschung mit bestimmten bereits existierenden embryonalen Stammzellen erlaubt ist, sei für ihn „ein vertretbarer Kompromiss“ auf der EU-Ebene. Voraussetzung sei allerdings, dass die Forschung sich auf adulte Stammzellen konzentriere und die embryonale Stammzellforschung nur dazu diene, Lücken im Grundlagenwissen zu füllen. Die Herstellung von menschlichen Embryonen eigens zu Forschungszwecken dürfe auch auf EU-Ebene keinesfalls unterstützt werden.

Das EKD-Büro Brüssel machte sich dementsprechend in Gesprächen mit Abgeordneten, durch Briefe und öffentliche Veranstaltungen in Brüssel für die Einführung einer Stichtagsregelung auf EU-Ebene stark, d.h. eine EU-Förderung von embryonaler Stammzellforschung sollte nur unter der Voraussetzung möglich sein, dass die Stammzelllinien bereits vor dem 31.12.2003 gewonnen worden waren. Nach unserer Auffassung wäre eine solche Regelung am ehesten geeignet gewesen, eine ethisch vertretbare und tragfähige Lösung im 7. FRP zu verankern, da sie einen „schonenden Ausgleich“ zwischen dem Lebensrecht des Embryos und dem Recht der Patienten auf die Erforschung neuer Therapiemöglichkeiten darstellt. Auf diese Weise würde die europäische Förderung der Forschung mit embryonalen Stammzelllinien grundsätzlich ermöglicht, aber gleichzeitig vermieden, dass durch die EU-Förderung weiterhin Anreize zum grenzenlosen Verbrauch von menschlichen Embryonen zur Gewinnung von Stammzellen geboten werden. Das EKD-Büro argumentierte weiter, eine Stichtagsregelung würde am ehesten der unterschiedlichen nationalen Rechtslage zur embryonalen Stammzellforschung gerecht und sorge somit für Rechtsfrieden.

Die Konferenz Europäischer Kirchen (KEK) positionierte sich ebenfalls als Befürworterin einer Stichtagsregelung. KEK ist eine Gemeinschaft von 126 orthodoxen, protestantischen und alt-katholischen Kirchen. In dem Papier: „New Issues in Stem Cells and Regenerative Medicine“ aus dem Jahr 2006, veröffentlicht von der Bioethik-Arbeitsgruppe der KEK, gibt es einen kurzen Überblick über die Haltung der KEK-Mitgliedskirchen zur embryonalen Stammzellforschung. Dabei werden drei Kategorien von Kirchen unterschieden:

1. Die Kirchen, die embryonale Stammzellforschung unter allen Umständen ablehnen (z.B. die russisch-orthodoxe Kirche). Das menschliche Leben wird als ein Kontinuum gesehen, das von der Empfängnis bis zum Tod reicht. Menschliche Embryonen besitzen nach ihrer Auffassung eine Wür-

de, die der menschlichen gleich ist, denn im Embryo ist bereits die gesamte Fülle der menschlichen Natur angelegt. Lediglich die Forschung mit adulten Stammzellen oder Stammzellen aus Nabelschnurblut ist nach dieser Auffassung zulässig.

2. Andere Kirchen sind der Auffassung, dass die Schutzwürdigkeit des menschlichen Embryos mit seiner Entwicklung zunimmt. Dementsprechend ist die embryonale Stammzellforschung für sie unter gewissen Umständen zulässig (z.B. Église Reformée de France, Church of Scotland). Diese „Ja, aber"-Position akzeptiert die Nutzung menschlicher Embryonen für möglicherweise lebensrettende Therapien, vorausgesetzt, dass es keine anderen Möglichkeiten gibt und die Embryos nicht älter als 14 Tage sind.

3. Andere Kirchen vertreten eine „Nein, es sei denn..."-Haltung, heißt es in dem Papier. Embryonale Stammzellforschung wird in bestimmten Grenzen zugelassen, aber nicht jede Verwendung gilt als erlaubt. So wird die Herstellung von Embryonen zu Forschungszwecken abgelehnt, die Verwendung überzähliger Embryonen aus In-vitro-Fertilisation, akzeptiert. So betonen z.B. einige theologische Stimmen aus der EKD die konstitutive Bedeutung der Entwicklungs*möglichkeiten*. Nach dieser Auffassung kann von einem sich entwickelnden Menschen nur gesprochen werden, wenn die äußeren Umstände für eine Entwicklung gegeben sind: Einnistung in die Gebärmutter einer Frau. Diese äußeren Bedingungen sind bei „überzähligen" Embryonen gerade nicht gegeben.

Die Kommission der Bischofskonferenzen der Europäischen Gemeinschaft, COMECE, hat sich immer wieder ausdrücklich gegen eine EU-Finanzierung von Forschung ausgesprochen, welche die Zerstörung menschlicher Embryonen impliziert. „Den menschlichen Embryo als Forschungsobjekt zu behandeln ist nicht vereinbar mit der Menschenwürde. Die EU sollte ihre gemeinschaftlichen Forschungsanstrengungen auf die vielen anderen aussichtsreichen Forschungsgebiete konzentrieren, auch auf andere Stammzellforschung, welche vielversprechend ist. Durch solch eine Entscheidung würde die EU auch zeigen, dass sie die grundlegenden Werte respektiert, aufgrund derer einige Mitgliedstaaten diese Forschung verbieten oder beschränken, im Respekt vor der Unverletzlichkeit menschlichen Lebens und seiner Würde" (COMECE-Pressemitteilung vom 31.5.2006). Der Kompromiss einer Stichtagsregelung wurde jedoch im Sinne „des geringeren Übels" mitgetragen.

In diesem Sinne engagierten sich im Vorfeld der politischen Entscheidungen auch katholische Verbände, wie die Föderation der Katholischen Familienverbände Europas (FAFCE) oder das Internationale Kolpingwerk. Aber auch die World Youth Alliance, der Bundesverband Leben oder die evangelische Allianz brachten sich mit Stellungnahmen etc. in die Debatte ein.

Es war interessant zu beobachten, dass sich in der politischen Auseinandersetzung um die Bewertung der embryonalen Stammzellforschung, „Koalitionen" zwischen Gruppen bildeten, die in dieser Form im politischen Alltagsgeschäft nicht allzu oft gemeinsam auftreten: so zwischen VertreterInnen der GRÜNEN-Fraktion, Katholiken, Feministinnen und Evangelikalen.

Die jüdische Religion ist gegenüber neuen Entwicklungen in der Biologie generell positiv eingestellt, vor allem, wenn der potentielle Nutzen, etwa die Heilung Kranker, die Bedenken überwiege. Im Judentum besitzt das werdende Leben nicht ab der Befruchtung, sondern erst ab der Geburt volle Rechte als Person. Auch wenn der Embryo ab der Befruchtung grundsätzlich als schützenswert gelte, würde dem Embryo an mehreren Stellen im Talmud in den ersten 40 Tagen ein geringerer religionsgesetzlicher Status zugesprochen als danach.[3]

„Der Islam unterscheidet nicht zwischen religiöser, moralischer und rechtlicher Bewertung bioethischer Fragestellungen, zumindest was die sunnitische Ausrichtung des Islam anbelangt. Die Antworten auf die Frage, welche Anwendungen und Methoden der Genforschungen aus islamischer Sicht zu verantworten sind, sind deshalb im islamischen Recht zu suchen (FAZ-Artikel vom 20. Dezember 2001). Für die meisten Rechtsgelehrten gilt der Fötus erst vom 40. Tag nach der Befruchtung der Eizelle an als ‚beseelt', es gibt aber auch Auffassungen, wonach menschliches Leben bereits mit der Zeugung beginnt", so Prof. Dr. Safek Beloucif, Mitglied des französischen Ethikrates, auf der Jahrestagung des Nationalen Ethikrates 2003. „Ob aus islamischer Sicht die Forschung an embryonalen Stammzellen zulässig ist, hängt also davon ab, welcher dieser Auffassungen man sich anschließt."

## V. Meinungsbild im Europäischen Parlament

Das Europäische Parlament (EP) entscheidet mit dem Rat der Europäischen Forschungsminister im Wege des Mitentscheidungsverfahrens (nach Art. 166 I iVm Art. 251 II EG-Vertrag) über das FRP. Bei der Beratung über die Ausgestaltung der Spezifischen Programme wird es nur angehört. Deshalb war es ein Anliegen der Parlamentarier, das Mitentscheidungsverfahren zu nutzen, um Art. 6

3 Rabbiner Dr. *Walter Homolka*, Rektor des Abraham Geiger Kollegs in Potsdam anlässlich der Tagung „Regenerative Medizin: Paradigmenwechsel und Potentiale für die Zukunft", Mai 2007.

des 7. FRP präziser zu fassen und durch ein Votum des EP eine eindeutige Position zur Förderung embryonaler Stammzellforschung zu verankern.

Federführender Ausschuss im EP war der Ausschuss für Industrie, Forschung und Energie (ITRE), Berichterstatter der vormalige polnische Ministerpräsident Jerzy Buzek von der Europäischen Volkspartei (EVP), ein Protestant. Er war gegenüber dem Dissens hinsichtlich der Förderung der embryonalen Stammzellforschung sensibilisiert, aus taktischen Gründen tauchte die ethische Dimension des 7. FRPs in seinem Bericht jedoch nicht auf.

Im ITRE selbst stimmte die Mehrheit der Mitglieder am 30. Mai 2006 dem Vorschlag der Europäischen Kommission zum 7. FRP im Hinblick auf ethische Fragen voll und ganz zu und setzte sich dafür ein, auch die verbrauchende Embryonenforschung mit EU-Mitteln zu fördern, um international wettbewerbsfähig zu bleiben.

Im Juni 2006 gab das Plenum des Europäischen Parlaments in Straßburg sein Votum zu dem Vorschlag der EU-Kommission ab. In Straßburg standen, vereinfacht ausgedrückt, drei mögliche Szenarien zur Abstimmung:

1) Uneingeschränkte EU-Förderung der embryonalen Stammzellforschung

2) Keine EU-Förderung der embryonalen Stammzellforschung

3) Einführung einer Stichtagsregelung

Der Vorschlag einer Stichtagsregelung, eingebracht von der CSU-Abgeordneten Angelika Niebler und u.a. unterstützt durch Jorgo Chatzimarkakis (FDP) und Evelyn Gebhard (SPD) konnte sich, wenn auch knapp, letztlich nicht durchsetzen. Er sah eine EU-Förderung von embryonaler Stammzellforschung nur unter der Voraussetzung vor, dass die Stammzelllinien bereits vor dem 31.12.2003 gewonnen worden waren. Zwar stimmten immerhin 255 Abgeordnete dafür, 274 waren jedoch dagegen bei 35 Enthaltungen. Das Ergebnis zeigt jedoch, dass eine stattliche Anzahl der Europaabgeordneten gewisse ethische Restriktionen bei der Forschungsförderung in diesem Bereich unterstützen. Wie die Parteizugehörigkeit der Antragssteller außerdem illustriert, finden sich Befürworter dieser Linie in allen großen Fraktionen des EP, wobei die deutschen Abgeordneten aufgrund der Debatte im Deutschen Bundestag zum Stammzellgesetz sicherlich besonders für die Thematik sensibilisiert waren. Eine Mehrheit der GRÜNEN-Abgeordneten machte sich im Übrigen für die weitergehende Variante 2 stark. Dieser Antrag aus dem Rechts- bzw. Frauenausschuss, sämtliche Forschungsprojekte mit embryonalen Stammzellen von der EU-Förderung auszunehmen, fand 238 Befürworter, 287 lehnten diese strikte Haltung ab, 40 enthielten sich der Stimme.

Durchgesetzt hat sich schließlich der Antrag des ITRE, der recht nah an dem ursprünglichen Vorschlag der EU-Kommission ist (284 Ja-Stimmen : 249 Nein-Stimmen : 32 Enthaltungen). Danach soll die bisherige Förderpraxis weitestgehend fortgesetzt werden; sowohl die adulte als auch die embryonale Stammzellforschung soll mit EU-Mitteln gefördert werden können.

Nicht finanziert werden dürfen:

- Forschungstätigkeiten mit dem Ziel der Klonung menschlicher Embryonen;
- Forschungstätigkeiten zur Veränderung des Erbguts des Menschen, durch die solche Änderungen vererbbar werden könnten;
- Forschungstätigkeiten zur Züchtung menschlicher Embryonen ausschließlich zu Forschungszwecken oder zur Gewinnung embryonaler Stammzellen, einschließlich durch somatische Zellkerntransplantation.

Während die deutschen katholischen Bischöfe die Entscheidung des Europäischen Parlamentes als „eine schwere Niederlage und ein verheerendes Signal für den Embryonenschutz in Europa, ja auch für die Wahrung der Menschenrechte" werteten, sprachen Befürworter der Embryonenforschung in Straßburg von einem „Sieg über die Fundamentalisten". Diese Stimmen verdeutlichen, wie weit die Fronten zwischen den „Lagern" inzwischen verhärtet waren.

## VI. Situation im Rat der EU-Forschungsminister

Am 24. Juli 2006 einigten sich die EU-Forschungsminister nach kontroverser Debatte auf der Grundlage des Beschlusses des Europäischen Parlaments vom 15. Juni über das 7. FRP.

Die Linie des EP wurde bestätigt, alles bleibt beim Alten. Die Förderpraxis des 6. FRPs für Projekte mit adulten und embryonalen Stammzellen wird fortgesetzt, die bereits bestehenden Einschränkungen beibehalten (reproduktives Klonen, Eingriffe in die Keimbahn des Menschen sowie die Erzeugung von Embryonen zu Forschungszwecken sind von der Forschungsförderung ausgeschlossen). Einziger Unterschied: die bislang ungeschriebene Praxis der EU-Kommission, keine Fördergelder zur Zerstörung menschlicher Embryonen bereit zu stellen, ist nunmehr unter Punkt 12 einer Zusatzerklärung der EU-Kommission *schriftlich* niedergelegt.[4]

Es gelten die Rechtsvorschriften und ethischen Regeln der Länder, in denen die Forschungsarbeiten durchgeführt werden; dazu sind – sofern notwendig – Genehmigungen der zuständigen nationalen oder lokalen Ethikausschüsse einzuholen. Jedes Forschungsprojekt, bei dem darüber hinaus humane embryonale Stammzellen verwendet werden, wird im Anschluss an eine solche ethische Prüfung dem Programmausschuss (der sich aus Vertretern der Mitgliedstaaten zusammensetzt) vorgelegt.

Zusammenfassend lässt sich die deutsche Verhandlungsführung wie folgt beschreiben:

Zu Beginn der Verhandlungen hatte sich die Bundesregierung gegen die EU-Förderung der embryonalen Stammzellforschung und finanzielle Anreize für die Tötung von Embryonen gewandt. Dabei wurde sie von Polen, Österreich, Malta, Luxemburg, Litauen, Italien und der Slowakei unterstützt, allerdings gab es für diese Position keine ausreichende Mehrheit unter den Mitgliedstaaten. Auch mit der Forderung nach einer Stichtagsregelung nach deutschem Vorbild konnte sich die Bundesforschungsministerin nicht durchsetzen.

Schließlich erzielte die o.g. verbindliche Zusatzerklärung der EU-Kommission dank der Zustimmung von Deutschland und Italien eine qualifizierte Mehrheit, so dass eine Einigung über das 7. FRP erzielt werden konnte. Bundesforschungsministerin Annette Schavan verbuchte die Erklärung als Verhandlungserfolg. In einer deutschen Protokollerklärung zur Entscheidung des Ministerrates heißt es dazu:

- „(....) Der Schutz der Menschenwürde und das Recht auf Leben gebieten es, das menschliche Leben von seiner Entstehung an umfassend zu schützen. Daher sollten von der Forschungsförderung der EU keine Anreize für die Tötung von Embryonen ausgehen. Deutschland begrüßt daher die Erklärung der KOM, die Verwaltungspraxis des 6. FRPs fortzusetzen, dem zuständigen Programmausschuss auch im 7. FRPs keine

4 Punkt 12 lautet im Original: „The European Commission will continue with the current practice and will not submit to the Regulatory Committee proposals for projects which include research activities intended to destroy human embryos, including for the procurement of stem cells. The exclusion of funding of this step of research will **not** prevent community funding of subsequent steps involving human embryonic stem cells.“

Projekte zur Finanzierung vorzuschlagen, welche die Zerstörung menschlicher Embryonen vorsehen.

- Obwohl es die Regelung zur Forschung mit human Embryonen und humanen embryonalen Stammzellen nach wie vor für nicht ausreichend hält, stimmt Deutschland dem 7. FRP vor dem Hintergrund seiner überragenden Bedeutung für die europäische Forschung und die gesellschaftliche Entwicklung in der EU zu.
- Dabei geht Deutschland davon aus, dass die nunmehr getroffene Vereinbarung zum Verbot der Finanzierung der Gewinnung menschlicher embryonaler Stammzellen aus menschlichen Embryonen ungeachtet der geplanten Überprüfung dieses Bereiches zur Mitte des 7. FRPs aufgrund ihrer grundsätzlichen Bedeutung auch über diesen Zeitraum hinaus Gültigkeit hat.“

Der letzte Absatz bezieht sich auf die in Art. 6 des 7. FRP durch Parlamentsbeschluss verankerte Revisionsklausel, wonach noch vor Beginn der zweiten Phase des Rahmenprogramms im Jahr 2010 im Lichte des wissenschaftlichen Fortschritts eine Überprüfung der Forschungsbereiche vorzunehmen ist, die derzeit von der Förderung ausgenommen sind.

Polen, Österreich, Malta, Litauen und die Slowakei rückten von ihrer ablehnenden Haltung zur Forschungsförderung für embryonale Stammzellforschung nicht ab und ließen dies in einer Erklärung zu Art. 6 des FRP protokollieren.

## VII. Schlussbemerkung

Aus Sicht der EKD ist das Verhandlungsergebnis unbefriedigend, da sich durch die Einigung faktisch nichts am Status quo geändert hat und weiterhin nicht ausgeschlossen werden kann, dass durch die EU-Förderung der Forschung mit embryonalen Stammzellen Anreize für die Zerstörung weiterer Embryonen geboten werden. Ein kleiner Fortschritt ist es, dass die Verpflichtung der EU-Kommission nunmehr schriftlich festgehalten worden ist.

Abgesehen davon war die Debatte um das 7. FRP sicher ein Lehrstück in Sachen „europäischer Ethik“. Der Dissens in der ethischen Grundfrage bleibt bestehen, die Forschung mit embryonalen Stammzellen wird fortgesetzt, die Fronten von Befürwortern und Gegnern sind verhärteter denn je. Das probate Mittel, mit dem Dissens politisch konstruktiv umzugehen, ist bislang noch nicht gefunden worden und ist vielleicht auch nicht zu finden.

2010 steht die Revision der bislang von der Förderung ausgenommenen Forschungsbereiche im FRP an. Ob die Vorstellung der Europäischen Kommission von „gemeinsamen ethischen Grundprinzipien“ als Fundament eines Europäischen Forschungsraums sich bis dahin realisieren lässt, erscheint weiterhin fraglich. Wahrscheinlich wird die EU einfach lernen müssen, sich mit der Vielfalt ihrer ethischen Positionen und Traditionen abzufinden. Ethik lässt sich eben nicht so ohne Weiteres „harmonisieren“.

# Regulierung der Stammzellforschung – Wie Großbritannien in die ethische Urteilsfindung investiert

*Christine Hauskeller*

**Zusammenfassung**

Moralische Einstellungen sind begleitet von einem Imperativ allgemeiner Verbindlichkeit, der Staatsgrenzen nicht berücksichtigt. Politik hingegen ist in der Regel landespolitisch oder lokal begrenzt und wirksam. In der Wissenschafts- und Handelspolitik werden die Rahmenbedingungen für die Politik der Länder Europas durch EU Regulierungen gesetzt. Beispiele sind die Europäische Geweberichtlinie[1] oder die Instrumente der EU Wirtschafts- und Wissenschaftsförderung. Dennoch wird Politik in Europa dadurch im Effekt nicht gleich, sondern nur hinsichtlich bestimmter Aspekte vereinheitlicht. Beispiele dafür aus der Wissenschaftspolitik und Regulierung von Stammzellforschung liegen vor.[2] Dieser Beitrag behandelt die britische Politik zur Stammzellforschung, insbesondere der letzten zehn Jahre, und hebt dabei ihre globale Orientierung hervor. Der in sich widersprüchlichen Haltung zur Forschung mit menschlichen Embryonen in der Politik Großbritanniens versuche ich gerecht zu werden, indem ich sowohl eingehe auf die stark kontrollierende Politik, wie sie sich besonders in den Gesetzen und Praktiken um die Forschung mit Embryonen und Eizellen niederschlägt, als auch auf die parallelen politischen Initiativen für eine rationale globale Struktur der Wissenschaftspolitik, die vom Glauben an die allgemeine Richtigkeit der eigenen Werte zeugt. Die britische Politik hat sich die Lebenswissenschaften angeeignet als ein Zukunftsprojekt, das beispielhafter, ethischer Prakti-

---

1 Richtlinie des Europäischen Parlamentes und des Rates zur Festlegung von Qualitäts- und Sicherheitsstandards für die Spende, Beschaffung, Testung, Verarbeitung, Konservierung, Lagerung und Verteilung von menschlichen Geweben und Zellen (2004/23/EC OJ L102/48).

2 *D. Wilson Kovacs*, *S. Weber*, *C. Hauskeller*, „Autologous Stem Cell Clinical Trials in Heart Repair: Regulation as Practical Accomplishment“, in: Sociology of Health and Illness (im Druck); *S. Weber*, *D. Wilson-Kovacs*, *C. Hauskeller*, „The Regulation of Stem Cell Therapies: Comparing the UK and Germany“, in: Ethical and Legal Aspects of Research with Human Tissue in Europe, Conference Proceedings of the First International Conference of the Tiss.EU Project (im Druck).

ken und kontrollierbarer Regeln und Standards bedarf, welche die Institutionen im Land sich anschickt zu entwerfen und zu exportieren.

## Einleitung

„Auf dem Weg Großbritanniens zum globalen Führer und Spitzenstandort für forschungs-, wissenschafts- und wissensbasierte Industrien spielt Stammzellforschung eine Schlüsselrolle, da sie einige der am weitesten verbreiteten und bislang unbehandelbaren Krankheiten, von Diabetes bis zur Parkinsonschen Krankheit, angeht. Ich glaube fest daran, dass Großbritannien ein Weltführer sein kann. Auf der Basis von £40 Millionen staatlicher Forschungsförderung und £20 Mio, die der Wellcome Trust zugesagt hat, und unterstützt durch die neue UK Stammzell-Stiftung, wird Großbritannien – mit einem Zehn-Jahres-Entwicklungsplan – ein neues nationales Netzwerk für die Stammzellforschung kreieren."[3]

Dieses Zitat von Gordon Brown, damals Finanz-, heute Premierminister, ist einer Regierungserklärung zur Stammzellpolitik der Regierung Tony Blair vom 16. März 2005 entnommen. Es steht am Anfang dieser Erörterung, um zu zeigen, dass Großbritannien auf Exzellenz in der Wissenschaft baut, gerade auch der Biologie und Medizin. In beiden Gebieten hat es, wie auch Deutschland, seit dem 19. Jahrhundert eine ruhmreiche Wissenschaftsgeschichte aufzuweisen. Darüber hinaus jedoch werden sehr explizit Ansprüche auf Weltführung erhoben, die so unverkrampft aus Deutschland kaum zu vernehmen sind. Im eigenen Selbstverständnis bewertet Großbritannien Forschung positiv und verfährt liberal in der Regelung moralischer Konfliktfragen. Die Forschung mit menschlichen Embryonen, die im Zuge der ersten erfolgreichen Befruchtung außerhalb des weiblichen Körpers 1978 möglich geworden war, hat vor und nach ihrem Gelingen in Großbritannien ähnliche moralische Widerstände hervorgerufen wie in Deutschland. Doch haben sich im Zuge der gesellschaftspolitischen Diskussion in den Folgejahren in Großbritannien andere Praktiken der Kontrolle der Nutzung von menschlichen Embryonen etabliert. Die generell positive Haltung gegenüber den Biowissenschaften sowie der Usus, Antworten auf sozialpolitische Konflikte durch einzelfallbasierte Gremienbeschlüsse zu finden, werden oft als ausschlaggebend für diese politisch praktische Differenz angesehen.

In Großbritannien wurde 1990 per Gesetz eine spezielle Behörde institutionalisiert, die *Human Fertilisation and Embryology Authority* (HFEA), deren Auf-

---

3 *HM Treasury*, „Chancellor of the Exchequer's Budget Statement 2005". 16.3.2005. http://www.hm-treasury.gov.uk/bud_budget05_speech.htm (Stand: 23.2.2009). [Übersetzung der Autorin]

gabe es ist, die menschliche Reproduktionsmedizin und insbesondere die Forschung mit menschlichen Embryonen *in vitro* zu regulieren und zu kontrollieren. Empfehlenswerte Auseinandersetzungen mit den Entwicklungen, die zu dieser Behörde und deren Arbeitsauftrag führten, wurden vorgelegt von der Vorsitzenden des Komitees, das den Gesetzesvorschlag zur Einrichtung der HFEA erarbeitete, der Philosophin Mary Warnock[4], und dem Soziologen Michael Mulkay in einer Analyse der parlamentarischen und öffentlichen Debatten der 80er Jahre.[5] Eine Deutschland und England hinsichtlich der Forschungspolitik in der Embryonenforschung vergleichende Studie liegt außerdem von Charlotte Augst vor.[6] Diese drei Texte zur Entstehung der HFEA machen deutlich, wie umstritten die Embryonenforschung in Großbritannien war. Die Rolle der Kirche(n) in diesem Diskurs war jedoch sehr anders als in Deutschland. Dies hat mit dem undogmatischen Charakter der anglikanischen Kirche zu tun, aber auch mit ihrer großen sozialen und politischen Macht als Staatskirche, was eine institutionell-konzeptionelle Zusammenschließung von Religion und Kirche impliziert. Die anglikanische Kirche ist ein Hauptträger des staatlichen Schulsystems und daher tief in der britischen Gesellschaft verankert. Auch die katholische Kirche unterhält konfessionsgebundene Schulen und die Zahl an katholischen Gläubigen wächst in den letzten Jahren dramatisch durch die steigende Zahl von Einwanderern aus Osteuropa, so dass bereits diskutiert wird, ob es nicht mehr praktizierende Katholiken als Anglikaner im Land gibt. Dabei bleibt der Einfluss beider Kirchen auf die Politik bislang zumindest unterschiedlich.

Dieser Beitrag rekapituliert und interpretiert die politischen Entscheidungen Großbritanniens im Bezug auf die ethischen und technischen Probleme, die im Zuge der Entwicklung der Stammzellforschung aufkamen. Ich will dabei keinen fundamentalen Unterschied in Kultur und Wesen zwischen Großbritannien und Deutschland anführen, wie er manchmal mit Verweis auf die abweichenden moralphilosophischen und juristischen Traditionen des Utilitarismus, des *Common Law* und der Gesellschaftsordnung reklamiert wird.[7] Im Gegenteil scheinen mir die Gemeinsamkeiten in der Wahrnehmung der ethisch-moralischen Kon-

---

4 *M. Warnock*, A Question of Life: The Warnock Report on Human Fertilization and Embryology. Oxford: Blackwell, 1985.

5 *M. Mulkay*, The Embryo Research Debate: Science and the Politics of Reproduction. Cambridge: Cambridge University Press, 1997.

6 *C. Augst*, Modernising Law: Legislating for Technologies of Reproduction in Britain and Germany. University of London, 2001 (Unveröffentlichte Promotionsschrift).

7 *S. Jasanoff*, Designs on Nature: Science and Democracy in Europe and the United States. Princeton, NJ: Princeton University Press, 2005.

flikte der Reproduktionsmedizin, nämlich Embryonenforschung, als auch das Bedürfnis nach verlässlichen und sozialpolitisch dauerhaften Regelungen hervorhebenswert. In beiden Ländern lassen sich die politischen Entscheidungen oft auf ein Gemisch von früheren Beschlüssen und ihren Folgen sowie anderen Faktoren wie wirtschaftlichen oder wissenschaftlichen Ereignissen und Zufällen zurück führen. Einen tief gehenden kulturellen Gegensatz zum Ansatzpunkt des Vergleichs der Wissenschaftspolitik in der Biomedizin zu machen, ist sicher nicht angemessen, mag aber in Deutschland dem diskurspolitischen Interesse dienen, sich von der britischen Politik scharf abzusetzen.[8]

Deutschland ist gerade auch in seiner Regelung der Biomedizin sehr um moralische Integrität im In- und Ausland bemüht, während ich im Folgenden zeige, dass die britische Forschungspolitik von einer explizit globalen Orientierung geprägt ist, die nach internationaler Harmonie strebt. Diese soll moralische und wirtschaftliche Fairness bringen. Die Definition von Standards und Verfahren der Ethik und der Biotechnologie illustrieren diese Zielsetzung. Ein kostenintensives Beispiel ist die Einrichtung der UK Stammzellbank, deren Auftrag die Lagerung und der globale Austausch von Stammzelllinien ist. Damit geht einher die Entwicklung von Kennzeichnungen und Bestimmungen von Stammzelllinien, die Standardisierung ihrer Herstellung und Qualitätskriterien als auch die Einrichtung von Labors und Lagerräumen, welche den technischen Anforderungen an die Einlagerung aller Zelllinien genügen.

Auffällig ist das Selbstbewusstsein, mit dem intendiert globale Regelungsverfahren in Großbritannien in politischen Auseinandersetzungen thematisiert und gefordert werden und oft auch finanziert werden. Die Aufbau- und Betriebskosten der Stammzellbank wurden veranschlagt mit insgesamt £17 bis £20.8 Mio von 2006 bis 2015.[9]

---

8 In einer kürzlich erschienenen Studie zur Stammzellforschung als globalem Wissenschaftsfeld führen auch Gottweis, Salter und Waldby im Bezug auf die Entwicklung der unterschiedlichen Regelungen der Stammzellforschung in USA, Großbritannien, Italien, Deutschland, Japan und Südkorea an, dass diese nicht ausschließlich auf kulturelle Faktoren reduziert werden könne, sondern im Kontext einer sich entfaltenden politischen Dramaturgie verstanden werden sollte, bei der vorhandene Diskursstrukturen mobilisiert, jedoch auch durch wissenschaftliche „Ereignisse" neu formiert werden. Siehe hierzu *H. Gottweis*, *B. Salter*, und *C. Waldby*, The Global Politics of Human Embryonic Stem Cell Science: Regenerative Medicine in Transition. Basingstoke: Palgrave, 2009.

9 *UK Stem Cell Initiative*, „Report and Recommendations". November 2005. http://www.advisorybodies.doh.gov.uk/uksci/uksci-reportnov05.pdf (23.2.2009), S. 70.

Das Dokument, aus dem dieser Kostenvoranschlag stammt, ist der Bericht der UK Stem Cell Initiative, eines Regierungskomitees mit dem Auftrag, eine methodische und finanzielle Strategie zu entwickeln, mithilfe derer die Stammzellforschung bis 2015 zu einem klinischen und wirtschaftlichen Erfolg wird (nach dem Vorsitzenden der Initiative wird der Bericht auch ‚Pattison Report' genannt). Dieser Report entwirft eine Zehn-Jahres-Strategie der Stammzellpolitik, welche sich auf 10 Empfehlungen stützt, zu welchen der Ausbau der Stammzellbank gehört (Empfehlung 2) und der Aufbau eines Repräsentationsorgans der UK Stammzellforschung (Empfehlung 10). Er fordert auch die Erhöhung der Investition in die Stammzellforschung auf jährlich £100 Mio bis zum Jahr 2015.[10]

Die britische Form der ethischen Regulierung der Wissenschaft in der Reproduktionsmedizin und Stammzellforschung ist kosten- und zeitaufwendig im Vergleich zu (kaum polizeilich verfolgten) Restriktionen durch straf- oder zivilgesetzliche Regelungen. Die engmaschige Bürokratie, Kontrolle und öffentlich-politische Meinungsbildung, sowie die Etablierung und Aufrechterhaltung der sie praktizierenden Institutionen ist eine gesellschaftspolitische Investition, die von hohen staatlichen Subventionen für die Forschung selbst begleitet wird. Ein Erfolg dieser Politik kann darin gesehen werden, dass die mehrstufigen ethischen Genehmigungsverfahren zur Forschung mit menschlichen Embryonen nach britischem Muster für vorteilhaft und praktikabel gehalten und nachgeahmt wurden auch in Ländern wie China und Südkorea.[11] Es liegen keine Untersuchungen oder guten Daten dazu vor, ob diese Politik und ihre Finanzierung die Internationalisierung, Mobilität und den Erfolg der embryonalen Stammzellforschung unterstützt hat, unabhängig von einer Etablierung britischer Ethik-Normen.

Mein Hauptanliegen in diesem Aufsatz ist zu argumentieren, dass die britische Politik nicht einfach wissenschaftskonform ist, obgleich auch lokale Wissenschaftsförderung intendiert ist. Die in Deutschland oft als opportunistisch und moralisch dekadent kritisierten Regelungen insbesondere zur Embryonenforschung scheinen mir weder a) einen klaren Wissenschaftsvorsprung zu verschaffen, dafür stehen der raschen Umsetzung von Ideen zu viele bürokratische Hürden und Beschränkungen entgegen, noch b) können sie, mit Blick auf die Orientierung an ‚optimalen' Regelungen, als minderwertig beurteilt werden bezüglich

---

10 Ibid.

11 *C. Hauskeller*, „Introduction", in: W. Bender, C. Hauskeller und A. Manzei (eds.), Grenzüberschreitungen. Kulturelle, religiöse und politische Differenzen im Kontext der Stammzellenforschung weltweit. Münster: Agenda Verlag, 2005, S. 9-24.

des Ringens um moralisch verantwortbare Lösungen, welche die negativen Folgen und Probleme der Entwicklungen in den Lebenswissenschaften für Individuen und Gesellschaft eindämmen. Auffallend und ethisch problematisch ist jedoch c) die deutliche Orientierung der Politik auf eine globale Durchsetzung der eigenen Regelungen und der dahinter stehenden moralischen Bewertungen.

Im Folgenden gehe ich auf die skizzierte Politik- und Institutionengeschichte ein und betone dabei einige Charakteristika, die im internationalen Vergleich, insbesondere aber im Vergleich mit der deutschen Forschungspolitik auffallen. Beginnen werde ich mit einem seit den 80er Jahren vermehrt hervorstechenden Phänomen, nämlich der Selbstverpflichtung zur Transparenz der politischen und bürokratischen Institutionen. Anschließend berichte ich knapp aus der Geschichte der politischen Institutionen, die an der schrittweisen konzeptionellen Erfindung und Formierung des Komplexes Stammzellforschung in Großbritannien zwischen 1998 und heute beteiligt waren. Dabei werde ich besonders die wichtigsten Beschlüsse und deren Umsetzung beschreiben und auf ihre ethischen und über nationale Steuerung hinausgehenden Intentionen eingehen.

Großbritannien ist sehr engagiert in der Etablierung der Stammzellforschung als einem integrierten und identifizierbaren eigenen neuen Forschungsgebiet. Stammzellforschung, und das Wort steht als Kurzform für ‚embryonale Stammzellforschung', wurde 1999 ein forschungspolitischer Programmpunkt der Regierung Blair. Kontinuität zur vorherigen Politik besteht jedoch, insofern als bereits zuvor die Biomedizin und ihre Verfahren als potentielle Träger von Wirtschaftsmacht und internationalem Ansehen galten.

## Transparenz: Öffentliche Informationen

Transparenz ist ein Schlüsselmotiv der Arbeitspraxis der HFEA und anderer Regierungsorganisationen und Ethik-Institutionen, die sich in der öffentlichen Debatte Gehör verschafft und die Entwicklungen mitbestimmt haben. Darunter sind besonders einflussreich: Die *Human Genetics Commission*, das *Nuffield Council on Bioethics*, und der *Wellcome Trust*, Kommissionen des Gesundheitsministeriums, als auch die Wissenschafts- und Technikausschüsse der beiden Häuser des Parlaments.

Alle diese Einrichtungen nehmen wahr, was sie als ihre Rechenschaftspflicht gegenüber der Öffentlichkeit sehen, indem sie Protokolle, Statistiken, Zahlen, und Berichte publizieren und öffentliche Sitzungen abhalten, Praktiken, die sich auch der Deutsche Ethikrat zu eigen macht.

Das Verständnis von Demokratie und Rechenschaftspflicht hat sich in den letzten zehn Jahren zunehmend dahin entwickelt, in Fragen der Wissenschafts- und teilweise der Wirtschaftspolitik die Öffentlichkeit zu beteiligen oder zumindest zur Meinungsäußerung einzuladen. Umfangreiche Berichterstattung und breite Informationsbasis sollen das Verständnis der demokratischen Öffentlichkeit für die Wissenschaft und den Zwang zur repräsentativen politischen Entscheidung zusammenbringen. Probleme mit der Durchsetzung und Vermarktung von Lebensmitteln, die aus gentechnisch verändertem Saatgut kommen oder es enthalten, sowie Skandale um die Maul- und Klauenseuche und BSE und die Reaktion der Bevölkerung darauf haben Meinungsbilder der Öffentlichkeit vor parlamentarischen Beschlussfassungen zu einem Lieblingsinstrument der Politik in Bezug auf die Biowissenschaften werden lassen.

Die Verführung zur Rechtfertigung von Politik durch *public engagement* hat seit Jahren, und insbesondere 2007 und 2008 während der Debatten zur Erneuerung des Fortpflanzungsmedizingesetzes, eine Vielzahl von Bürgerdiskussionsforen, öffentlichen Informationsveranstaltungen und Kommunikationsaktivitäten verschiedener Institutionen hervorgebracht, welche die Reproduktionsmedizin und die Stammzellforschung im Speziellen betreffen. Diese wurden von Parlamentseinrichtungen, von den *Medical and Biology and Biotechnology Research Councils* (MRC und BBSRC) als Förderinstitutionen der Regierung,[12] von Sozialforschern und von der *HFEA* organisiert, die große Expertise in Transparenzpolitik und Öffentlichkeitsbefragungen gesammelt hat.[13]

Die Transparenz und systematisch etablierte Bürgernähe von Themen der Biowissenschaften mag sich durchaus positiv auf die öffentliche Meinung ausgewirkt haben und erlaubt es, breite öffentliche Unterstützung in der Förderungspolitik für die Biomedizin zu reklamieren. Die vielen Veranstaltungen, bei

---

12 Medical Research Council (fortan MRC) und das Biotechnologie und Biologie Research Council (fortan BBSRC) sind regierungsgetragene Einrichtungen zur Forschungsfinanzierung, vergleichbar mit der Deutschen Forschungsgemeinschaft, aber in den Zuständigkeiten auf das jeweilige Disziplinenfeld im Titel beschränkt.

13 Bezüglich der unterschiedlichen Öffentlichkeitsinitiativen siehe den Abschlussbericht des BBSRC/MRC „Stem Cell Dialogue" unter http://www.bbsrc.ac.uk/society/dialogue/activities/stem_cell_dialogue.html, Berichte zu Öffentlichkeitsbefragungen der HFEA unter http://www.hfea.gov.uk/en/1511.html und das vom BBSRC und dem Economic and Social Research Council (ESRC) geförderte sozialwissenschaftliche Projekt zu Formen der öffentlichen Partizipation „Talking about Stem Cell Research" unter http://www.talkingstemcells.ed.ac.uk/index.php?action=ShowAll&id=9 (Stand der Webseiten: 23.2.2009).

welchen Experten aus der Wissenschaft Gruppen aus der Öffentlichkeit Forschung erklären, tragen zudem wohl zu einer gestiegenen Fähigkeit von WissenschaftlerInnen bei, sich allgemeinverständlich auszudrücken. Es ist meines Erachtens nicht gezeigt, dass die Schaffung solcher Verständigungsräume und Foren auch zu einem geänderten Verhältnis zwischen der Expertenkultur in Laboratorien und Kliniken und der breiteren interessierten Öffentlichkeit führt. Wissen die Menschen mehr in einem Land oder einem Umfeld, das von einem reichen Angebot an Öffentlichkeitsarbeit zur Biomedizin profitiert? Wir wissen nicht, ob die Probleme der scheinbaren Nicht-Experten den etablierten Experten besser kommuniziert werden und ob diese dann sensibler mit den an sie herangetragenen Wertvorstellungen umgehen, d.h. anders forschen, und in ihren Techniken und Fragen Rücksicht auf kulturelle oder moralische Sensibilitäten oder auf sozioökonomische Risiken nehmen. Kurz gesagt: Forschen in Öffentlichkeitsarbeit engagierte Forscher anders oder reden sie nur anders?

### *Transparenz als Bedingung kritischer Ethik und Sozialforschung*

Die Zugänglichkeit von Informationen und Fakten war und ist fundamental für die Möglichkeit und die Richtungen der ethischen und sozialwissenschaftlichen Begleitforschung zu den Lebenswissenschaften. Die *HFEA* hat seit 1991 exakte Zahlen zur patienten- und klinkbezogenen Entnahme, Befruchtung und erfolgreichen Implantation von Embryonen, sowie die Zahl aller eingelagerten Embryonen gesammelt und regelmäßig veröffentlicht.[14] Kritische Bioethik, wie vorgeführt in einem Brief in *The Lancet,*[15] kann zum Beispiel anhand statistischer Daten über die Zahl von erzeugten, implantierten und eingefrorenen Embryonen feststellen, dass die 16 großen reproduktionsmedizinischen Einrichtungen in Großbritannien, die an universitäre Einrichtungen der Embryonenforschung angebunden sind, im Schnitt weniger Embryonen pro Zyklus übertragen als nicht forschungsbezogene Kliniken. Dies ist nur wegen der Verfügbarkeit detaillierter Zahlen über die Kliniken und Implantationspraktiken in denselben möglich. Die Richtigkeit und Stoßrichtung der Überlegungen unbenommen ist festzuhalten, dass das Argument auf Daten beruht, die als solche in Deutschland lange gar nicht festgehalten wurden und die auch jetzt nur teilweise erfasst werden.

---

14 Die HFEA ist verpflichtet, bestimmte Daten in einem Register zu erheben und hat u.a. 2006 Langzeitstatistiken auf der Basis der Daten ab 1991 veröffentlicht (siehe HFEA. „HFEA Data 1991-2006“. http://www.hfea.gov.uk/en/1540.html (Stand: 23.2.2009).

15 *I. Craft*, „Source of Research Embryos for Cloning“, in: The Lancet, Bd. 357, 28. April 2001, S. 1368.

Während in Großbritannien auf Befunde wie diesen durch Änderungen der Bestimmungen durch die HFEA reagiert werden kann, ist eine vergleichbare Auseinandersetzung mit Praktiken im Detail nicht möglich, wenn die Implantationszahlen abhängig von der Befruchtungszahl der Eizellen strafrechtlich festgeschrieben werden. Das deutsche Embryonenschutzgesetz begrenzt die Zahl der menschlichen Embryonen, die in einer Sterilitätsbehandlung pro Zyklus befruchtet werden dürfen, auf maximal drei Embryonen. Alle befruchteten Embryonen müssen dann implantiert werden, unabhängig davon, wie sie sich entwickeln. Aus dieser gesetzlichen Bestimmung ergibt sich ein Konflikt für die Kliniker, da es nicht im Sinne des besten Behandlungserfolges ist, der Frau auch Embryonen einzusetzen, die sich nicht richtig teilen und entwickeln. Visuelle Erfahrungswerte spielen bei dieser Beurteilung eine wichtige Rolle. Es ist im Einklang mit der Natur eines solchen Gesetzestextes – und inhärent in juridischen Begehren nach Eindeutigkeit und Exaktheit –, dass auf der Basis eines solchen Gesetzes eine bürokratische Erfassung aller Eizellen, Befruchtungen und Implantationen unnötig wird. Es bedarf keiner Meldepflicht für reproduktionsmedizinische Daten, wenn, was getan werden darf, so klar ist. Freilich besteht der dringende Verdacht, dass neben der Blindheit für ein öffentliches Interesse an den medizinischen Fakten und Zahlen in der deutschen reproduktionsmedizinischen Praxis, Nicht-Transparenz selbst wünschenswert ist, um den Konflikt zwischen Gesetzes- und Gewissenstreue, den Kliniker erleben mögen, nicht doch im Gerichtssaal debattieren zu müssen. Sowohl für die medizinische wie für die Sozialforschung zur Reproduktionsmedizin hat dieser Mangel an Daten Wissens- und Forschungsfelder abgeschnitten. Niemand weiß genau, wie viele Sterilitätsbehandlungen pro Jahr 2000 oder auch 2005 vorgenommen wurden, wie viele Eizellen von Frauen entnommen, befruchtet oder implantiert worden waren oder kryokonserviert wurden.

Die Bereitstellung von Zahlen zur Verwendung von menschlichen Embryonen ist durch das Internet immer umfangreicher und gegenwartsnah geworden, wie wohl generell die Anforderung an Transparenz im Politikbereich mit den neuen Medien gestiegen ist. Allerdings scheint damit auch die Dauer der Verfügbarkeit einzelner Daten im Internet abzunehmen.

Die Lizenzen für die Nutzung von menschlichen Embryonen in allen gegenwärtig laufenden Forschungsprojekten sind auf den Webseiten der *HFEA* gelistet.[16] Die Liste gibt Aufschluss über all die Institutionen, an denen Projekte

16 *HFEA*, „Current Research Projects". http://www.hfea.gov.uk/en/374.html (Stand: 23.2.2009).

laufen, die menschliche Keimzellen oder Embryonen verwenden; sie umfasst nicht alle Institutionen, die mit embryonalen Stammzellen auch nichtmenschlichen Ursprungs arbeiten. Was embryonale und adulte Stammzellforschung von Tieren und an Tieren betrifft, sind in Großbritannien ebenfalls strikte Regeln in Kraft, und eine Tierforschungslizenz ist Bedingung. Diese Forschung und Lizenzierung untersteht einem anderen Verfahren und Komitee, dem *Animal Research Committee,* das dem Innenministerium angegliedert ist, nicht dem Gesundheitsministerium.

## Politik und Regulierung der Forschung mit menschlichen Embryonen

### *Der Human Fertilisation and Embryology Act (HFE Act), 1990*

Die Geburt des ersten IVF Babys 1978 führte weltweit zu intensiven Diskussionen. Eine in Großbritannien immer wieder aufgeflackerte Debatte während der vielen Jahre der Forschung zur künstlichen Befruchtung entwickelte sich in einen heftigen öffentlichen Streit, der ausgetragen wurde zwischen Vertretern der Wissenschaft, der Medizin, der Kirchen, von Patientenorganisationen, usw. Patrick Steptoe und Robert Edwards, die Entwickler der IVF Technik, haben dazu damals ein sehr lesenwertes Buch geschrieben.[17] Wie in Deutschland auch, bildeten die vertretenen Positionen der Beteiligten dabei weder etablierte politische Partei- noch Disziplingrenzen ab. In diesem Fall wurden die vorgetragenen Ansichten der Akteure von unterschiedlichen Aspekten ihrer Persönlichkeit dominiert.

In Reaktion auf die Heftigkeit der Diskussion hielt die Regierung gesetzliche und politische Regelungen für den Umgang mit der Reproduktionsmedizin und ihren Techniken für nötig. Instrument der offiziellen Problembearbeitung wurde eine parlamentarische Sonderkommission. Diese sollte in zwei Jahren einen Gesetzesentwurf ausarbeiten. Das *Committee of Inquiry into Human Fertilisation and Embryology* arbeitete von 1982 bis 1984. Vorsitzende war die Moralphilosophin Mary Warnock, weswegen der Kommissionsbericht auch *Warnock Report* genannt wird.[18] Der Report schließt mit 64 Empfehlungen, darunter der eines neuen Gesetzes, dem *Human Fertilisation and Embryology Act* (HFE Act),

---

17 *R. E. Edwards* und *P. Steptoe*, A Matter of Life: The Story of a Medical Breakthrough. London: Hutchinson, 1980.

18 *Department of Health and Social Security*, „Report of the Committee of Inquiry into Human Fertilisation and Embryology". Juli 1984. http://www.hfea.gov.uk/docs / REPORT_OF_THE_COMMITTEE_OF_INQUIRY_INTO_HUMAN_FERTILISA TION_AND_EMBRYOLOGY.PDF (Stand: 23.2.2009).

das eben nicht, wie in der deutschen Lösung, detailliert die Forschung mit Embryonen regelt, sondern stattdessen eine neu zu gründende Behörde mit spezifischem Auftrag, die *HFEA,* ins Leben ruft. Sie soll die Aufsicht über die medizinische Anwendung als auch Forschung im Bereich der Reproduktionsmedizin übernehmen und alle Forschungsbegehren, die menschliche Embryonen oder Keimzellen nutzen wollen, im Einzelfallverfahren bearbeiten, beurteilen und ggf. befristete Lizenzen für diese Forschung ausstellen.

Ein Argument für dieses Vorgehen war, dass die Reproduktionsbiologie und -medizin ein wissenschaftliches Gebiet sei, das sich schnell entwickeln könnte, und obgleich dies wünschenswert sei, müsse diese Entwicklung kontrolliert werden, im Interesse der Moral, der Patientengesundheit und der Sozialverträglichkeit. Daneben enthält der *Warnock Report* Empfehlungen zu teils pragmatischen teils spekulativen Problemen, die sich angesichts der neuen reproduktionsmedizinischen Techniken stellen oder in Zukunft stellen könnten. So finden sich Überlegungen zum Klonen, zur Entwicklung von Zelllinien oder zur genetischen Manipulation von menschlichen und nicht-menschlichen Embryonen, Themen, die 1985 noch Zukunftsmusik waren.

Die gesetzlichen Regelungen des *HFE Act* sind nach langjährigen Auseinandersetzungen in Politik, Wissenschaft und Öffentlichkeit über die Möglichkeiten der Manipulation menschlichen Lebens und die Produktion und Forschungsnutzung früher Embryonen zur Verbesserung der Infertilitätstherapien in Kraft getreten. Diese gesellschaftliche Auseinandersetzung der 1980er Jahre hat Michael Mulkay wie erwähnt detailliert aufgearbeitet, auch hinsichtlich der Aktivitäten und Rollen der beteiligten sozialen Gruppen und einzelner Individuen.[19]

Der *HFE Act* wurde 1989 vom Parlament verabschiedet und trat 1990 in Kraft. Das Gesetz bildet den rechtlichen Rahmen für die Reproduktionsmedizin in Großbritannien. Es wurde die Ausgangsbasis für den – sich über die Jahre verändernden – Status und die Zuständigkeitsbestimmungen der *HFEA*. Des Weiteren regelt dieses Gesetz die Bedingungen der reproduktionsmedizinischen Kliniken und die zugelassenen Zwecke der Forschung mit menschlichen Embryonen und Gameten. Die Details der Verfahren und Sicherheit der Infertilitätsbehandlung, sowie der Lagerung von Eizellen, Sperma, sowie Embryonen und vieles mehr hingegen werden dann von der *HFEA* implementiert und regelmäßig kontrolliert, so dass eine schnelle und flexible Anpassung aller therapierelevanten Verfahren zum Beispiel aufgrund neuen Wissens oder neuer Techniken zum Wohle der Patienten gewährleistet wird.

---

19 *Mulkay*, a.a.O. (Fn. 5).

*Die Entwicklung der Gesetze zur menschlichen Fortpflanzung, Embryonenforschung und zum Klonen*

Die programmatische Förderung der Stammzellforschung durch die Regierung und die Ablehnung der damit verbundenen Nutzung von menschlichen Embryonen in Teilen der Gesellschaft führt zu immer wieder aufflammenden juristischen wie öffentlichen Disputen um die *HFEA* und ihre Zuständigkeiten. Diese führten zu Gesetzesänderungen des *HFE Act* als auch zu neuen Gesetzen. Im Jahre 2001 wurde der *HFE Act* um drei neue Forschungsziele ergänzt, auf welche sich die Forscher und die *HFEA* berufen konnten, um Forschungsprojekte im Interesse der Stammzellforschung zu genehmigen.

Die fünf 1990 genannten Forschungsziele waren:

- Verbesserung der Infertilitätsbehandlung
- Gewinnung von Erkenntnissen über Erbkrankheiten
- Gewinnung von Erkenntnissen über die Ursachen von Fehlgeburten
- Entwicklung wirksamerer Verhütungsmittel
- Entwicklung von Methoden zur Entdeckung von Gen- und Chromosomenanomalien vor der Implantation[20]

Hinzugefügt wurden:

- Gewinnung von Erkenntnissen über die Entwicklung von Embryonen
- Gewinnung von Erkenntnissen über schwere Krankheiten
- Transfer derartigen Wissens in die Entwicklung von Behandlungsmöglichkeiten für schwere Krankheiten[21]

---

20 Im Original des Gesetzestextes lauten diese:

„- To promote advances in the treatment of infertility

- To increase knowledge about the causes of congenital disease

- To increase knowledge about the causes of miscarriages

- To develop more effective Techniques of contraception

- To develop methods for detecting the presence of gene or chromosome abnormalities“ (Human Fertilisation and Embryology Act 1990 (c. 30).

21 Die Erweiterung der Forschungszwecke wurde durch The Human Fertilisation and Embryology (Research Purposes) Regulations 2001 (SI 2001 No. 188) verankert. Der Wortlaut der zusätzlichen Forschungszwecke im Original:

Damit wurde die Erzeugung embryonaler Stammzellen, auch durch Zellkerntransfer, im Einklang mit den gesetzlichen Vorgaben im Prinzip ermöglicht. Die Neuregelung trat erst Anfang 2002 in Kraft, nachdem sich der Wissenschaftsausschuss des Oberhauses nochmals mit der embryonalen Stammzellforschung befasst und hierzu einen ausführlichen Bericht vorgelegt hatte.[22]

*Der Wirkungsbereich der HFEA oder Was gilt als menschliche Embryonen?*

Eine andere Änderung der Situation der *HFEA* und der Embryonenforschung ergibt sich, als im Dezember 2001 das Parlament ein neues Gesetz zum Klonen beschließt (*Human Reproductive Cloning Act*).[23]

Anlass war ein Gerichtsurteil, das auf einen Mangel in der Definition des Embryos Bezug nimmt. Die klagende Organisation, die *Pro-Life-Alliance,* kritisierte, dass die im Gesetz von 1990 festgeschriebenen Zuständigkeiten der HFEA so interpretiert werden könnten, dass die niedergelegte Definition des Embryos solche durch Zellkerntransfer erzeugte, geklonte Embryonen nicht einschließen würde. Nach dieser Lesart des Textes wäre das Klonen von menschlichen Embryonen in Großbritannien nicht geregelt gewesen und keine Behörde dafür zuständig. Das neue Gesetz von 2001 verbietet explizit das reproduktive Klonen und definiert die Einbringung eines Embryos, der nicht durch die Verschmelzung einer männlichen und einer weiblichen Keimzelle zustande gekommen ist, in den Uterus einer Frau als kriminelle Handlung. Auch bestimmt der *Human Reproductive Cloning Act*, dass der HFEA generell die Regulierung aller Forschung mit humanen Embryonen untersteht, unabhängig von der Art ihrer Erzeugung.

Eben diese Bestimmung stellte sich erneut als zu unbestimmt heraus, als zwei Forschungsteams im Herbst 2006 beantragten, Embryonen mit menschlicher Zellkern-DNA, aber mit entkernten Eizellen von Kuh oder Hase herstellen zu dürfen.[24] Zuerst wurde gefragt, ob die HFEA überhaupt die richtige Institution

„- Increasing knowledge about the development of embryos

- Increasing knowledge about serious disease

- Enabling any such knowledge to be applied in developing treatments for serious disease" (The Human Fertilisation and Embryology [Research Purposes] Regulations 2001 [SI 2001 No. 188]).

22 *House of Lords*, „Stem Cell Research Report". 13.2.2002. http://www.parliament.the-stationery-office.co.uk/pa/ld200102/ldselect/ldstem/83/8301.htm (Stand: 23.2.2009).

23 Human Reproductive Cloning Act 2001 (c. 23).

24 *F. Walsh*, „Plan to create human-cow embryos". 6.11.2006. http://news.bbc.co.uk/1/

für diese Anträge und ihre Genehmigung sei, da es nicht klar schien, ob es tatsächlich um menschliche Embryonen ging. Die Frage war, ob Embryonen aus menschlichen und tierischen Zellbestandteilen menschlich seien im Sinne des geltenden Gesetzes.

Die sozialpolitische Bedeutung der HFEA als der Behörde, welche die Reproduktionsmedizin kontrolliert und Zahlen und Listen bereitstellt, hängt unter anderem von der Genauigkeit ab, mit der ihre Zuständigkeiten bestimmt sind. Bis zu den neuesten Änderungen der Zuständigkeit im Jahr 2008 beschäftigte sie sich mit einer genau identifizierten Gruppe von Fällen und Problemen, nämlich mit der Forschung und dem Umgang mit menschlichen Embryonen. Die kürzlich erfolgte Erweiterung dieser artspezifischen Definition, die man auch als Aufweichung der Grenze des Menschen verstehen kann, schließt nun explizit auch Hybridembryonen mit ein, die aus der Vermischung menschlicher und tierischer Zellbestandteile im Labor generiert werden.

Damit wurden die Zuständigkeiten neu und weiter bestimmt, wenn man den Beschluss, dass diese Hybridembryonen (Interspezies-Chimären, human-animal hybrids) menschlich genug sind, um der HFEA zugeordnet zu werden, als Erweiterung liest.

Diese Erweiterung wurde vollzogen im Zuge einer generellen Überholung des *HFE Act* von 1990, der 2008 durch eine Neufassung des Gesetzes ersetzt wurde.[25] Dieses neue Gesetz setzt unter anderem auch Europäische Richtlinien zur Verwendung von Zellen und Geweben in britisches Recht um. Der parlamentarische Prozess um diese Neufassung, der sich über zwei Jahre hinzog, war immer wieder von öffentlichen und Medienauseinandersetzungen begleitet, die sich besonders auf drei Themen bezogen:

- Mensch-Tier-Hybride, in Großbritannien nun *human admixed embryos* genannt;
- Verkürzung des Zeitlimits für Abtreibung nach medizinischer Indikation (der Vorschlag war eine Begrenzung auf 20 Wochen; diese wurde nicht eingeführt, es blieb bei 24 Wochen);
- IVF auch für Frauen ohne festen männlichen Partner (wurde angenommen).

hi/health/6121280.stm (Stand: 23.2.2009).

25 Human Fertilisation and Embryology Act 2008 (c. 22).

Die britische Botschaft in Deutschland hat zur Neufassung des Gesetzes eine recht detaillierte und sehr lesenswerte Erklärung veröffentlicht.[26]

*Mensch-Tier-Embryonen*

An dieser Stelle schiebe ich einen kleinen Exkurs über die Situation betreffend Mensch-Tier-Embryonen ein, sowohl da dieses Thema in Deutschland, wo die Herstellung von menschlichen Embryonen zur Zell-Entnahme verboten ist, aufgrund des prekären Speziesstatus dieser Entitäten interessant sein sollte, als auch, weil sie ein Merkmal der britischen Diskussionen zu biomedizinisch-technischen Fragen betont. Dieses Merkmal kann als typisch bezeichnet werden. Mulkay und Augst haben es herausgestellt in Bezug auf den Begriff und das Konzept des Prä-Embryos in den 80er Jahren (das letztendlich weder als Idee noch als Begriff oder Name je in ein offizielles Dokument in Großbritannien aufgenommen wurde). Es handelt sich um die reflektierte, gezielte Einführung von Sprachregelungen für moralisch prekäre Objekte oder Praktiken und ihren nachfolgenden Weg durch die relevanten Gremien. Zwischen dem Herbst 2006 und dem Herbst 2008, als der neue *HFEA Act* verabschiedet wurde, fand eine immer wieder von unterschiedlichen Interessenträgern aufgenommene öffentliche Diskussion statt über ein neues provozierendes potentielles Laborobjekt für die Stammzellforschung, nämlich Mensch-Tier-Chimären. Diese wurden auch diskutiert unter dem Namen Mensch-Tier-Hybride, dann vom Wissenschaftlerkomitee der *UK National Stem Cell Network* umbenannt in Cybride (*cytoplasm hybrids*), um sachlich zu bezeichnen, worum es sich handelt, um wenige Monate später erneut – diesmal von Politikern im House of Lords – umgetauft zu werden auf den Namen *human admixed embryos,* welcher schließlich in den Gesetzestext Eingang gefunden hat.

Der Plan der Wissenschaftsteams folgte dem Betrugsskandal in Südkorea, der die Wissenschaftslandschaft in der embryonalen Stammzellforschung umjustierte. Die Informationen aus dem Skandal deckten die positiven Klonnachrichten aus Südkorea als gefälscht auf, und auch, dass das Klonen menschlicher Embryonen bislang niemals gelungen war, trotz der Nutzung von über zweitausend Eizellen, die koreanische Frauen für diese Forschung gespendet hatten. Die Gewinnung und Nutzung tausender menschlicher Eizellen, um immunsystemkompatible Stammzelltransplantate zu erzeugen, erschien als unethisch gegenüber

26 *UK in Germany Foreign and Commonwealth Office*, „Rechtlicher Rahmen für die Forschung an Embryonen und embryonalen Stammzellen in Großbritannien". 7.4. 2008. http://ukingermany.fco.gov.uk/de/newsroom/?view=News&id=4615876 (Stand: 23.2.2009).

den Spenderinnen. Für basiswissenschaftliche Untersuchungen in diese Richtung wollten die Wissenschaftler darum erst einmal die Ableitung von patientenspezifischen Stammzelllinien aus Embryonen aus menschlicher Zellkern-DNA und entkernten Eizellen von Kühen oder Hasen versuchen. Sowohl ein Ethikbericht der Schottischen Bioethikkommission von 2006 wie auch verschiedene Äußerungen aus dem Gesundheitsministerium und der Regierung sprachen sich gegen eine legale Ermöglichung der Herstellung von Forschungshybrid-Embryonen aus.[27]

Die Anträge wurden nach kurzer Diskussion in den Zuständigkeitsbereich der HFEA eingeordnet, welche jedoch nicht sogleich darüber entschied, sondern eine mehrstufige öffentliche Meinungsbefragung unternahm. Thematisch fixierte sich die Diskussion auf die Frage, ob die Zellkern-DNA die Spezies des Embryos bestimmt, oder ob die mitchondriale DNA (mtDNA) ebenfalls eine Rolle spielt. Geeinigt hat man sich darauf, dass die mtDNA – die in diesen Hybridembryonen eben von der Art der Spenderin der Eizelle, Kuh, Hase etc. abhängt – zwar zählt, aber nur wenig. Ihr Beitrag zum Gesamtgenom des Embryos wurde mit 0,1 % veranschlagt, derselben Zahl, die üblicherweise angegeben wird für die genetische Differenz von Menschen untereinander. Diese Beurteilung der Situation manifestiert sich auch im neuen, programmatischen Namen *human admixed embryo*.

Im Verlaufe dieser öffentlichen Debatte, die aufgenommen wurde von anderen Institutionen, sowie Bioethikern und Soziologen außerhalb der HFEA, äußerten sich verschiedene Interessengruppen in unterschiedlicher Form. Die Auswertung ihrer eigenen Öffentlichkeitsaktionen findet sich auf den Internetseiten der HFEA.[28] Doch ehe dieses öffentliche Meinungsbild abgeschlossen und ausgewertet war, erteilte die HFEA den Wissenschaftlern bereits die Lizenzen zur Hybridherstellung.[29]

---

27 Siehe *Scottish Counil on Human Bioethics*, „Embryonic, Fetal and Post-Natal Animal-Human Mixtures: An Ethical Discussion“, in: Human Reproduction and Genetic Ethics, Bd. 12 (2), 2006, S. 35-60, als auch das Positionspapier der Regierung zur Neuregelung der Reproduktionsmedizin, welches ursprünglich ein Verbot der Forschung an Mensch-Tier-Hybriden vorsah: *Department of Health*, „Review of the Human Fertilisation and Embryology Act: Proposals for Revised Legislation“. 14.12. 2006. http://www.dh.gov.uk/en/Publicationsandstatistics/Publications/PublicationsPolicyAndGuidance/DH_073098 (Stand: 23.2.2009).

28 *HFEA*, „Hybrids and Chimeras“. http://www.hfea.gov.uk/en/1517.html (Stand: 23.2. 2009).

29 *HFEA*, „HFEA statement on its decision regarding hybrid embryos“. 5.9.2007.

Gegenwärtig findet praktisch keine Forschung an Hybriden statt. Erste Versuche waren nicht sehr erfolgreich und es ist schwer, öffentliche oder private Finanzierung dafür zu finden. Die wissenschaftliche Neuigkeit, dass es mit Hilfe der genetischen Manipulation von adulten Zellen mit nur vier oder drei oder auch nur einem Gen (Oct4) gelungen sei, Pluripotenz in diesen Zellen zu induzieren (induced pluripotent cells, iPS), hat zu einer (zumindest momentanen) Schwächung dieser Forschungsrichtung geführt.[30] Die Diskrepanz zwischen der öffentlich diskursiven Bedeutung eines Themas und seiner wissenschaftlichen Signifikanz war schon im Bezug auf die Prä-Embryonen und das Klonen beobachtbar und findet sich ebenso in anderen Ländern, die sich jedoch in ihrer Regulierung weniger aktiv und pro-aktiv zu diesen Themen verhalten.

## Zustimmung und mehrstufiges Lizenzierungsverfahren: ein Ethik-Exportschlager

Neben den genannten Forschungszielen, die im Prinzip eine Nutzung menschlicher Embryonen für die Forschung rechtfertigen können, sehen die Regelungen zur Umsetzung des Gesetzes die folgenden Bedingungen vor:

- in vitro erzeugte Embryonen dürfen nur bis zum 14. Tag oder der Ausbildung des Primitivstreifens verwendet werden,
- die schriftliche informierte Einverständniserklärung des Paares, von welchem die Keimzellen stammen, muss vorliegen,
- die Aufklärung des Paares und die schriftliche Einverständniserklärung müssen von einer neutralen Person eingeholt werden, die im Idealfall weder an der reproduktionsmedizinischen Behandlung noch an der Forschung beteiligt ist.

---

http://www.hfea.gov.uk/en/1581.html (Stand: 23.2.2009).

30 *K. Takahashi* und *S. Yamanaka*, „Induction of Pluripotent Stem Cells from Mouse Embryonic and Adult Fibroblast Cultures by Defined Factors“, in: Cell, Bd. 126, 25. August 2006, S. 663-673; *K. Takahashi et al*, „Induction of Pluripotent Stem Cells from Adult Human Fibroblasts by Defined Factors“, in: Cell, Bd. 131, 30. November 2007, S. 1-12; *J. Yu et al*, „Induced Pluripotent Stem Cell Lines Derived from Human Somatic Cells“, in: Science Express, 20. November 2007, S. 1-4; *Nakagawa et al*, „Generation of Induced Pluripotent Stem Cells without Myc from Mouse and Human Fibroblasts“, in: Nature Biotechnology, Bd. 26 (1), 2008, S. 101-106; *J. B. Kim et al*, „Oct4-Induced Pluripotency in Adult Neural Stem Cells“, in: Cell, Bd. 136, 6. Februar 2009, S. 411-419.

Außerdem wurde ein zweistufiges Lizenzverfahren eingeführt, in welchem die lokale Ethikkommission an der jeweiligen Forschungseinrichtung oder Klinik über das konkrete Projekt einer Forschungsgruppe entscheidet, und eine zentrale Ethikbehörde, in Großbritannien die HFEA, die in einem eigenen Verfahren die Legitimität der Gründe für die Nutzung der Embryonen beurteilt und gegebenenfalls der Forschungsgruppe eine Forschungslizenz erteilt.

Dieses Set von Bedingungen und Verfahren hat sich international in Ländern, die embryonale Stammzellforschung erlauben, weitgehend durchgesetzt.[31] Selbst in China und Südkorea, Brasilien und Südafrika sind heute ähnliche Rahmenbedingungen und -verfahren im Bereich der Embryonenforschung eingeführt.

Dies ist nicht zufällig so, oder weil diese Regelungen kulturübergreifend als moralisch optimal angesehen werden. Die erstaunliche internationale Gleichschaltung der ethischen Prozeduren zur Embryonenforschung hat wohl eher damit zu tun, dass die westlichen Länder als ökonomisch unverzichtbare Abnehmer zukünftiger Stammzell-Therapeutika angesehen werden. Da diese ethischen Prozeduren für den Westen wichtig scheinen, wird ihre Einhaltung beachtet, damit der Zulassung von Produkten nicht später die Nichteinhaltung dieser Bedingungen im Wege steht. Globale Stammzellforschung orientiert sich ethisch an der Vermarktung, und die Einhaltung der Britischen Regeln dürfte mittelfristig die Einführbarkeit am Europäischen Markt gewährleisten und sichert bereits jetzt die Teilnahme am Austausch von Forschungs- und Therapiematerial nach britischen Stammzellbank-Standards.

## Stammzellforschung als politisches Programm

### *Die UK Stammzellbank*

„The Bank will combine a world leading research facility with responsible governance. It forms an important part of a wider strategy to build on the UK's strengths in this highly promising field of research."[32]

Die Institutionen, die sich mit der ‚richtigen', und das heißt in Großbritannien stets sowohl der ethisch wie technisch besten Fortentwicklung der Stammzellfor-

---

31 *Hauskeller*, a.a.O. (Fn. 11).

32 Minister für Wissenschaft und Innovation Lord Sainsbury anlässlich der Bekanntgabe der Gründung der UK Stammzellbank mit Fördermitteln des britischen Medical Research Council (Guardian.co.uk. „MRC awards contract for stem cell bank". 9.9.2002. http://www.guardian.co.uk/science/2002/sep/09/medicalresearch.stemcells. Stand: 23. 2.2009).

schung, befassen, sind mit der HFEA, den Funding Councils und den ethischen Beratungs- und politischen Entscheidungsorganen nicht erschöpft. Der politische Auftrag zur guten Forschungsentwicklung vom House of Lords von 2002 beinhaltet eine Verantwortungsdimension, die sowohl die ethische Regulierung wie auch die technische Qualität umfasst. Um dies zu gewährleisten, hat das House of Lords die Einrichtung einer für die nutzenden Forscher kostenlos arbeitenden Stammzellbank gefordert. Diese wurde 2003 von MRC und BBSRC etabliert und war die erste Stammzellbank der Welt. Die Bank hat sich seither vor allem befasst mit der Standardisierung vieler Verfahren, welche die Einlagerung, Kultivierung und Forschungsnutzung (als auch die potentielle zukünftige klinische Nutzung) embryonaler Stammzellen betreffen. Alle Stammzellforscher müssen die von ihnen gezogenen Stammzelllinien in dieser Bank hinterlegen, das ist eine Bedingung der Erteilung der Forschungslizenz durch die HFEA.

Die UK Stammzellbank untersteht der Kontrolle einer unabhängigen Institution, geleitet vom *National Institute for Biological Standards and Control* (NIBSC). Ihrem Auftrage nach verbindet die Bank die globale Kontrolle und Übersicht über die embryonale Stammzellforschung mit der Ausstattung einer Spitzenforschungseinrichtung. Sie soll ein Repositorium für alle Stammzelllinien sein, aus UK und anderswo, und diese Linien für Forschung an Universitäten und in der Industrie weltweit zugänglich machen. Es sollen Stammzelllinien von allen menschlichen Geweben, adult, fetal, embryonal (heute auch hybride, abgeleitet von *human admixed embryos*) eingelagert werden. Ein strenges Qualitätsmanagement soll sicherstellen, dass die Zelllinien unter optimalen biologischen und unter angemessenen ethischen Bedingungen (nach UK Standard) gewonnen wurden und ihre Qualität erhalten bleibt. Die Zelllinien werden molekular identifiziert und analysiert und in verschiedenen Passagen eingelagert. Es geht darum, möglichst saubere Linien für die – in der Zukunft auch klinische – Forschung zur Verfügung zu stellen und ihre Qualität regelmäßig zu kontrollieren. Die Mittlerrolle der Bank gewährt dieser auch eine gewisse Übersicht darüber, wer was herstellt und nutzt. Die Einrichtung selbst wurde von der *Medicines and Healthcare Products Regulatory Agency* inspiziert, die dem Gesundheitsministerium untersteht und ist dem *Code of Practice for Tissue Banks* verpflichtet.

In Konsultation mit Forschern hat das Steering-Komitee der Bank einen *Code of Practice* für die Nutzung humaner Stammzelllinien entwickelt. Dieser Code umfasst auch Wegweiser, die Wissenschaftlern helfen sollen, ihren Weg durch das System der Lizenz-, Akkreditierungs- und Genehmigungsprozesse zu meistern, welche die Einlagerung oder Entnahme von Zelllinien bei der Bank erfordert. Standardverträge und -regeln für die Weitergabe von Material an Dritte gehören dazu, um die Verfolgbarkeit der Stammzelllinien und Kulturen sicherzustellen. Dabei geht es auch um *Intellectual Property Rights*, Patentanmeldungen und Vermarktung.[33]

Der bürokratische und finanzielle Aufwand der Etablierung und Aufrechterhaltung dieser Bank ist enorm. Wie bereits oben angemerkt, wurden 2005 die Kosten dafür von 2006 bis 2015 auf zwischen £17 und £20.8 Mio veranschlagt.[34]

*Stammzellforschung und Ethik im Fluss*

Kritische Stimmen in Großbritannien betonen, dass sich die Politik in ihren Beschlüssen zu stark von Forderungen der Forschung leiten lasse. Die schrittweise Lockerung von Richtlinien und Gesetzen berge das Risiko einer ebenso schleichenden Aufgabe der moralischen Basis der Gesellschaft in Mikroschritten, die sich einzeln betrachtet stets als harmlos darstellen.[35]

Es gibt zahlreiche Beispiele, auf die sich diese Argumentation stützen kann. Roger Brownsword beruft sich auf die Ausweitungen der Nutzung von Spendersamen, neuere Beispiele sind unter anderem die Mensch-Tier-Hybride, oder auch die Änderungen um die Regeln zur Registrierung menschlicher Embryonen. Im Jahr 2004 wurde die Regel aufgehoben, dass alle Reproduktionskliniken eine genaue Übersicht ihrer gelagerten Embryonen anlegen und jährlich im Rahmen der breiteren Erhebung von reproduktionsmedizinischen Daten an die HFEA weitermelden müssen. Als Grund für diese Änderung wird in der Parlamentsdebatte angeführt, dass das separate Buchhalten über die eingelagerten Embryonen zeitaufwendig sei und wenig sinnvolle Daten zur Kontrolle der Kliniken beitrage. Heute wird nur noch über die Einlagerung von Embryonen und ihre Entnahme Buch geführt, nicht mehr über die Zahl derjenigen Embryonen, die nach Ablauf der Einlagerungsfrist weggeworfen werden. Am 31. März 2004 betrug die Zahl der eingelagerten Embryonen in Großbritannien 117.619.[36]

---

33 *UK Stem Cell Bank*, „Code of Practice for the Use of Human Stem Cell Lines". 10.1.2007. http://www.ukstemcellbank.org.uk/code_of_practice.html (Stand: 23.02. 2009).

34 A.a.O. (Fn. 9), S. 70.

35 *R. Brownsword*, „Regulating Stem Cell Research in the United Kingdom: Filling in the Cultural Background", in: W. Bender, C. Hauskeller, A. Manzei (eds.), Grenzüberschreitungen. Kulturelle, religiöse und politische Differenzen im Kontext der Stammzellenforschung weltweit. Münster: Agenda Verlag, 2005, S. 413-433.

36 *Craft*, a.a.O. (Fn. 15).

Die genannten Bestimmungen der Datenerhebung hatten das in Zahlen belegte Ergebnis, dass in Großbritannien in den Jahren von 1991–1998 ca. 48.000 Embryonen aus IFV für die Forschung verwendet wurden, 118 Embryonen mit speziellen Merkmalen wurden extra für die Forschung hergestellt.[37]

Diese und andere Zahlen finden sich im Bericht einer Expertengruppe unter der Leitung des *Chief Medical Officer*, Professor Sir Liam Donaldson, publiziert im Jahre 2000 unter dem Titel *Stem Cell Research: Medical Progress with Responsibility*, auch genannt *Donaldson Report*. Dieser Bericht und wie er das Klonen diskutiert, ist ein anderes Beispiel für die Re-Interpretation, die sich im Versuch einstellt, wissenschaftlich-technische mit sozialen und ethischen Erfordernissen zu vereinbaren. Der Bericht thematisiert das Klonen und die Stammzellforschung und hält zu Beginn der Diskussion zum Klonen fest, dass Forschung mit menschlichen Embryonen entweder aus der IVF oder hergestellt mittels Zellkerntransfer zur Förderung unseres Wissen über menschliche Erkrankungen und ihre zelltherapeutische Behandlung erlaubt sein sollte, solange die Vorschriften des *HFE Act* eingehalten werden.

Dieser Bericht in einer Situation öffentlicher Aufregung und Debatte über Klonierung und ihre Anwendungen ist interessant in der Art, wie er argumentiert. Es wird eingangs bestätigt, dass Stammzellforschung mit Embryonen aus der IVF keine neuen Fragen aufwirft, die Klonierung menschlicher Embryonen hingegen potentiell schon. Die zwei Argumente gegen das Klonieren seien: a) menschliches Leben werde als Mittel zum Zweck benutzt, b) therapeutisches Klonen sei ein erster Schritt auf einer *slippery slope* zu reproduktivem Klonen.

In der dann folgenden Erörterung werden beide Argumente abgelehnt: das erste, mit Verweis auf die Güte des Zweckes, weil eben diese Nutzung des menschlichen Lebens als Mittel durch den potentiellen großen Gewinn aus der Forschung für die Menschen aufgewogen werde. Besonders hervorgehoben werden der Nutzen patientenspezifischer Zellkulturen für die Therapie, ihr Nutzen in der Erzeugung von Kulturen ‚kranker' Gewebe zur Erarbeitung präziseren molekularen Wissens über Krankheiten, sowie für pharmazeutische Tests.

Das *slippery slope* Argument, d.h. die Bedenken, dass das therapeutische Klonen von Embryonen schrittweise zum Klonen von Menschen führen könnte, wird unter Verweis auf die vorhandenen strikten Kontrollen durch die HFEA und

37 *Department of Health*, „Stem Cell Research: Medical Progress with Responsibility". Juni 2000. http://www.dh.gov.uk/en/Publicationsandstatistics/Publications/PublicationsPolicyAndGuidance/DH_4065084 (Stand: 23.2.2009).

ihre Lizenzierungspraxis zurückgewiesen. Das Verbot der Laborentwicklung von Embryonen über 14 Tage hinaus und die Untersagung ihrer Implantation in die Gebärmutter einer Frau werden als hinreichende Bollwerke gegen reproduktives Klonen gewertet.

Aus deutscher Sicht ist das Bekenntnis Großbritanniens für die (embryonale) Stammzellforschung und ihre internationale Regulierung und ethische Implementierung bemerkenswert. Es lässt sich auch in ökonomischen Daten ausdrücken.

## Finanzierung der Stammzellforschung

### *Selbstverpflichtung der Regierung*

Im Jahr 2002 verkündete die britische Regierung unter Premierminister Toni Blair eine zusätzliche Investition von £40 Mio für SZ Forschung an die Förderinstitutionen der Regierung MRC, BBSRC, EPSRC[38], ESRC[39], im Zeitraum von 2003 bis 2006. Auch sollte die UK Stammzellbank gegründet und mit öffentlichen Mitteln gefördert werden.[40] In Antwort auf den oben erwähnten *Pattison Report*, welcher eine Steigerung der jährlichen Investitionen in die Stammzellforschung fordert, hat die Regierung bislang die zusätzliche Investition von £50 Mio GBP für die Budgetperioden 2006/7 und 2007/8 zugesagt. Das hebt die Gesamtinvestition der Regierung auf £100 Mio für diese Jahre an, gedacht insbesondere für die Konsolidierung der Stammzellbank, die Bildung eines privaten öffentlichen Konsortiums für *Toxicology Screening* (jetzt etabliert als Konsortium *Stem Cells for Safer Medicines*), Förderung der Basisforschung und die Bildung von Exzellenz-Zentren in der Stammzellforschung.[41] Nachzuvollziehen, woher dieses Geld kommt und wie es zugeteilt wird, ist jedoch schwierig. Zwar listen MRC, BBSRC, EPSRC und das Gesundheitsministerium (DoH) auf ihren Webseiten alle von ihnen finanzierten Forschungsprojekte auf. Allerdings gibt es keine separate Rubrik Stammzellforschung, und im Falle sehr vieler Anträge gilt, dass sie unter diverse Rubriken fallen könnten, wie z. B. Genforschung, For-

---

38 Engineering and Physical Sciences Research Council.

39 Economic and Social Research Council.

40 *Research Councils UK*, „Introduction to the Stem Cells Programme". http:// www.rcuk.ac.uk/research/multidis/mdresprog/stemcells/default.htm (Stand: 23.2. 2009).

41 Regierungserklärung zum Pattison Report (*Department of Health*, „Government response to the UK Stem Cell Initiative report and recommendations". Stand: 8.2.2007. http://www.dh.gov.uk/en/Publichealth/Scientificdevelopmentgeneticsandbio ethics /Stemcell/Stemcellgeneralinformation/DH_4124082 (Stand: 23.2.2009).

schung am Verständnis molekularer Oberflächenmarker oder an Prozessen der Zelldifferenzierung. Wo einzelne Forschungsprojekte eingruppiert werden und welche Gruppen eine Forschungsförderinstitution erhebt und für ihre öffentliche Berichterstattung wählt, ist eine politische Entscheidung, die von diversen Faktoren beeinflusst wird, wie z.B. dem deklarierten öffentlichen und politischen Interesse, bestimmte Forschung zu fördern und darüber Bescheid zu wissen. Insofern sind die Zahlen dieser Behörden grundsätzlich kritisch anzusehen. Krasse Diskrepanzen können auch politischen Vorgaben geschuldet sein, etwa der Notwendigkeit zu zeigen, dass hohe Summen investiert wurden, oder dass, im Gegenteil, eine Forschungsrichtung nur schwach mit öffentlichen Mitteln gefördert wird.

Auf Anfrage erhielt ich im Sommer 2008 vom britischen Stammzellnetzwerk die in der auf der nächsten Seite wiedergegebenen Tabelle enthaltenen Fördersummen für die Stammzellforschung im Zeitraum 2003 bis 2008 (in £ Mio).[42]

Wie sie mit denjenigen anderer Länder in Europa in Vergleich zu setzen sind, kann zum Beispiel einem kürzlich von der Österreichischen Regierung veröffentlichten Länderbericht entnommen werden.[43] Dabei sind die oben genannten Probleme der Zuverlässigkeit solcher Zahlen und Vergleiche zu berücksichtigen: Es ist methodisch nicht möglich klar zu bestimmen, welche Forschungsprojekte zur Stammzellforschung zählen. Der Begriff Stammzelle selbst ist zu sehr im Fluss, um bei einer – empirisch kaum durchführbaren – Analyse aller Forschungsprojekte, die zu einem bestimmten Zeitpunkt in einem Land und erst recht darüber hinaus durchgeführt werden, Einheitlichkeit der Anwendung des Begriffs zu gewährleisten.

---

42 *C. Hauskeller*, „Länderstudie Grossbritannien", in: Griessler et al, Stammzellen und Embryonenschutz. Status quo, Rechtsvergleich und öffentliche Debatte am Beispiel ausgewählter europäischer Staaten. Studie im Auftrag des Bundeskanzleramts. Wien: Institut für Höhere Studien, 2008, S. 183-185. Die Förderungssummen schließen nicht die Finanzierung der Stammzellbank und Investitionen im Rahmen einiger anderer Empfehlungen des Pattison Reports ein (1, 4, 8, 9, 10, 11). Siehe hierzu UK Stem Cell Initiative, a.a.O. (Fn. 9).

43 *Grießler et al*, Stammzellen und Embryonenschutz. Status quo, Rechtsvergleich und öffentliche Debatte am Beispiel ausgewählter europäischer Staaten. Studie im Auftrag des Bundeskanzleramts. Wien: Institut für Höhere Studien, 2008.

| **Organisation** | 03/04 | 04/05 | 05/06 | 06/07 | 07/08 |
|---|---|---|---|---|---|
| Research Councils | 11.368.269 | 15.378.451 | 12.646.173 | 32.740.000 | 36.740.000 |
| Technology Strategy Board /DTI | | 1.857.866 | 893.000 | 2.520.000 | 2.527.000 |
| Scottish Executive | 76.147 | 127.180 | | 915.390 | 75.000 |
| Scottish Enterprise | | 338.953 | 965.000 | Stem Cell Research 2.290.533<br>Infrastructure costs 74.000<br>3.030533 | Stem Cell Research 2.600.250<br>Infrastructure costs 753.000<br>3.353.250 |
| R&D Office NIreland | 280.992 | 243.029 | 197.168 | 105.930 | 3.452 |
| Wales Office of R&D (WORD) | 448.114 | 1.250.658 | 1.683.657 | 2.804.528 | 2.341.267 |
| RDAs | 750.000 | 704.695 | 6.094.005 | 6.123.465 | 7.299.086 |
| NC3Rs | | | | 201.000 | 324.000 |
| DoH | | 6.500.000 | 7.000.000 | 7.500.000 | 8.000.000 |
| **Total** | **12.923.522** | **26.400.832** | **29.479.003** | **55.940.846** | **60.663.055** |

*Das Britische Stammzellnetzwerk*

Eine weitere Investition und Institution, die die politische Selbstverpflichtung der britischen Regierung zur Stammzellforschung ausdrückt und ebenso ihren Wunsch, in dieser das Sagen zu haben, auch international, ist das 2006 gegründete *UK National Stem Cell Network* (*UKNSCN*).

Die Einrichtung dieses Netzwerkes folgte dem Auftrag des *Pattison Reports,* die Stammzellforschung solle international auftreten und das Forschungsfeld kooperativ vorantreiben.[44]

44 UK Stem Cell Initiative, a.a.O. (Fn. 9), S. 95-96.

Das Nationale Stammzell-Netzwerk wird gegründet[45] mit einem vorläufigen Vorstand, der in einem relativ undurchsichtigen Prozess der Nominierungen ohne Abstimmung eingesetzt wird. Die Finanzierung über die ersten zwei Jahre wird von den staatlichen Einrichtungen übernommen, den Hauptanteil trägt das *BBSRC*. Gegenwärtig ist der Fortbestand des Netzwerkes nicht gesichert, da seine Finanzierung 2008 auslief und nicht genügend Drittmittel eingeworben wurden, um es ohne staatliche Unterstützung am Laufen zu halten.

**Schlussgedanken**

In Deutschland ist mir oft das Urteil begegnet, dass in Großbritannien ja einfach alles erlaubt ist, was Embryonenforschung angeht. Dies ist, wie oben ausgeführt, keineswegs der Fall. Darüber hinaus habe ich argumentiert, dass die britische Politik sich durch große Kritikfähigkeit auszeichnet, im Sinne sowohl der Ermöglichung von kritischer Begleitforschung als auch demokratischer Beteiligung an der ethischen Urteilsfindung und Regulierung. Beispiele sind die intensive bürokratische Verwaltung der Reproduktionsmedizin und ihre öffentliche Transparenz, sowie das hohe Investment in öffentliche Beteiligung und Befragung, Bürgerkonferenzen und *public engagement events* von Seiten der Wissenschaft und der Behörden. Neue Methoden, Praktiken und Ziele der Forschung werden breit diskutiert sowohl in den bioethischen und regulierenden Institutionen als auch in der interessierten Öffentlichkeit. Die Offenheit der HFEA als Entscheidungsinstanz erfordert häufige Entscheidungen und Befragungen angesichts der sich schnell entwickelnden Forschung und der stets im Vorgehen und Charakter wieder neuen Anträge, die eingereicht werden, um nur Projekte zur Klonierung oder zu Hybridembryonen zu nennen. Diese Politik kostet alles in allem sehr viel öffentliche Ressourcen in Form von Geld und Zeit und bringt ganz eigene Karrieren hervor, wie z.B. berufsmäßige Komitee-Vorsitzende, oder Experten in ethischen Befragungen der Öffentlichkeit. Die detaillierte Haushaltung über alle reproduktionsmedizinischen Eingriffe und auch Stammzelllinien etc. ist den Briten offenbar viel wert. Dagegen erscheint eine „simple“ strafrechtliche Regelung wie z.B. in Deutschland relativ wenig aufwendig. Die in Großbritannien sehr weit verbreitete und häufig vorgetragene Ansicht, dass die Forschung mit menschlichen Embryonen oder die Herstellung von Hybridembryonen nur akzeptiert werden könnten, weil sie so genau überwacht werden, bestätigt, dass die Regulierung und Politik in weiten Teilen der Bevölkerung als angemessen ange-

45 Für mehr Informationen siehe die Homepage des britischen Stammzellnetzwerkes unter http://www.uknscn.org/

sehen werden. Von einer amoralischen oder den Wert des Lebens missachtenden, gar entwertenden Politik kann meines Erachtens keine Rede sein.

Dabei ist eine schrittweise Verschiebung des ethisch Legitimierbaren oder Akzeptablen beobachtbar, sowohl auf der Ebene der Regulierungen als auch in der Bewertung der Öffentlichkeit. Das mag auch in Deutschland der Fall sein, und moralisch-ethische Institutionen und Einstellungen ändern sich oft sehr stark innerhalb auch sehr kurzer historischer Entwicklungen. Das zeigt sich an heute selbstverständlichen Gleichheitsforderungen in der Politik vielleicht am deutlichsten. Dass die Änderung ethischer Einstellungen notwendig zum Verfall der Moral führt, ist jedoch nicht ausgemacht. Oft erscheint uns heute das Gegenteil der Fall zu sein, je nachdem welche historischen Veränderungen aus wessen Sicht bewertet werden.

Was in Großbritannien jedoch auffällt, ist, und das scheint mir tatsächlich ethisch zweifelhaft, ohne dass ich diese Argumente hier im Detail ausführen kann, der Wunsch nach globaler Dominanz in der Stammzellforschung. Dieser Wunsch hat eine wissenschaftliche und daran geknüpft auch eine ökonomische Dimension und steht hinter vielen der oben aufgeführten Politiken, sowohl was die Höhe der staatlichen Forschungsfinanzierung für das Feld als auch ihre Organisationen wie die Stammzellbank und das Stammzellnetzwerk etc. angeht.

Die planende globale Perspektive, die Großbritannien einnimmt, um sich im Bezug auf die Stammzellforschung zu positionieren, trägt in meiner Beobachtung immer noch Züge der vormaligen kolonialen Dominanz inklusive der vergleichsweise kultivierten pragmatischen Haltung zu derselben. Sowohl in Deutschland wie in Großbritannien spielen nationale und internationale Gesichtspunkte eine Rolle in der ethischen Bewertung der Probleme, die sich aus Konflikten zwischen tradierter Moral und Stammzellforschung ergeben. In Deutschland scheint jedoch das Kriterium, sich nichts zuschulden kommen zu lassen, starke Bedeutung zu haben, wohingegen in Großbritannien die Notwendigkeit internationaler Harmonisierung im Sinne einer Minimalethik und deren Kontrolle als zentrale Bedingung für die akzeptable Weiterentwicklung der Bio-Technologien erscheint.

* * *

Dieser Artikel wurde angeregt durch eine Einladung der Evangelischen Akademie Lutherstadt Wittenberg, auf der Jahrestagung des Arbeitskreises für Ethik und Wissenschaftstheorie der Medizin in Ostmitteleuropa, *Das Kreuz mit den Stammzellen*, über die britische Politik zur Stammzellforschung vorzutragen. Das

Material für den Beitrag stammt aus diversen Forschungsarbeiten der letzten zehn Jahre, besonders aber aus dem Kontext des Projekts *Stem Cell Research in Context*[46], das vom Britischen *Economic and Social Research Council* und dem *ESRC Centre for Genomics in Society*, meiner Arbeitsstätte, gefördert wurde. Verbunden bin ich den Research Fellows und Doktorandinnen und Doktoranden, mit denen ich die letzten Jahre zu Stammzellthemen zusammengearbeitet habe. Mein besonderer Dank für ihre Mithilfe bei diesem Artikel gebührt Dr. Susanne Weber, die eine frühe Version gründlich durchgesehen, in Bezug auf Daten geschärft und mir erneut beim Korrekturlesen geholfen hat. Ich danke außerdem Dr. Christa Wewetzer und Dr. Thorsten Moos, die mich zur Tagung einluden. Thorsten und Professor Jan Joerden, den Herausgebern dieses Bandes, bin ich zudem besonders verbunden für ihre Geduld und freundliche Unterstützung bei der Fertigstellung sowie dafür, dass sie eine Plattform angeboten haben, neuere Gedanken und Daten zur britischen Stammzellpolitik für den deutschen Diskussionszusammenhang schriftlich auszuführen.

---

46 Mehr Informationen zu diesem Projekt sind zugänglich unter http://centres.exeter.ac.uk/egenis/research/Stem.htm.

# Die Stammzelldebatte in Polen

*Andrzej M. Kaniowski*

Um die in Polen eher im Hintergrund stehende Stammzelldebatte besser verstehen zu können, muss man die anderen vorangegangenen sowie die nun im Vordergrund stehenden Debatten – wie etwa die Debatte zur künstlichen Befruchtung – zur Kenntnis nehmen; zunächst aber muss man eine Vorstellung von der Lage der Bioethik in Polen gewinnen sowie von jenen Faktoren, die für den Verlauf und die Inhalte der Debatten bestimmend waren und sind. Davon wird im ersten Teil des Berichts die Rede sein (I.1), in dem auch die Situation der Bioethik in Polen (I.2) sowie die wichtigsten Phasen dieser durch politische Faktoren hervorgerufenen Kontroversen kurz dargestellt werden (I.3). Auf die im Jahre 2004 durch die damalige Regierung initiierte Expertendebatte über die Stammzellforschung wird im zweiten Teil eingegangen (II.1). Für die nun anstehenden, zurzeit jedoch noch offenen Entscheidungen hinsichtlich der Verwendung von und der Forschung mit Stammzellen wird voraussichtlich ein dem Parlament aktuell (März 2009) vorgelegter Entwurf eines *Gesetzes über den Schutz des menschlichen Genoms und des menschlichen Embryos sowie über den Bioethischen Rat Polens* von entscheidender Bedeutung sein. Über einige kontroverse Lösungen des vorgelegten Gesetzentwurfs sowie dort getroffene Vorentscheidungen hinsichtlich der Stammzellen wird im zweiten Teil des Aufsatzes berichtet (II.2). Um die weitere Entwicklung der Diskussion sowie der Positionen innerhalb der bioethischen Kontroversen in Polen (aber anscheinend auch anderswo) abschätzen zu können, sollte man auch auf die grundlegenden weltanschaulichen Eigenschaften der beiden Denkweisen Bezug nehmen, die sich in den bioethischen Debatten gegenüberstehen, d.h. auf eine transzendent-religiöse und eine pragmatisch-säkularisierte Weltanschauung; diese Unterschiede werden im dritten Teil des vorliegenden Berichts skizziert (III.).

## I. Allgemeine Charakterisierung der bioethischen Debatte in Polen

### *1. Relevante Faktoren*

Den größten Einfluss auf die bioethischen Debatten in Polen hatte und hat die katholische Kirche. Die besondere Rolle der katholischen Kirche in Polen ist darauf zurückzuführen, dass sie in den Zeiten nationaler oder politischer Unterdrückung – d.h. während der knapp 150 Jahre andauernden Dreiteilung Polens, dann unter deutscher Besatzung während des zweiten Weltkrieges und schließlich während der von Moskau dirigierten kommunistischen Herrschaft – ununterbrochen auf der Seite der unterdrückten Nation bzw. der bevormundeten Gesellschaft stand. Diese Verdienste der katholischen Kirche haben – neben anderen Faktoren – dazu geführt, dass ihr eine besondere Autorität in beinahe allen ihren Wirkungsbereichen zugesprochen wird. Da Fragen im Zusammenhang mit Leben und Tod zum Kernbereich der katholischen Lehren gehören, wird die Kirche auch – nicht nur durch breite Schichten, sondern insbesondere auch von Gläubigen aus der gebildeten Bevölkerung – als für solche Fragen besonders kompetent und zuständig angesehen, was wiederum dem Selbstverständnis der katholischen Kirche entspricht. Die Dominanz der Stimme der katholischen Kirche im öffentlichen Raum, in dem auch Fragen der Bioethik behandelt werden, ist auch mit dem mangelnden bürgerlichen Bewusstsein in Polen zu erklären, d.h. mit einem mangelnden Bewusstsein von der Bedeutung einer öffentlichen Debatte und der Öffentlichkeit selbst. Nur Einzelne sind bereit, sich öffentlich zu äußern. Besonders schwerwiegend ist auch ein relativ geringes Engagement der konfessionell nicht gebundenen Philosophen, Ethiker und sonstigen Intellektuellen in öffentlichen Auseinandersetzungen, was übrigens im krassen Gegensatz zu dem Engagement der katholischen Intellektuellen und Geistlichen steht.

Das geringe Interesse der breiten Bevölkerung selbst für jene gesetzlichen Regelungen aus dem bioethischen Bereich, die unmittelbar für jeden Einzelnen von Bedeutung sein können (wie etwa das Abtreibungsgesetz), ist anscheinend mit mangelndem Rechtsbewusstsein und mit mangelnder Achtung für die Rechtsordnung zu erklären. Die Kehrseite dieses mangelnden Bewusstseins ist die Vorstellung, dass man eigene Interessen mittels Lebenskunst und Listigkeit individuell und nicht mittels einer allgemein geltenden (d.h. im Interesse jedes Einzelnen verfassten) Rechtsordnung verfolgen könne.

Hieraus sollte jedoch nicht die voreilige Schlussfolgerung für die Zukunft gezogen werden, dass die anstehenden, in Polen noch nicht vorhandenen gesetzlichen Regelungen bioethischer Fragen zwangsläufig den Erwartungen der katholischen Kirche entsprechen werden. Die Generation der jungen Wähler oder zumindest ein gewichtiges Segment von ihnen, das sich zwar öffentlich kaum äußert, aber sehr wohl in manchen bioethischen Fragen (etwa der Sterbehilfe oder der Stammzellforschung) eine eigene Meinung hat, ist für Politiker als Entscheidungsträger ebenso wichtig, wie die Meinung jener Wähler, die in allen weltanschaulichen Fragen kirchentreu bleiben. Man darf also die Entwicklungen nicht unterschätzen, die darauf hindeuten, dass sich ein Teil der Politiker – gemeint sind nicht die sog. Postkommunisten, die ohnehin eher kirchenfeindlich eingestellt sind – aus Furcht vor dem Verlust von Wählerstimmen gegen die Kirche stellen wird. Andererseits aber ist auch eine entgegengesetzte Tendenz sichtbar, nämlich die früheren gesetzlichen Regelungen durch die Praxis zu unterlaufen und dieser in Form eines neuen Gesetzes wiederum den Charakter einer Norm zu geben.[1]

## *2. Zur Situation der Bioethik in Polen*

Um eine hinreichend zutreffende Vorstellung vom Zustand der Bioethik in Polen zu bekommen, reicht es aus, einen kurzen Blick auf die polnischen bioethischen Internetseiten zu werfen. Sofort wird man feststellen, dass die überwiegende Mehrzahl dieser Webseiten von katholischen Geistlichen und anderen Vertretern kirchlicher Positionen unterhalten werden. Einer der führenden Vertreter dieser Richtung, Wojciech Bołoz, stellt völlig korrekt fest: „die Bioethik in Polen hat einen starken moralischen und theologischen Einschlag [...]. Ein wesentlicher Teil der Autoren, die bioethische Fragen aufgreifen, sind stark im christlichen Denken verankert. Sie sehen die Aufgabe der Bioethik darin, die Gesundheit des Menschen zu schützen und den Menschen [damit ist das menschliche Leben schlechthin gemeint – A.M.K.] vor zu weitgehenden biomedizinischen Eingriffen zu bewahren."[2] Zu den führenden katholischen Bioethikern gehören: Tadeusz Ślipko, Wojciech Bołoz, Tadeusz Biesaga und Barbara Chyrowicz. Kennzeichnend für die katholische Bioethik ist ihre – trotz gewisser Unterschiede – weitgehende Einheitlichkeit, eine intensive systematische Ausarbeitung und eine

---

1 Als Beispiel kann die Regelung im sog. Abtreibungsgesetz genannt werden, nach der die Schwangerschaft aus drei Gründen abgebrochen werden darf und der Arzt, der sich aus Gewissensgründen weigert, den Abbruch vorzunehmen, dazu verpflichtet ist, einen anderen Arzt oder eine andere Klinik zu nennen, die den Abbruch durchführen wird. In der Praxis wurde diesem Gesetz sehr oft nicht Folge geleistet. Die Betroffenen konnten dann bestenfalls den Arzt, die Klinik und letztlich den polnischen Staat verklagen (als Beispiel kann hier ein berühmter Fall dienen, nämlich der Fall Alicja Tysiąc gegen Polen vor dem Europäischen Gerichtshof für Menschenrechte; vgl.: http://www.coe.int/T/D/Kommunikation_und_politische_Forschung/Presse_und_Online_Info/Presseinfos/2007/20070320-181-GH-P.asp). Nach dem jetzt, d.h. im März 2009, vorgelegten Entwurf des sog. Bioethischen Gesetzes (*Gesetz über den Schutz des menschlichen Genoms und des menschlichen Embryos sowie über den Bioethischen Rat Polens*) wird so etwas nicht mehr möglich sein; vgl. Art. 11 Absatz 2: „Die Existenz, die Genese oder die genetischen Eigenschaften können nicht dazu führen, dass dadurch eine Verpflichtung auf Wiedergutmachung entsteht."

2 *Wojciech Bołoz*, Bioetyka i prawa człowieka [Bioethik und Menschenrechte], Warszawa: Wydawnictwo Uniwersytetu Kardynała Stefana Wyszyńskiego, 2002, S. 110 f.

starke institutionelle Verankerung. Die katholische Bioethik wird als eine besondere Disziplin angesehen, die auf die Ganzheit des menschlichen Lebens – von der Zeugung bis zum Tod – orientiert ist. Deswegen gibt es im Kreise katholischer Autoren zu Fragen der Bioethik viele, die sich im Rahmen ihrer akademischen Tätigkeit nur mit der Bioethik beschäftigen.

Die katholische Kirche hat eine einheitliche und ausgearbeitete Konzeption zu beinahe allen bioethischen Problemen. Der Einfluss von Ślipko und anderen erklärt sich auch aus dem Aktionsradius der katholischen Kirche als globaler Institution, indem sie zum einen in der Lage ist, eine einheitliche und „flächendeckende" Position in beinahe allen Fragen der Bioethik auszuarbeiten und in der Öffentlichkeit mit allen persuasiven Mitteln zu verbreiten und zu verteidigen, und zum anderen an den bioethischen Fragen ein für sie lebenswichtiges Interesse hat.

Anders sieht die Lage bei den säkular orientierten Autoren aus. Sie sind vereinzelt und institutionell nicht integriert. Meistens ist für sie bzw. war für sie die Bioethik ein zusätzlicher Forschungsbereich. Nur für Philosophen bzw. Ethiker, die an medizinische Fakultäten gebunden sind, gehört die Bioethik neben der medizinischen Ethik, in ihren Hauptforschungsbereich. Von den Vertretern dieses Lagers sind vor allem Jacek Hołówka, Zbigniew Szawarski, Paweł Łuków, Jan Hartman und Kazimierz Szewczyk zu nennen. Auch nur einzelne Juristen arbeiten auf dem Gebiet der Bioethik und wenige von ihnen vertreten den säkularen Standpunkt, wie etwa Eleonora Zielińska, Spezialistin für Strafrecht und Medizinrecht; die anderen Juristen, wie etwa Andrzej Zoll und Marek Safjan, die sowohl beim Debattieren bioethischer Probleme als auch beim Gestalten der Gesetze aktiv sind bzw. mitwirken, vertreten eher den kirchlichen Standpunkt.

### *3. Kurze Geschichte der bioethischen Debatten*

Das erste bioethische Problem, das nach den politischen Umbrüchen von 1989 diskutiert wurde, war die Abtreibung[3]. Im Jahre 1993 verabschiedete die untere

---

3 Vgl. *Eleonora Zielińska*, „Between Ideology, Politics, and Common Sense: The Discourse of Reproductive Rights in Poland", in: *Susan Gal, Gail Kligman* (Hrsg.), Reproducing Gender. Politics, Publics and Everyday Life after Socialism, Princeton – New Jersey: Princeton University Press 2000, S. 23-57; *Eleonora Zielińska*, Aktuelle Entwicklungen im Polnischen Recht des Schwangerschaftsabbruchs, Goltdammer's Archiv für Strafrecht, Nr. 7/2000, S. 7-18; *Anna Titkow*, „Poland", in: *Henry P. David* (Hrsg.), From Abortion to Contraception: A Resource to Public Policies and Reproductive Behavior in Central and Eastern Europe from 1917 to the Present, Westport: Greenwood Press, 1999, S. 165-190.

Kammer des polnischen Parlaments, der Sejm, das Gesetz zur Familienplanung, dem Schutz der Leibesfrucht und den Bedingungen der Zulässigkeit des Schwangerschaftsabbruchs vom 7.1.1993 [Ustawa o planowaniu rodziny, ochronie płodu ludzkiego i warunkach dopuszczalności przerywania ciąży]. Nach der Präambel dieses Gesetzes „ist das Leben ein elementares Gut des Menschen und die Sorge um das Leben und die Gesundheit gehören zu den fundamentalen Pflichten der Gesellschaft und des Bürgers“. In Artikel 1 § 1 des Gesetzes wird dann unmissverständlich festgestellt, dass „ein jedes menschliches Wesen von der Zeugung ab ein angeborenes Recht auf Leben hat“; und in § 2 desselben Artikels wird der Embryo als Kind bezeichnet, dessen „Leben und Gesundheit vom Zeitpunkt der Zeugung an rechtlich geschützt ist“. Die Herbeiführung des Todes des ungeborenen Kindes ist nach dem Gesetz strafbar, wobei allerdings die Mutter selbst nicht bestraft wird. In diesem Gesetz waren vier Voraussetzungen vorgesehen, unter denen sich der den Schwangerschaftsabbruch durchführende Arzt nicht strafbar machte, und zwar dann, wenn (1) die Schwangerschaft für die Mutter lebensgefährlich war oder eine ernsthafte Bedrohung für ihre Gesundheit darstellte, was durch eine Erklärung von zwei Ärzten bestätigt werden musste; (2) der Tod des gezeugten Kindes die Folge von Handlungen war, die in der Absicht vorgenommen wurden, das Leben oder die Gesundheit der Mutter zu retten; (3) mittels pränataler Diagnostik eine schwere, nicht behandelbare Schädigung der Leibesfrucht festgestellt worden war; (4) ein begründeter Verdacht bestand, dass die Schwangerschaft die Folge einer verbotenen Tat war.

Die obige Regelung war weder für die Linken noch für bestimmte Kreise der Rechten zufriedenstellend – für die einen war sie zu restriktiv, für die anderen war sie widerspruchsvoll, weil sie einerseits das Recht auf Leben für jeden Menschen betonte, zugleich aber in manchen Fällen „die Tötung ungeborener Kinder“ erlaubte. Diese ganz unterschiedlichen Reaktionen auf diese Regelung sind kennzeichnend für den Zustand der bioethischen Debatte in Polen.

Als einige Monate nach der Verabschiedung des oben genannten Gesetzes die Links-Koalition an die Macht kam und im darauf folgenden Jahr der neue Staatspräsident (auch aus dem linken Lager) gewählt wurde, verabschiedete die Regierungsmehrheit am 30.8.1996 ein Gesetz über die Bedingungen der Zulässigkeit des Schwangerschaftsabbruchs [Ustawa o warunkach dopuszczalności przerywania ciąży], welches das frühere, restriktive Gesetz ersetzen sollte. In dem neuen Gesetz waren die Regelungen aus dem früheren Gesetz gelockert und um eine vierte Voraussetzung erweitert worden. Sie ließ eine Abtreibung zu, wenn sich die schwangere Frau in einer schwierigen Lebenssituation oder einer schwierigen persönlichen Lage befand.

Dieses Gesetz wurde von einer Gruppe von Senatoren (der Senat ist die obere Kammer des Parlaments) vor dem Verfassungsgericht angefochten. Das Gesetz widerspreche nach Meinung der Kläger der geltenden Rechtsordnung und unterlaufe das Recht auf Leben, weil es dem gezeugten Kind den Status eines Menschen abspreche und den gesetzlichen Schutz des Ungeborenen aufhebe. Das Verfassungsgericht teilte im Grundsatz in seinem am 27.5.1997 verfassten Urteil die Meinung der Kläger. Laut Auslegung der damals geltenden Verfassung durch das Verfassungsgericht (unter dem Vorsitz von Prof. Andrzej Zoll) ist das Menschenleben in einem demokratischen Staat ein verfassungsrechtlich geschützter Wert (obwohl dieser Wert in der damaligen Verfassung nicht direkt erwähnt war; er wurde durch das Gericht aus dem Prinzip der Rechtsstaatlichkeit abgeleitet). Dieser Wert – und das gilt auch für das pränatale Stadium – darf nicht differenziert und nicht abgewogen werden; nach der Meinung des Gerichts gibt es keine hinreichend präzisen und begründeten Maßstäbe, die eine Differenzierung je nach der Entwicklungsphase des menschlichen Lebens plausibel machen. Der Schutz menschlichen Lebens – auch des ungeborenen – hat absoluten Vorrang. Eine schwierige Lebenssituation der Schwangeren stellt daher keinen Grund für eine Abwägung dar. Das Urteil des Verfassungsgerichts, das nach Meinung der Befürworter des Abtreibungsgesetzes in unzulässiger Weise eine Position in einem weltanschaulichen Streit bezog, hat das neue Abtreibungsgesetz für ungültig erklärt. Dadurch trat das frühere Gesetz wieder in Kraft.

Das Ergebnis dieser bioethischen (und auch weltanschaulich geprägten) Auseinandersetzung zeigt deutlich, wo in Polen die grundsätzliche Trennungslinie in bioethischen Fragen hinsichtlich des Anfangs des menschlichen Lebens und seiner entscheidenden Eigenschaften verläuft. Für die einen beginnt das personelle menschliche Leben – das mit dem Menschsein gleichgesetzt wird – mit der Zeugung, und das so verstandene menschliche Leben stellt einen absoluten Wert dar. Für die anderen dagegen ist das personelle menschliche Leben nicht mit dem Menschsein gleichzusetzen; eine Unterscheidung (zwischen verschiedenen Stadien in der menschlichen Entwicklung) ist danach möglich und folglich ist es auch möglich, diesen Wert Leben gegen andere Werte oder Zustände abzuwägen. Da es im demokratischen Verfahren keinem der beiden Lager gelingt, die eigene Vorstellung in Form eines Gesetzes durchzusetzen, kommt es zu Kompromisslösungen, die meistens für keines der beiden Lager zufriedenstellend sind; da die Kompromisslösung immer in die eine oder andere Richtung neigt, sind jeweils auch nur die kompromissbereiten Vertreter der einen oder anderen Seite zufrieden.

Dies zeigte sich auch im Fall einer Kompromisslösung, die nach dem Aushandeln der Präambel zur neuen Verfassung zum Jahreswechsel 1996/1997 gefunden wurde. Diese für die kompromissbereiten Vertreter beider Lager zunächst scheinbar zufriedenstellende Lösung ist bereits von außen betrachtet wenig verständlich und erwies sich im Nachhinein eher als ein Scheinkompromiss, der gravierende Folgen für die nachfolgende Gesetzgebung und Rechtsauslegung hat und noch haben kann. Der grundlegende (Schein-)Kompromiss drückt sich in folgender Formel aus: „wir […], sowohl diejenigen, die an Gott glauben, der die Quelle der Wahrheit, der Gerechtigkeit, des Guten und des Schönen ist, als auch diejenigen, die diesen Glauben nicht teilen und diese Werte aus anderen Quellen ableiten […]". Der Schein-Charakter dieses Kompromisses besteht in einer Asymmetrie zwischen denen, die dank Offenbarung und der Lehre des kirchlichen Lehramtes schon im Besitz der moralischen Wahrheit sind, und denen, die die moralische Wahrheit als etwas begreifen, was gemeinsam gesucht und untereinander erst verhandelt werden muss. Zbigniew Szawarski stellt in Bezug auf diese Formel folgendes fest: „Der, der an den Gott als die Quelle der moralischen Wahrheit glaubt, muss nach der Wahrheit nicht suchen, er muss sie nicht verhandeln. Die Wahrheit ist ihm *a priori* gegeben und er kann sie nur erläutern und den Anderen oktroyieren." Deswegen ist für Szawarski eine rein theoretisch sicherlich wünschenswerte Situation kaum vorstellbar, in der „sich die Vertreter der Wissenschaft, der Politik und der Jurisprudenz an einen Tisch setzen – sowohl diejenigen, die an Gott glauben, der die Quelle der Wahrheit, der Gerechtigkeit, des Guten und des Schönen ist, als auch die, die diesen Glauben nicht teilen – und einen Kompromiss in Fragen der Abtreibung, der pränatalen Diagnostik oder der Untersuchungen an Stammzellen aushandeln."[4] Es scheint, dass die aktuellen Entwicklungen in den gesetzlichen Regelungen zu bioethisch relevanten Fragen die Befürchtungen von Zbigniew Szawarski bestätigen.

Ein weiteres und aus bioethischer Perspektive schwerwiegendes Element des Verfassungskompromisses bestand in einer indirekten Akzeptanz eines bestimmten normativen Menschenkonzepts, nämlich eines ontologischen Konzepts der Menschenwürde, das beinahe unvermeidlich nur durch Bezug auf die christliche (katholische) Soziallehre auslegbar ist. In einem einschlägigen Kommentar zur Verfassung des polnischen Staates wird eindeutig festgestellt: „der zentrale Bezugspunkt für Erwägungen über den verfassungsmäßigen Begriff von Menschenwürde ist die Begründung dieses Begriffs mit der christlichen (katholischen) Soziallehre […] Dieser Begriff ist kein wertfreier Begriff, weil der einleitende Teil der Verfassung keinesfalls zufälligerweise diesen Begriff vor den

4 *Zbigniew Szawarski*, Mądrość i sztuka leczenia [Weisheit und Heilkunst], słowo/obraz terytorium: Gdańsk 2005, S. 372.

Hintergrund ‚des christlichen Erbes der Nation und allgemeinmenschlicher Werte' stellt."[5]

Neben den bioethisch relevanten Ergebnissen des Verfassungskompromisses sind in der Geschichte der bioethischen Debatte in Polen noch drei weitere Etappen bzw. Ereignisse von Bedeutung. Bis zum 1.5.2004 musste die polnische Regierung in der Frage des Umgangs mit Stammzellen Stellung beziehen. Um diese Stellungnahme auszuarbeiten, hatte das damals für Wissenschaft und Forschung zuständige Ministerium insgesamt fünf Debatten unter dem Motto: „Stammzellen – Leben fürs Leben?" veranstaltet. Über die Ergebnisse wird im folgenden Abschnitt näher berichtet (II.1).

Wie aus dem obigen Bericht über Verlauf und Inhalt der bioethischen Debatten und den zum Teil unabhängig davon getroffenen gesetzlichen Regelungen leicht zu entnehmen ist, waren (und sind immer noch) nur wenige bioethisch relevante Bereiche in Polen gesetzlich geregelt, obwohl durch das Gesetz über die Zulässigkeit des Schwangerschaftsabbruchs, die Urteile des Verfassungsgerichts und insbesondere die in der Verfassung getroffenen Lösungen die Rahmenbedingungen ziemlich klar festgelegt worden sind.

Themen von besonderer Bedeutung für die medizinische Praxis, und zwar für die Transplantationsmedizin, wurden zunächst in einem Gesetz über Entnahme und Verpflanzung von Zellen, Geweben und Organen vom 26.10.1995 [Ustawa o pobieraniu i przeszczepianiu komórek, tkanek i narządów] geregelt und dann nach zehn Jahren wiederum in dem Gesetz über Entnahme, Aufbewahrung und Verpflanzung von Zellen, Geweben und Organen vom 26.10.2005 [Ustawa o pobieraniu, przechowywaniu i przeszczepianiu komórek, tkanek i narządów]. Allerdings gelten die Vorschriften dieses Gesetzes nicht für die Entnahme und Verpflanzung von Keimzellen, Gonaden und fetalem Gewebe.

Andere bioethisch relevante Bereiche sind nach wie vor nicht gesetzlich geregelt: Es gab und gibt bis heute keine Regelung der Stammzellforschung sowie der künstlichen Befruchtung. Der Unterschied zwischen den beiden Bereichen besteht darin, dass an humanen Stammzellen in Polen bisher keine Untersuchungen durchgeführt werden, die nicht gesetzlich regulierte künstliche Befruchtung jedoch seit über 10 Jahren gang und gäbe ist.

---

5 *Leszek Garlicki*, Konstytucja Rzeczypospolitej Polskiej. Komentarz [Verfassung der Republik Polen. Kommentar], hrsg. von *Leszek Garlicki*, Wydawnictwo Sejmowe: Warszawa 2003, S. 7, Kommentar zu Artikel 30 der Verfassung.

Eben diesen Bereich will die derzeit regierende Koalition aus Platforma Obywatelska (Bürgerliche Plattform) und PSL (Bauern-Partei) rechtlich regeln, um dann auch die Europäische Bioethik-Konvention ratifizieren zu können. Über die im Rahmen dieses Vorhabens ausgearbeiteten Empfehlungen wird unten noch kurz berichtet. Generell bleibt festzuhalten, dass in zahlreichen bioethisch relevanten Bereichen ein gesetzliches und normatives Vakuum besteht. (Das heißt aber nicht, dass die katholische Bioethik – zumindest in ihrem *mainstream* – alle diese relevanten Fragen nicht schon seit langem gelöst hätte.)

Aus der stets unabgeschlossenen Geschichte der bioethischen Auseinandersetzungen in Polen erwähnenswert ist insbesondere ein im Jahre 2006 von einer Abgeordnetengruppe radikaler Verteidiger des „ungeboren Lebens“ unternommener Versuch, in der Verfassung einen vollkommenen Schutz des menschlichen Lebens von der Zeugung ab festzuschreiben. Dieser Versuch, der das Stammzellproblem endgültig und eindeutig entschieden und die Regelungen des Gesetzes über die Bedingungen eines Schwangerschaftsabbruchs außer Kraft gesetzt hätte, ist – trotz der Unterstützung seitens der katholischen Kirche – selbst an der Mehrheit der damals regierenden Partei von Jarosław Kaczyński gescheitert. Das heißt aber nicht, dass diese Idee von einflussreichen und politisch agierenden Kräften nicht weiter verfolgt würde.

## II. Die vom Staat arrangierte Stammzelldebatte von 2003/04 und der Entwurf des Gesetzes über künstliche Befruchtung von 2009

### *1. Die Stammzelldebatte von 2004*

Die institutionalisierte und vom Ministerium für Wissenschaft organisierte Stammzelldebatte fand in Polen in dem Zeitraum vom Dezember 2003 bis zum Juni 2004 statt. Die damalige (linksorientierte) Regierung war durch die EU verpflichtet, bis zum 1.5.2004 eine Stellungnahme des polnischen Staates bezüglich der Stammzellforschung auszuarbeiten. Das Ministerium hatte insgesamt fünf Debatten veranstaltet. Die Beiträge aller Teilnehmer waren anschließend auf den Internetseiten des Ministeriums zu lesen. Die erste Debatte fand mit Vertretern der Wissenschaft, der Politik und der katholischen Kirche statt, die zweite mit den Vertretern der katholischen Kirche und katholischen Kreisen, die dritte mit den Vertretern anderer Kirchen und religiöser Gemeinden, die vierte mit jenen Kreisen, die die Stammzellforschung befürworten, und die fünfte mit den Teilnehmer der vorangegangenen Debatten. Diese fünfte Sitzung sollte dazu dienen, alle vier früheren Debatten zu resümieren. Die Ausarbeitung einer gemeinsamen Position erwies sich jedoch als unmöglich. In einem zusammenfassenden Bericht des Ministeriums wurden folgende Argumente der Gegner und

Befürworter der Verwendung embryonaler Stammzellen in der wissenschaftlichen Forschung aufgelistet.[6]

Argumente der Gegner:

- Religiöse Grundsätze sind eindeutig: Tötungsverbot und die Pflicht zur Achtung für das menschliche Leben.
- Das menschliche Leben ist ein Leben von dem allerfrühesten Anfang an, d.h. ab der Besamung der Eizelle (Verschmelzung des männlichen und des weiblichen genetischen Materials).
- In dem Urteil des Verfassungsgerichts von 1996 wird eindeutig festgestellt, dass das menschliche Leben einen verfassungsmäßigen Wert darstellt und von der Zeugung ab unter Schutz stehen soll.
- Die Artikel 38 und 39 der Verfassung der Republik Polen betreffen den Schutz des menschlichen Lebens und das Verbot, den Menschen ohne seine freiwillige Zustimmung wissenschaftlichen Experimenten zu unterziehen.
- Artikel 157a des KK (Strafgesetzbuch) sieht einen strafrechtlichen Schutz der Gesundheit eines gezeugten Kindes vor.
- Artikel 24 Punkt 2 des Kodex der Ärztlichen Ethik verbietet Forschungsexperimente an Menschen, die sich im Embryonalstadium befinden.
- Stellung bezogen gegen Experimente [mit Stammzellen] haben der Ständige Rat und der Wissenschaftliche Rat der Konferenz des Episkopats Polens sowie katholische Akademien und kirchliche Fakultäten.
- Es besteht die Möglichkeit, die Stammzellen aus anderen Quellen als aus Embryonen zu gewinnen (etwa Nabelschnurblut, verschiedene Gewebe des Erwachsenen, wie Knochenmark); diese Quellen sind ethisch unbedenklich.
- Untersuchungen an embryonalen Stammzellen vorzunehmen ist noch zu früh, weil es die nötigen gesetzlichen Regelungen und kontrollierenden Instanzen noch nicht gibt.
- Es wäre völlig unverantwortlich, Versuche mit menschlichen Stammzellen durchzuführen, solange ihre Fähigkeit zur Differenzierung in Organe und die Risiken, Krebs zu erzeugen, nicht vorab an Tiermodellen untersucht wurden.

---

6 Internetseite: Debaty Ministra Nauki Informatyzacji: „Komórki macierzyste – życie za życie?" [Debatten des Ministers für Wissenschaft und Umsetzung der Informatik: „Stammzellen – Leben fürs Leben?"].

Argumente der Befürworter:

- Artikel 73 der Verfassung gewährt die Freiheit der wissenschaftlichen Forschung.
- Dadurch, dass es eine präzise Definition des „menschlichen Lebens“ oder des „gezeugten Kindes“ nicht gibt, ist die Ausdehnung dieser Bezeichnungen auf eine mehrtägige Keimzelle, die durch Teilung der befruchteten Eizelle entsteht, zu beanstanden.
- Man darf nicht (aus moralischen Gründen) – und dies gelingt auch nicht (aus pragmatischen Gründen) – die Forschungen stoppen, die eine Rettung kranker Menschen bzw. die Verbesserung ihrer Lebensqualität bezwecken; schon in der Vergangenheit erforderten solche Forschungen Opfer, Aufopferung und die Wahl eines „geringeren *malum*“, um das „größere *bonum*“ zu erringen.
- Es besteht eine intuitive Pflicht den Kranken gegenüber; die Erfahrungen derjenigen, die den unheilbar Kranken nahe stehen, sprechen für die Suche nach neuen Therapien.
- Das Wohl der kommenden Generationen ist ein wichtiges ethisches und praktisches Argument.
- Bei den Forschungen werden ausschließlich bereits existierende Stammzellen aus „überzähligen“ Embryonen verwendet, die nicht mehr für eine künstliche Befruchtung verwendet werden; sie würden also über Jahre hinweg unverwendet liegen bleiben oder absterben.
- Eine logisch-ethische Schlussfolgerung eines Verbots dieser Forschungen wäre auch das Verbot, die Ergebnisse der in anderen Ländern durchgeführten Forschung in Polen anzuwenden, d.h. vor allem neue revolutionäre Behandlungsmethoden. – Einem solchen Verbot werden weder die Kranken noch ihre Familien Folge leisten wollen.
- Ein Beispiel für eine positive Auflösung eines ursprünglichen moralischen Dilemmas liefert die Geschichte der Herztransplantation oder der künstlichen Befruchtung; Herztransplantationen und die künstliche Befruchtung sind heute – trotz der ursprünglichen Bedenken – allgemein akzeptiert.
- Bei der künstlichen Befruchtung führt nur ein Teil der Versuche zum Erfolg; also werden auch dabei ohnehin viele Eizellen vernichtet.
- Nötig ist ein Nachdenken über den Status menschlichen Lebens in Bezug auf seine unterschiedlichen Entwicklungsphasen. – Ist das Leben eines Kindes oder eines erwachsenen Menschen trotz allem nicht von einem größeren Wert

als das Leben von in einer Retorte erzeugten Stammzellen, die keine Chance haben, sich in ein menschliches Wesen zu entwickeln?

- Forschungen dieser Art müssen unter dem Vorbehalt durchgeführt werden, dass präzise gesetzliche Regelungen eingeführt werden, um Missbrauch und verbrecherisches Handeln zu verhindern; das Gewinnen von Stammzellen und der Zugang zu ihnen sollen streng kontrolliert werden.

Diese Argumente wurden während der durch die Regierung induzierten Debatte von den beiden Seiten vorgetragen. Die Veranstalter haben daraus die zutreffende Schlussfolgerung gezogen, dass ein Kompromiss bezüglich der Verwendung von embryonalen Stammzellen schwierig, wenn nicht unmöglich, sei. Die Regierung hatte eine eigene Stellungnahme ausgearbeitet, nach der die Forschungen an humanen embryonalen Stammzellen (und ihre Finanzierung) erlaubt sein sollten, allerdings unter dem Vorbehalt, dass sie ausschließlich therapeutischen Zielen dienen. Allerdings wurde während der Debatte von Seiten der Wissenschaftler auch ein Kompromiss vorgeschlagen. Man kann ihn mit den Feststellungen von Prof. Wiesław Jędrzejczak (Leiter der Klinik für Hämatologie, Onkologie und Innere Medizin der Medizinischen Universität in Warschau) veranschaulichen: „Während der geführten Debatten habe ich manche Kompromisse angeboten, auch hinsichtlich der erwähnten Definition [d.h. der Definition des menschlichen Lebens]. Der Embryo ist sicherlich eine Übergangsform, die für das Entstehen des Menschen notwendig ist. Seine Rechte müssen sich von denen der Spermien und Eizellen unterscheiden. Diese Rechte dürften jedoch auch nicht mit denen eines jeden von Ihnen hier identisch sein. Und auch in Bezug auf jeden von Ihnen wird nicht das Prinzip angewendet, dass das Leben einen absoluten Wert hat. Seinerzeit war ich ein Berufssoldat und mir ist die Pflicht bekannt, den höchsten Wert, das eigene Leben, im Namen der Gesellschaft für andere lebende Menschen opfern zu müssen. Es erweist sich, dass man auch auf den höchsten Wert Verzicht leisten muss.“[7]

Fünf Jahre nach der damaligen Debatte, bei einer anderen politischen Konstellation, sehen die Kompromissvorschläge anders aus.

### *2. Der Entwurf des Gesetzes von 2009. Eine Vorentscheidung hinsichtlich der Stammzellforschung*

Nachträglich gesehen, in Anbetracht des nun entworfenen Gesetzes zur künstlichen Befruchtung, muss festgestellt werden, dass diejenigen, die 2004 die Ver-

7 www.nauka.gov.pl/_gAllery/32/75/3275.rtf [Die letzte Debatte vom 23.6.2004].

wendung von embryonalen Stammzellen befürwortet hatten, vorwiegend die Wissenschaftler, von der damals in Polen gängigen (und gesetzlich überhaupt nicht geregelten) Praxis einer künstlichen Befruchtung als von einem für sie nicht in Frage zu stellenden Faktum ausgingen. Die überzähligen Embryonen waren in ihren Augen eine Folge der Technik und eine, wenngleich nicht moralisch indifferente, so doch zumindest aus technologisch-therapeutischen Gründen unvermeidliche Tatsache. Nun aber, im Jahre 2009 – veranlasst durch eine andere politische Konstellation – verläuft die Demarkationslinie etwas anders: nicht zwischen den Gegnern und Befürwortern der künstlichen Befruchtung, sondern zwischen jenen, die den Embryo – sollte es nötig sein – vernichten, und jenen, die den Embryo ausnahmslos schützen wollen. Diese Verschiebung ist folgendem Kompromissangebot seitens der (unorthodoxen) Vertreter der katholischen Lehre zu verdanken, deren Motto lautet: Wir sind für eine künstliche Befruchtung, aber kein Embryo darf dabei vernichtet werden. Ein solcher Kompromiss wird von jenen „kompromissbereiten" Vertretern der Position der katholischen Kirche angeboten, welche die künstliche Befruchtung nicht als grundsätzlich unmoralisch ansehen. Sie wollen einerseits der in der polnischen Gesellschaft weit verbreiteten Akzeptanz für die IVF entgegen kommen, andererseits aber sich an das grundlegende Prinzip der geltenden katholischen Lehre halten, demzufolge der Mensch vom Zeitpunkt der Zeugung an Träger der menschlichen Würde ist und daher sein absoluter Schutz zu gewährleisten ist. Mit der politischen Änderung hatte sich also die Trennungslinie verschoben: Die Regierenden sind nicht mehr links orientiert und sie sind größtenteils Katholiken, deren Weltanschauung jedoch an manchen Stellen von der Lehrmeinung der katholischen Kirche abweicht. Die Mehrheit der Mitglieder jener Kommission, die durch einen vom Premierminister beauftragten Abgeordneten, Jarosław Gowin, berufen worden ist, um Empfehlungen hinsichtlich der künstlichen Befruchtung auszuarbeiten, geht davon aus, dass die Entstehung überzähliger Embryonen vermieden werden muss.

Sowohl in der Stammzelldebatte als auch in der IVF-Kommission waren beide der früher genannten Sichtweisen präsent und vertreten. Dennoch scheint die frühere Symmetrie – zwischen den Befürwortern und den Gegnern – bei der Arbeit an dem Entwurf des Gesetzes über künstliche Befruchtung völlig verschwunden zu sein. Während bei der Stammzelldebatte grundsätzlich ein Gleichgewicht zwischen den Wissenschaftlern und Theologen bzw. Geistlichen, sowie Ethikern der beiden Positionen bestand, ist es für das Gremium, das die Empfehlungen für das Gesetz über künstliche Befruchtung erarbeitet hat, kennzeichnend, dass an diesem Gremium keine medizinischen Experten bzw. Praktiker beteiligt waren, die künstliche Befruchtungen durchführen. Unter den 15 Mitgliedern dieser Kommission (unter Vorsitz des sechzehnten, des Abgeordneten Jarosław Gowin von dem rechten Flügel der „Bürgerlichen Plattform") waren fünf Juristen, fünf Ärzte und Biologen und fünf Theologen und Ethiker. In jeder dieser drei Gruppen vertraten wiederum drei ihrer Mitglieder die (unorthodoxe, d.h. „kompromissbereite") katholische Position, die beiden anderen dagegen eine „liberale" Position in Fragen der künstlichen Befruchtung.

Welches sind die wichtigsten und zugleich die umstrittensten Lösungen der vorgelegten Empfehlungen hinsichtlich der künstlichen Befruchtung? Hier in aller Kürze die wesentlichen Prinzipien, denen die empfohlenen Lösungen und Regelungen zugeordnet werden können: Erstens, es darf kein überzähliger Embryo erzeugt werden, und zweitens, die einzige legitime Form für die Erziehung des Kindes (und mithin auch für die Anwendung des Verfahrens der künstlichen Befruchtung) ist die institutionell bestätigte und dadurch rechtlich geschützte Familie.[8] Die entstandenen Embryonen müssen zwingend früher oder später implantiert werden, entweder der biologischen Mutter oder einer Frau, die den Embryo adoptiert. Es dürfen nur zwei Embryonen erzeugt werden, die beide implantiert werden müssen; kein Embryo darf erzeugt werden, der nicht implantiert wird. Das Einfrieren von Embryonen ist nur in Notfällen gestattet; Spermien und Eizellen dürfen eingefroren werden.

Diese Form eines scheinbaren Kompromisses führte dazu, dass sich einige Vertreter des liberalen Lagers äußerst kritisch über die von Gowin und seinen Verbündeten – darunter der schon genannte Prof. Zoll – ausgearbeiteten Gesetzesvorschläge geäußert haben. Einer der führenden polnischen Wissenschaftler, Jacek Kubiak, der in Frankreich am CNRS tätig ist, war der Meinung, dass, anstatt diesen merkwürdigen wissenschaftlich-religiösen Mischling – womit Kubiak Gowins Gesetzentwurf meint – zuzulassen, es besser wäre, ein rein religiöses Gesetz einzuführen, das eine künstliche Befruchtung grundsätzlich verbietet. Wird das Einfrieren von Embryonen und eine Selektion der gesunden Embryos verboten, dann „wird die in vitro Fertilisation zu einem völlig ineffizienten und sogar schädlichen Roulette"[9], meint Jacek Kubiak.

Gegen das Einmischen zweifelhafter religiöser Vorstellungen in die gesetzliche Regelung der künstlichen Befruchtung und ein scheinbares Plädoyer der

8 Entwurf eines *Gesetzes über den Schutz des menschlichen Genoms und des menschlichen Embryos sowie über den Bioethischen Rat Polens*: http://www.polskaxxi.pl/Czytelnia/Warto-przeczytac/Projekt-ustawy-bioetycznej.

9 *Jacek Kubiak*, Nauka czy Kościół? [Wissenschaft oder Kirche?], http://naukowy.blog.polityka.pl/?p=249.

kirchlichen Instruktion „Dignitas personae“ für „die Suche nach der Wahrheit“ – wovon Kardinal Dziwisz gesprochen hatte – wandte sich vehement auch ein liberaler Ethiker und Mitglied der Gowin-Kommission, Prof. Jacek Hołówka. Nach Meinung von Prof. Hołówka sind sowohl die Kirche als auch diejenigen, deren Meinung auf dem Glauben basiert, nicht imstande, zu einer moralischen Wahrheit, sondern nur zu „unerschütterlichen Überzeugungen“ zu kommen. Scharf kritisiert wurde auch eine durch die Kirche geförderte Überstrapazierung des „Würde“-Begriffs.[10]

Der kritisierte Gesetzentwurf enthält auch – und dies ist besonders wichtig in Bezug auf das Problem der Stammzellforschung – eine wichtige Vorentscheidung. Laut dem vorgelegten Gesetzentwurf soll das therapeutische Klonen, also Forschungen an Stammzellen, die nicht von Embryonen, sondern z.B. aus Hautzellen gewonnen werden können, verboten werden. Die von Prof. Zoll vorgelegte Begründung dieser Entscheidung weist auf die jetzige Unsicherheit hin, und zwar darauf, dass wir noch nicht wissen, ob es „aus so gewonnenen Stammzellen möglich sein wird, den Menschen zu klonen [...] Und man darf Forschungen, die zum Klonen von Menschen führen, auf keinen Fall zulassen.“[11]

Vergleicht man die Stellungnahme der Regierung von 2004 und die Position der von dem jetzigen Premierminister berufenen Kommission, ist die Tendenz klar ersichtlich. Entscheidend aber wird der Umgang mit diesem Entwurf im Parlament sein. Es kann auch sein, dass von diesem Entwurf letztendlich nicht sehr viel übrig bleibt.

## III. Schlussbemerkung: die transzendent-religiöse versus die pragmatisch-säkularisierte Weltanschauung

Zu den wichtigsten Unterschieden zwischen Vertretern der Kirche und des liberalen Lagers zählt ihre jeweilige Weltanschauung. Auf der einen Seite haben wir es mit einer transzendent-religiösen Sichtweise zu tun, auf der anderen Seite mit einer pragmatischen und säkularisierten Weltanschauung, die auf dem Nominalismus aufgebaut ist. Für die erste Weltanschauung kennzeichnend ist die holistisch-teleologische Sichtweise; das Normative ist bereits Bestandteil einer teleologisch betrachteten Wirklichkeit und kann aus jener teleologisch verfassten „Natur“ herausgelesen – entdeckt – werden. Für die andere Weltanschauung

10 *Jacek Hołówka*, Metafizyka prenatalna Kościoła [Die pränatale Metaphysik der (katholischen) Kirche], Reczpospolita, 28.12.2008.

11 *Andrzej Zoll*, Z In vitro ostrożniej [Mehr Vorsicht beim in-vitro], Interview von Ewa Siedlecka mit Professor Andrzej Zoll, Gazeta Wyborcza, 13.11.2008.

kennzeichnend dagegen ist ein Antiholismus, d.h. die Betrachtung der Wirklichkeit als Konglomerat von ausdifferenzierten Individuen, das vor allem auf Erfahrungen beruht. Das Normative – und darin liegt die grundsätzliche und unmittelbare Quelle der Meinungsunterschiede – hat seine Grundlage nicht in einer teleologisch verfassten Natur (Wirklichkeit), sondern im gemeinsamen, zusammenstimmenden Willen jener von der Metaphysik gelösten, diesseitigen Subjekte bzw. Individuen.

Während für die erste Weltanschauung der Glaube und die Metaphysik von besonderer Bedeutung sind, sind es für die zweite Weltanschauung die Wissenschaft und die intersubjektiv anzuerkennenden Wünsche. Das „Kompromissangebot" seitens des eher „liberal" orientierten Teils der Vertreter der kirchlichen Position kann als ein Ergebnis einer Abschwächung des transzendent-teleologischen Kerns der katholischen Weltanschauung gedeutet werden. Es kann aber auch völlig anders verstanden werden, nämlich im Sinne einer bischöflichen Erklärung: Falls ein vollkommenes Verbot der künstlichen Befruchtung und der Stammzellforschung bei den bestehenden politischen und gesellschaftlichen Verhältnissen nicht durchführbar wäre, dann sollten alle Mitglieder der katholischen Kirche alles unternehmen, um dem Bösen möglichst schonungslosen Widerstand zu leisten.

Welche Position Polen in Fragen der Stammzellforschung beziehen wird, bleibt zurzeit immer noch offen.

# Das Recht zur Forschung mit menschlichen embryonalen Stammzellen und die Debatte darüber in der Tschechischen Republik nach deren Beitritt zur Europäischen Union

*Filip Křepelka*

Die Erörterung der gesellschaftlichen und rechtlichen Bedeutung der Forschung mit menschlichen embryonalen Stammzellen in Tschechien ist nicht einfach. Im Vergleich mit westeuropäischen Ländern und mit den Vereinigten Staaten von Amerika gibt es eine nennenswerte Aufmerksamkeit für dieses Thema weder in der Politik oder Presse noch in den zuständigen Fachkreisen (Forscher, Ärzte und andere Fachleute im Gesundheitswesen, Philosophen, Geistliche und Juristen). Mein Beitrag befasst sich deshalb in erster Linie mit der Aufklärung der Ursachen für diese Abwesenheit einer Debatte und den Schwächen der einschlägigen Regelung in Tschechien.

Es ist allerdings nicht möglich, diese Lage der gesellschaftlichen, politischen und rechtlichen Debatte einfach mit einer Abwesenheit der diskussionsbedürftigen Forschung in Tschechien zu erklären. Zwar kann die tschechische Forschung aus finanziellen, personellen, materiellen und organisatorischen Gründen keine hervorragende Rolle in der globalen Biomedizinforschung (life science) spielen. Mehrere tschechische Forscher und Forschungsinstitute sind jedoch durchaus in der Lage dazu, auf internationaler Ebene für ausländische Auftraggeber zu forschen und mit ausländischen Instituten und Universitäten zusammenzuarbeiten.

Biomedizinische Forschung findet sich an mehreren tschechischen Universitäten, im Rahmen der Akademie der Wissenschaften und in gewissem Ausmaß auch im Privatsektor. In Tschechien (und der ehemaligen Tschechoslowakei) gab und gibt es eine lange Tradition der biomedizinischen Forschung, die durch Krieg und Sozialismus zwar behindert wurde, jedoch nicht abgeschafft worden ist. So gibt es in Tschechien mehrere Forschungsanstalten, die sich an der Forschung mit Stammzellen und vergleichbaren Forschungsprojekten beteiligen; und es gibt auch eine tschechische Forschung mit menschlichen Embryonen.

Aber wie kann man dann die schwache öffentliche Aufmerksamkeit für diese Problematik erklären? Ich bin davon überzeugt, dass dabei zwei Ursachen zusammenwirken. Zum einen ist Tschechien bis heute ein Schwellenland geblieben, wenn man es mit den westeuropäischen Ländern vergleicht. Viele Probleme, die man im Westen als wichtig ansieht, werden bei uns gar nicht als wichtig verstanden. Man fühlt manche Probleme, die wichtiger erscheinen. Trotz lang andauernden Wirtschaftswachstums, mit einem besonderen Anstieg nach dem Beitritt zur Europäischen Union, wächst die soziale Ungerechtigkeit, und der Umfang und die Qualität der Sozialdienstleistungen wird als bedrohlich angesehen.

Auch die Arbeitsweise Tschechiens als eines Staates ist in Zweifel gestellt. Man kritisiert die tschechische Gerichtsbarkeit scharf für lange Verfahren und divergierende Entscheidungen. Deshalb gibt es nur wenige Bestrebungen, biomedizinische Problemfälle auf dem Rechtsweg zu klären. Zudem sieht man Politiker oft als übertrieben auf materielle Interessen hin orientiert an (es wird generell über die Verflechtung mit mächtigen Gruppen der Wirtschaft gesprochen, sogar über Korruption) und deshalb als unfähig, einen guten rechtlichen und finanziellen Rahmen für die unterschiedlichen Tätigkeiten bereitzustellen. Daher gibt es nur einen eingeschränkten Willen, sich mit Randfragen wie den ethischen Dilemmata der Forschung mit embryonalen Stammzellen zu beschäftigen.

Zudem gibt es in Tschechien nur eine beschränkte Aufmerksamkeit für die Forschung. Die Forschung bedeutet zwar für Politiker und Journalisten ein Mantra. So wiederholen sie oft, dass Forschung eine Voraussetzung für die wirtschaftliche und gesellschaftliche Entwicklung darstellt. Doch die wenigsten Politiker sind auch fähig und bereit, diese Forschung, wenn auch nur begrenzt, zu finanzieren.

Doch in Tschechien ist noch eine andere Ursache von großer Bedeutung für die Abwesenheit der erwähnten öffentlichen Aufmerksamkeit etwa für die Stammzelldebatte. Diese zweite Ursache ist der sehr geringe Grad an Religiosität in Tschechien. Wenn man verschiedene Länder miteinander vergleicht, zeigt sich schnell, dass der Streit um Biomedizin und Bioethik oft aus kulturellen und weltanschaulichen Spaltungen der Gesellschaft resultiert. Der Streit um die Forschung mit embryonalen Stammzellen ist dabei nur ein kleiner Teil eines größeren Streits. Kern dieses Streits ist die Auffassung über die Bedeutung und den Wert menschlichen Lebens. Das wichtigste Thema dieses Streits ist klarerweise die Abtreibung. Andere Themen sind die Fortpflanzungsmedizin, die Eugenik oder die Euthanasie.

Religionen stehen den genannten Verhaltensweisen meistens eher zurückhaltend gegenüber. So gibt es eine fast monolithische Ablehnung seitens der Römisch-Katholischen Kirche. Die Positionen anderer westlicher Religionen – Protestantismus, Judentum, Orthodoxie oder Islam – sind zwar differenzierter, bleiben jedoch vergleichbar. In Ländern mit ausgeprägter Religiosität kann man Auswirkungen auf Politik und Recht beobachten. Ein Beispiel aus der Nachbarschaft Tschechiens ist Polen, das Land, das für die ganze Welt mit Tschechien verwandt zu sein scheint, wenn es um Sprache und Ökonomie geht, das jedoch in vielen kulturellen Ansichten fast einen Gegensatz bildet.

Die erwähnten bioethischen Fragen führen zu Streitigkeiten vor allem in Ländern mit einer Religiosität, die ich als durchschnittlich bezeichnen möchte. Ein großer Teil der Bevölkerung stimmt dann den Werten der dominanten Kirche oder dem Glauben zu. Ein bedeutsamer anderer Teil der Bevölkerung jedoch akzeptiert diese Werte nicht oder lehnt sie sogar ab. Die Tschechen gehören nun zu den am wenigsten religiösen Völkern Europas. Selbstverständlich lassen sich Glaube und Religion gar nicht so einfach erforschen, und die wenigen vorhandenen Angaben kann man unterschiedlich interpretieren. Trotzdem möchte ich zwei Zahlen erwähnen. Wir sind fast an der ersten Stelle, wenn es um die Abwesenheit des Glaubens an Gott geht: Nur 18 Prozent der Tschechen geben an, an Gott zu glauben.[1] Vergleichbar niedrig ist die Zahl der Bewohner, die sich bei Volkszählungen zu den Kirchen bekennen: Nicht mehr als 32 Prozent der Tschechen fühlen sich als Mitglieder der verschiedenen Kirchen.[2] Nur in wenigen Bezirken – zum Beispiel in Südmähren, wo Brünn liegt – ist Religiosität überhaupt erkennbar. Das wird jedoch ausgeglichen von fast gar keiner traditionellen Religiosität in der Hauptstadt Prag oder in Nordböhmen. Traditionelle protestantische Kirchen haben dabei nur einen beschränkten Einfluss auf die tschechische Gesellschaft, radikale protestantische Gruppen schließen sich oft aus dieser Gesellschaft ganz aus.

In Tschechien gibt es zwar ein christlich-demokratisches Element in der Politik. Allerdings ist im Gegensatz zu Deutschland oder Österreich, wo christlich-demokratische Parteien dominante Parteien in Regierung oder Opposition sind, die KDU-ČSL (*Křesťansko-demokratická unie – Česká strana lidová*) eine Minderheitspartei mit nur 5 bis 10 Prozent der Wählerstimmen. Die Säkularisierung wird in Tschechien verstärkt durch eine außerordentlich entschiedene Ablehnung der Religion. Viele Tschechen lehnen ausdrücklich die Werte und den Einfluss

1 Siehe *Eurostat Poll,* „Social values, Science and Technology" (http://ec.europa.eu/public_ opinion/ archives/ebs/ebs_225_report_en.pdf), Seite 11. Das am meisten atheistische Volk Europas sind die Esten mit 16 Prozent. Zum Vergleich, 80 Prozent der Polen und 47 Prozent der Deutschen glauben an Gott.

2 Siehe „Demographics of Atheism" in der englischen Version von Wikipedia als Zusammenfassung der Veröffentlichungen des Tschechischen Statistikamtes (http://www.czso.cz), die die Ergebnisse der Volkszählung vom Jahre 2001 wiedergeben.

der Römisch-Katholischen Kirche ab. Es gibt einen allgemein verbreiteten Anti-Katholizismus in unserem Lande.

Ich möchte das nur mit wenigen Worten beschreiben. Die tschechische Bischofskonferenz stellt kaum eine Autorität für die Menschen außerhalb der Kirche dar. Es ist sogar umgekehrt. Manche Werte, die der (einzige tschechische) Kardinal im Fernsehen aus Anlass der christlichen Feste hervorhebt, sind damit gleich diskreditiert. Es gibt viele Tschechen, die vorsätzlich immer gerade die entgegengesetzte Position zu diesem Vertreter der Kirche einnehmen.

Bevor ich mich der Debatte über das Recht der Stammzellforschung in Tschechien zuwende, betrachte ich es als nützlich, die tschechische Debatte über und das tschechische Recht zur Abtreibung kurz darzustellen. Seit 1986 gibt es in Tschechien (bzw. zuvor in der Tschechoslowakei) eine liberale Regelung der Abtreibung. Eine Abtreibung ist erlaubt, wenn die Frau sich dafür innerhalb der ersten zwölf Wochen der Schwangerschaft entscheidet. (Vorher gab es Kommissionen, die über die Gründe für eine Abtreibung entschieden.) Daneben gibt es andere Gründe (legale, eugenische, medizinische und vitale Indikation) für spätere Abtreibungen. Man muss hinzufügen, dass in den ersten Jahren nach der Liberalisierung die Zahl der Abtreibungen erschreckend anstieg, jedoch in den letzten fünfzehn Jahre dank neuer Verhütungsmittel wieder stark gesunken ist.

Diese liberale Regelung der Abtreibung aus der Zeit am Ende des Sozialismus genießt weiterhin eine sehr hohe Unterstützung in der tschechischen Bevölkerung. Gelegentlich gibt es Debatten um die Abtreibungen in tschechischen Zeitungen, oft anlässlich von Vorschlägen christlich-demokratischer Politiker für gewisse Einschränkungen. Die Auffassungen von Persönlichkeiten aus der (den) Kirche(n) und von den wenigen pro-life-Politikern rufen jedoch schnell scharfe Ablehnung aus anderen Parteien hervor, sowohl in der Presse als auch – nach schnell durchgeführten Umfragen – bei einer eindrucksvollen Mehrheit der Einwohner Tschechiens.

Das Recht der Frau auf Selbstbestimmung wird generell als entscheidend angesehen. Alle vorgeschlagenen Einschränkungen der liberalen Regelungen werden schnell als kirchlicher Obskurantismus bezeichnet. Nicht selten wird sogar der Vergleich mit dem Mittelalter gezogen. Nur wenige Tschechen haben bemerkt – vielleicht nur anlässlich der Präsidentenwahl in den Vereinigten Staaten von Amerika –, dass in vielen entwickelten und reichen Ländern der Welt die Abtreibungsdebatte von größerer Bedeutung ist. Dementsprechend wird die Stellung des Embryos oder des Fötus in Tschechien nur selten debattiert. Man kann sagen, dass die pro-choice-Vertreter dieses Denken – im psychologischen Sinne – ganz verdrängen.

Soweit es um den rechtlichen Rahmen geht, weist der Grundrechte-Katalog Tschechiens (*Listina základních práv a svobod*)[3] einen Satz auf, der die Auslegung ganz ausschließt, dass der Mensch unbedingten Rechtsschutz schon seit der Empfängnis genießt. Artikel 6 lautet: „Jedermann hat das Recht auf Leben. Leben ist schützenswert schon vor der Geburt." Deshalb ist eine Intervention des Verfassungsgerichtes zugunsten des ungeborenen Lebens, die vergleichbar wäre mit den Interventionen des Verfassungsgerichts in Deutschland, ausgeschlossen, selbst wenn die Verfassungsrichter konservativer wären als die Bevölkerung.

Die Debatte über die Forschung mit embryonalen Stammzellen und über andere Forschung in Beziehung auf den Anfang des menschlichen Lebens bildet in Tschechien – wahrscheinlich mehr als in Ländern mit einer stärker entwickelten Debatte um bioethische Fragen – nur einen kleinen Abzweig zu der Debatte über Abtreibungen. Stellungnahmen von Befürwortern und Gegnern sind allenfalls ein Nachsatz zu den Stellungnahmen zu Abtreibungen.

Es dürfte nützlich sein, zumindest einige Internet-Seiten und -Plattformen kurz zu erwähnen. Damit kann man recht einfach nach Vorstellungen über die Forschung mit embryonalen Stammzellen im Internet suchen. In Tschechien findet man allerdings fast ausschließlich Plattformen der pro-life-Bewegungen.[4] Befürworter des liberalen Regimes können sich auf eine breite gesellschaftliche Zustimmung verlassen und üben daher keine erkennbaren Aktivitäten aus. Dementsprechend gibt es auch nur wenig Raum für die ethischen und rechtlichen Aspekte dieser Forschung in Presse, Rundfunk und Fernsehen. Präsentationen zu dieser Problematik bleiben vereinzelt; meistens nur aus Anlass neuer Entdeckungen. Ethische Bedenken betrachten die Journalisten als Nebensache. Man erwähnt oft allenfalls den Streit im Ausland. Daher gibt es auch nur wenig Raum für inländische pro-life-Stellungnahmen.

---

3 Eine englische Version (Charter of Fundamental Rights and Basic Freedoms) ist auf der Webseite des Abgeordnetenhauses abrufbar (http://www.psp.cz/cgi-bin/eng/docs/laws/1993/2.html).

4 Wahrscheinlich die wichtigste *pro-life*-Bewegung – eng verbunden mit der Römisch-Katholischen Kirche – ist *Hnutí pro život ČR* (Bewegung für das Leben der Tschechischen Republik). Es gibt eine spezielle Webseite über Genetik (http://www. prolife.cz/genetika), die das Klonen, die Nutzung von Embryonen generell und genetische Manipulationen ablehnt. Im Grenzbereich zwischen Kirchenpresse und Fachzeitschriften findet man *Scripta Bioethica* (Webseite: http://bioetika.cz). In dieser Zeitschrift gibt es viele Beiträge über den Status der Embryonen einschließlich ihrer Nutzung für die Forschung, jedoch fast alle wiederholen die weltweit bekannten Stellungnahmen der Römisch-Katholischen Kirche.

In dieser Lage ist es nicht überraschend, dass Menschen, sogar Fachleute und Eliten (Ärzte, Forscher, Juristen, Lehrer, Politiker, Unternehmer oder Künstler) fast keine Kenntnis haben von Forschungspraktiken und deshalb kaum unterscheiden können, welche von diesen Forschungspraktiken ethische und rechtliche Probleme erzeugen und welche es nicht tun.[5] Überwiegend spricht man allenfalls über das Klonen. Dabei genießen tschechische Forscher und Universitätslehrer recht großen Respekt in der tschechischen Gesellschaft. Es gibt eine lange wissenschaftliche und technische Tradition in Tschechien. Viele Tschechen nehmen die Meinung der Forscher zu ethischen Fragen ernster als die Meinung einheimischer Geistlicher. Optimistische Äußerungen – oft unangemessene – über Perspektiven von Heilmethoden, die sich angeblich mit den Ergebnissen der Forschung mit menschlichen Embryonen erzielen lassen sollen, werden verbreitet angenommen. Diese Erwartungen diskreditieren sogar noch verstärkt die Einwände der Personen aus kirchlichen Kreisen (...die Kirche möchte nützliche Forschung aus obskuren Gründen verhindern...). Diese große Autorität der Wissenschaft und der Forscher ändert allerdings nichts an den verbreiteten postmodernen, quasi-religiösen Vorstellungen á la New Age und der Neigung zur Alternativmedizin. Deren Anhänger äußern sich fast gar nicht zu streitigen Methoden der Forschung in der Biomedizin.

Diese Verhältnisse spiegeln sich notwendig in Regelungen für die Forschung mit menschlichen Embryonen und anderen streitigen Forschungspraktiken wider. Es gab und es gibt fast keine Nachfrage nach Einschränkungen. Die Römisch-Katholische Kirche wird ignoriert und die ihr nahestehende Partei KDU-ČSL ist erfolglos geblieben in dem (nicht so ernst genommenen) Versuch, diese Einschränkungen gegen ihre Unterstützung für das Programm anderer Parteien „einzutauschen".

Die gegenwärtige Gesetzgebung wurde deshalb vorbereitet und abgestimmt auf Veranlassung der Forscher. Diese Forscher brauchten einen gesetzlichen Rahmen für ausländische Auftraggeber, für die Herausgeber der Fachzeitschriften mit dem notwendigen impact-factor sowie für weltbekannte For-

---

5 Die einzige Zeitschrift für Medizinrecht ist die monatliche *Zdravotnictví a právo* (Gesundheitswesen und Recht) – Verlag LexisNexis CZ. Ich habe dort nur einen einzigen Beitrag über strafrechtliche Folgen der Stammzellforschung gefunden. Man sollte jedoch nicht mehr als eine kurze Darstellung des rechtlichen Rahmens in Tschechien und im Ausland erwarten, und zwar auf wenigen Seiten. Es gibt kein Buch in tschechischer Sprache, das sich ausschließlich und ausführlich mit ethischen und rechtlichen Fragen der Forschung mit menschlichen embryonalen Stammzellen befasst.

schungsinstitute und Universitäten. Viele fürchteten die völlige Abwesenheit eines rechtlichen Rahmens. Selbstverständlich haben unsere Forscher liberale Regelungen vorgeschlagen und hatten, wie ich gleich näher erläutern werde, damit Erfolg.

Die Vorbereitung des speziellen Gesetzes brauchte mehrere Jahre, allerdings nicht wegen ethischer Einwände, sondern wegen eingeschränkter Aufmerksamkeit der Politiker und Beamten in den zuständigen Ministerien. Das Gesetz zur Forschung mit menschlichen embryonalen Stammzellen (*Zákon č. 227/2006 Sb., o výzkumu na lidských embryonálních kmenových buňkách*)[6] umfasste in Wirklichkeit zwei getrennte Regelungen: Es beinhaltete auch ein Änderungsgesetz zum Gesundheitswesengesetz. Diese Änderung stellte die erste tschechische Regelung zur Fortpflanzungmedizin dar. Die gesamte Debatte orientierte sich auf die Fehler im Gesetzentwurf nur auf diesem Feld.[7]

Politiker der KDU-ČSL stimmten gegen dieses Gesetz. Sie mussten jedoch zur Kenntnis nehmen – und man wiederholte es oft für sie –, dass die einzige Alternative zu der liberalen Regelung überhaupt keine Regelung sei, weil es vorher keine Regelung für diese Forschung gab. Niemand konnte an eine breite Auslegung bestehender Beschränkungen aus politischen sowie rechtlichen Gründen denken. Abgeordnete und Senatoren aus anderen Parteien, die in anderen Fragen tief miteinander verfeindet sind, haben das Gesetz mit großer Mehrheit gebilligt.[8]

Die Regelung spiegelt die geringfügige Nachfrage für eine solche Regelung wider. Manche Beschränkungen sind nur generell beschrieben. So gibt es nur wenige klare und bedingungslose Verbote, etwa im Hinblick auf das repro-

---

6 Man findet eine Übersetzung dieses Gesetzes in englischer Sprache (Act on Research on Human Embryonic Stem Cells and Related Activities and on Amendment to Some Related Acts) auf http://www.msmt.cz/Files/PDF/JJHumanstemcells.pdf.

7 Der Gesetzentwurf unterschied nicht zwischen Samenspendern, die anonym bleiben sollten, und samenspendenden Ehemännern: Beide sollten jünger als 40 Jahre sein. Diese unsinnige Vermischung stieß allerdings auf den Widerstand im Senat des Parlaments, in dem die Mitglieder laut Verfassung zumindest 40 Jahre alt sein müssen – und fast alle sind Männer.

8 103 Stimmen dafür, 35 Stimmen dagegen im Abgeordnetenhaus des tschechischen Parlaments (*Poslanecká sněmovna*). Viele Abgeordnete der rechts-liberalen Partei ODS (*Občanská demokratická strana*) – die heute die dominante Regierungspartei ist – haben sich der Stimme enthalten (http://www.psp.cz/sqw/hlasy.sqw?G=42327). Sozialdemokraten (ČSSD) und Kommunisten (KSČM) haben das Gesetz unterstützt.

duktive Klonen.[9] Gewisse klare Schranken – gegen Hybrid- und Chimärenbildung – wurden im Gesetzentwurf aus ungeklärten Gründen gestrichen. Der Grundsatz für die Forschung ist unkompliziert: Die (das) Forschung(sprojekt) solle einen wissenschaftlichen Zweck haben und solle im Einklang mit der Ethik stehen.[10] Was diese Ethik aber eigentlich bedeutet und umfasst, bleibt in dem Gesetzestext ungeklärt. Die notwendigen menschlichen Embryonen für die Stammzellforschung stehen bereit. Die Nutzung bestehender Linien ist generell genehmigt, die Einfuhr ist erlaubt, und Menschen, die ihre Embryonen nicht für die Fortpflanzung genutzt haben, können der Forschung mit ihnen zustimmen.

Eine Schlüsselrolle in der tschechischen Regelung der Forschung mit menschlichen embryonalen Stammzellen hat die Bioethik-Kommission (Bioetická komise) des Rates für Forschung und Entwicklung bei der Regierung der Tschechischen Republik (*Rada vlády pro výzkum a vývoj*).[11] Dieser Rat stempelt aber offenkundig nur die Stellungnahmen der Kommission. Die Zuständigkeit des Ministeriums für Schulwesen und die damit zusammenhängende Verwaltung zeigt die Ausrichtung auf die Forschung und die geringe Aufmerksamkeit für ethische Bedenken. Die Zusammensetzung der Bioethik-Kommission wurde weder debattiert noch bestritten. Die Mitgliedschaft in ihr wird nur symbolisch vergütet. Sie setzt sich aus Forschern, Medizinern und Universitätslehrern aus dem Bereich der Medizinischen Ethik zusammen. Es gibt dort keine Juristen.[12] Einige Mitglieder sind – nach meiner Erfahrung – zwar katholisch orientiert. Diese Weltanschauung bedeutet jedoch im Ergebnis keine erhebliche Hürde für die vorgeschlagenen Forschungsprojekte. Das Gesetz gewährt laufenden Forschungsprojekten großzügige Fristen für die Genehmigung. Bis heute wurden nur zwei Projekte – breit definiert: Forschungsaktivitäten – von zwei der wichtigsten Forschungsinstitute genehmigt.[13] Keines der beiden gebilligten For-

---

9 Die Herstellung neuer Individuen mit Hilfe der Stammzellforschung ist als Straftat definiert.

10 § 4 Absatz 2 lit. e des Gesetzes.

11 Siehe http://www.vyzkum.cz. Auf diesen Webseiten gibt es auch Informationen über die Bioethische Kommission. Die Eintragungen der Kommission finden sich jedoch nur in tschechisch.

12 Diese Schlussfolgerung kann man aus den akademischen Titeln der Mitglieder ableiten. Die Abwesenheit der Juristen zeugt nicht von Interesse der tschechischen Juristen für diese Forschung.

13 Leiter dieser Teams sind berühmte tschechische Forscher: Prof. *Eva Syková* (*Ústav experimentální medicíny Akademie Věd ČR – Institute of Experimental Medicine of Czech Academy of Sciences*) und Dr.-Ing. *Petr Dvořák* (*Biologický ústav Lékařské fa-*

schungsprojekte wurde in der tschechischen Presse debattiert. Es gibt kaum Auskünfte für die Öffentlichkeit über diese Forschung.

Das Gesetz wurde flankiert von neuen Straftatbeständen. Es gibt auch mehrere spezielle Ordnungswidrigkeiten in dem Gesetz. Man sollte jedoch nur mit einer wohlwollenden Ahndung der Rechtswidrigkeiten rechnen. Besonders für Polizei, Staatsanwaltschaft und Gerichte wäre die Verfolgung von Straftaten in diesem Bereich eine sehr komplizierte Agenda. Die Fahndung nach vergleichbarer Kriminalität ist in Tschechien oft erfolglos. Dazu gibt es auch viel zu wenig Verfolgungseifer, vielleicht mit Ausnahme im Hinblick auf heute noch kaum vorstellbare Horrorergebnisse dieser Forschung.

Ein wahrscheinlich strengeres Hindernis für die Teilnahme tschechischer Forscher an klar unethischen Forschungsprojekten stellt die Einziehung der Finanzmittel westlicher Auftraggeber, die Ablehnung von aus der Forschung resultierenden Publikationen in Zeitschriften mit impact-factor oder das Beenden der Zusammenarbeit mit weltbekannten Instituten und Teams dar. Wenig Einfluss – anders als in manchen Ländern Europas und in den Vereinigten Staaten von Amerika – auf die tschechische Forschung mit embryonalen Stammzellen hat die Finanzierung. Viel Geld fließt aus dem Ausland. Dazu kommt, dass die Arbeit der tschechischen Institute und Teams im Bereich der Stammzellforschung zu den erfolgreichsten Forschungsaktivitäten im Lande gehören. Diese Forschung ist das Lieblingskind der Politiker und Journalisten, die sonst oft die mangelnde Effizienz der tschechischen Wissenschaft beklagen. Forschungsmittel und Stipendien stehen meistens ausreichend zur Verfügung.

Die Tschechische Republik ist seit 2004 ein neuer Mitgliedstaat der Europäischen Union. Diese Mitgliedschaft bedeutet eine Annäherung vieler Standards für Wirtschaft und Gesellschaft. Die Mitgliedstaaten der Europäischen Union – einflussreicher sind dabei selbstverständlich die ökonomischen und politischen Großmächte Westeuropas – sind sich jedoch bei vielen bioethischen Problemen nicht einig. Für europaweite Regelungen gibt es keinen Konsens, ganz abgesehen von fehlender Regelungskompetenz.[14] Das ist von Bedeutung auch für die Forschung mit embryonalen Stammzellen. Dieser Streit spiegelt sich wider in

*kulty Masarykovy univerzity – Biological Institute of Faculty of Medicine of Masaryk University, Brno*).

14 Meiner Meinung nach kann man die Harmonisierung der Bedingungen für Forschung mit menschlichen embryonalen Stammzellen nicht mit Anforderungen des Binnenmarktes rechtfertigen (siehe Artikel 2, 3 oder 95 des Vertrags über die Gründung der Europäischen Gemeinschaft).

den Erfahrungen der europäischen Strukturen mit der Empfindlichkeit dieser Forschung. Mehrere europäische Analysen und Stellungnahmen sind entstanden.[15] Die Mitgliedstaaten haben ihren Einfluss auch mit Hilfe einer erheblichen Einschränkung der Finanzierung strittiger Forschungsprojekte mit europäischem Geld ausgeübt.[16] Aus oben genannten Gründen gehört Tschechien zu der Mehrheit der Mitgliedstaaten, die keine Einwände gegen die Forschung mit embryonalen Stammzellen erheben. Allerdings gibt es auch keine Kritik an der genannten Einschränkung der Finanzierung. Tschechien hat als neuer Mitgliedstaat viele andere Probleme mit der Einführung aller europäischen Normen. Tschechien erhält auch mehr Geld von der EU als es einzahlt. Deshalb hat es nur eine geringe Legitimationsbasis für eine Kritik an den Finanzierungskonzepten der EU.

Die Einführung erheblicher Einschränkungen für die Forschung mit embryonalen Stammzellen auf europäischer Ebene ist zurzeit aus politischen und rechtlichen Gründen kaum vorstellbar. Deshalb kann man über das Verhalten der Tschechischen Republik dazu nur spekulieren. Wahrscheinlich wäre sie dagegen. Ich kann mir jedoch auch vorstellen, dass sie auf jeden Fall gegen irgendeine wie auch immer geartete europaweite Regelung stimmen würde. Denn jetzt gehört die Tschechische Republik – zusammen mit Polen; trotz erheblicher Unterschiede gerade in der Bioethik – zu den neuen Mitgliedstaaten mit der am stärksten ausgeprägten integrationsskeptischen Politik.

Aus meiner Darstellung der (fast nicht vorhandenen) Debatte und Regelung der Forschung mit menschlichen embryonalen Stammzellen in Tschechien möchte ich abschließend diese Folgerungen ziehen:

(1) Die Debatte findet auf nationaler Ebene statt – schon wegen des geschlossenen Sprachraums. Ihr Verlauf hängt stark von Kultur, Tradition, Religion oder Weltanschauung ab. (2) Der Rechtsrahmen und seine Anwendung können den gesellschaftlichen Gegebenheiten nicht aus dem Wege gehen. Ohne eine wirkli-

---

15 Vgl. zum Beispiel *Commission Staff Working Paper – Report on Human Embryonic Stem Cell Research*, http://ec.europa.eu/research/press/2003/pdf/sec2003-441report_en. pdf, Commission of the EC, 3. 4. 2003).

16 Es ist hier nicht möglich, alle Einzelheiten der Zustimmung des Rates und des Europäischen Parlaments im Jahre 2006 ausführlich darzustellen. Deutschland, Polen, Malta, die Slovakei und Österreich hatten zum Teil Erfolg mit der Beschränkung der Finanzierung dieser Forschung im 7. Europäischen Forschungsrahmenprogramm für die Jahre 2007-2013. Das Europäische Parlament hat jedoch mit knapper Mehrheit die Finanzierung dieser Forschung unter verschiedenen Bedingungen unterstützt.

che Nachfrage nach einer Regelung wird das Recht künstlich und in erheblichem Maß unwirksam. (3) Eine Entfachung der Debatte aus dem Ausland oder mit Hilfe internationaler Organisationen oder gar der Import der rechtlichen Standards erscheint mir zwecklos und überdies ungeeignet. Das wird erfolglos bleiben und kann meiner Ansicht nach sogar Ablehnung hervorrufen („Warum sollten wir dies überhaupt verbieten?“).

# Die Stammzelldebatte in Rumänien*

*Bogdan Olaru*

Anfang November 2006 veranstaltete die Evangelische Akademie Sachsen-Anhalt (Wittenberg) in Zusammenarbeit mit dem Zentrum für Gesundheitsethik (Hannover) und dem Arbeitskreis für Ethik der Medizin in Ostmitteleuropa (Frankfurt an der Oder) die Tagung „Das Kreuz mit den Stammzellen". Ziel der Veranstaltung war, die in Deutschland unlängst wiederbelebte Stammzelldebatte unter die Lupe einer kulturvergleichenden Analyse zu nehmen. Dabei wurde vor allem ein Vergleich mit Diskussionen in anderen europäischen Ländern unternommen. Das Hauptanliegen war, Argumente, Deutungsmuster, Schemata in der öffentlichen Debatte sowie in den rechtlichen Regelungen zu identifizieren, die auf religiöse Traditionen und Überzeugungen aufbauen. Die weiter aufzuarbeitende Frage war: Inwieweit gehen Tradition und Religion auch in säkularen Staaten in politischen Entscheidungsprozessen einher? Diese Aufgabe übernehme ich auch im Folgenden und werde sie meinerseits am Beispiel Rumäniens näher betrachten. Da ich am Ende meines Beitrags weit davon entfernt sein werde, die Stammzellfrage in allen Einzelheiten durchzuarbeiten und weil Rumänien für den deutschen Leser in der Frage der Stammzelldebatte mehr oder weniger „terra incognita" sein muss,[1] werde ich selektiv vorgehen und ein paar wichtige Stationen, die für einen Überblick über das Phänomen unerlässlich sind, auswählen, bzw. auf sie eingehen. Diese lauten: I) der Stand der Stammzellforschung in Rumänien, II) die rechtliche Regelung bezüglich der Manipulation von menschlichem Gewebe und menschlichen Zellen, III) die bioethische Debatte am Beispiel der Reproduktionsmedizin, IV) der Hintergrund der landesspezifischen bioethischen Debatte. Dabei werde ich beim letzten Punkt auf die Argumente, Ak-

---

* Teile dieser Studie wurden im Rahmen des Forschungsprojektes „Biopolitics. Trends, principles, techniques for the management of the consequences of biotechnology for human life", gefördert von CNCSIS, 193/2006-2007, angefertigt.

1 Im deutschsprachigen Raum ist mir nur der folgende Beitrag über die Stammzelldebatte in Rumänien bekannt: *Teodora Manea*, „Diskurslinien in der ethischen Beurteilung der Stammzellforschung in Rumänien", in: *Christine Hauskeller*, *Alexandra Manzei* und *Wolfgang Bender* (Hrsg.), Grenzüberschreitungen – Crossing Borders: kulturelle, religiöse und politische Differenzen im Kontext der Stammzellenforschung weltweit, Münster: Agenda-Verlag 2005, S. 503-518.

teure und Positionen eingehen, soweit sie in der ethischen Debatte für die lokale Farbe sorgen. Ein Überblick soll am Ende das Bild zusammenfassen.

## I. Der Stand der Stammzellforschung in Rumänien

2001-2006 fand in Rumänien das weit übergreifende Forschungsprogramm VIA-SAN (= Leben & Gesundheit) statt. Geleitet vom Konzept, Gesundheit sei die Priorität der damaligen Regierung von Sozialdemokraten, wurden im Rahmen dieses Programms 422 Forschungsprojekte gefördert, an denen 81 Institutionen (Universitäten, Unikliniken, Forschungsinstitute, staatliche und private Unternehmer, NGOs) beteiligt worden sind.[2] Eine der fünf Komponenten des VIA-SAN betraf die Forschung im Bereich zellulärer Immunologie, Organ- und Gewebetransplantation und konzentrierte sich u.a. auf die Forschung zur Entwicklung neuer Methoden für Organ- und Gewebetransplantation sowie für Organ- und Gewebebanken, Stammzellbanken und Stammzelltherapien. Dabei sind zwei wichtige Punkte hervorzuheben: 1) Das Gesamtkonzept wurde pragmatisch gestaltet. Forschungsziele finanzieller Relevanz wurden besonders befördert, wie z.B. Untersuchungen, die zur Standardisierung von Normen und Prozeduren im klinischen Bereich, zur Reduzierung der stationären Behandlung, zur Reduzierung der Anzahl der Arbeitsunfähigkeitstage oder zur Reduzierung von Medikamentenkonsum führen könnten. 2) Obwohl der Ansatz interdisziplinär, an der Schnittstelle von Biophysik, Biochemie und Biotechnologie angelegt wurde, ist man doch mit den Schwerpunkten vorsichtig umgegangen. Der Geldgeber hat eher wenig kontroverse Forschungsthemen finanziert. Im Bereich Stammzellforschung hat er nur zwei Themen gefördert, die möglicherweise kaum Anlass zu umstrittenen Fragen geben sollten: autologe Transplantation von Stammzellen aus dem Knochenmark[3] und Stammzellbanken für Nabelschnur- und Plazenta-

---

2 „VIASAN – Raport final de activitate. Dec. 2006" („VIASAN – Endbericht. Dez. 2006"). Der Gesamtbericht ist zugänglich unter: http://www.viasan.ro (aufgerufen am 25.10.2007).

3 Hierzu ein paar Untersuchungen über das therapeutische Potenzial von Stammzellen: 1) Studie zur autologen Stammzelltransplantation bei leberkranken Patienten (Bukarest); 2) Studien zur Differenzierung von Mesenchymzellen zu Epithelzellen und Betazellen (eine Untersuchung mit Stammzellen menschlicher und tierischer Herkunft, gefolgt von Stammzelltransplantation bei Tieren mit chemisch induzierter Diabetes); 3) Autologe Transplantation mit hämatopoietischen Stammzellen (CD34+, AC133+) bei Leukämie (Studie mit einer Patientin im Alter von 2 Jahren und 6 Monaten, UMF Timişoara); 4) In-vitro-Untersuchungen mit hämatopoietischen Stammzellen aus der Nabelschnur. Studien zum Widerstand gegen Viren (Romanian Institut of Virology, Bukarest, http://www.virology.ro); 5) Studien zu neuen Verfahren bei der Behandlung

blutstammzellen.[4] Mittlerweile soll die Therapie mit hämatopoietischen Stammzellen schon Routine geworden sein.[5] Die Forderung nach einem aus der Forschung direkt zu erhaltenden praktischen Gewinn, d.h. die Beförderung einer deutlich therapeutisch orientierten Forschung, sowie die Beschränkung auf die Forschung mit adulten Stammzellen sollten dafür sorgen, ethische Bedenken möglichst „sauber" wegzuräumen. Wie erwartet, haben sich die Reaktionen seitens der Öffentlichkeit darauf beschränkt, eine optimistische Sicht zu propagieren. Besonders attraktiv zeigte sich die Perspektive, schwere Krankheiten in Zukunft mit Hilfe von rechtzeitig cryokonservierten embryonalen Stammzellen zu heilen. Dies war auch die dem staatlich finanzierten VIASAN-Programm nah verwandte Zukunftsvision: Stammzellbanken sollten als Basis für Behandlungstherapien schwerer und in der Population verbreiteter Krankheiten dienen. Mittlerweile bieten auch ausländische private Investoren auf dem rumänischen Markt die Möglichkeit an, Nabelschnurstammzellen und Knochenmarkstammzellen in Stammzellbanken zu konservieren.[6]

## II. Die rechtliche Regelung bezüglich der Manipulation von menschlichen Geweben und menschlichen Zellen

Wie in anderen Ländern Europas, erwies sich die gesetzliche Regulierung von medizinischen Anwendungen der Biotechnologie auch in Rumänien als ein mühsamer Prozess, der noch nicht abgeschlossen ist. Ein Gesetzentwurf zur künstli-

---

von Eierstockkrebs. Zusammenwirkung von Zytostatika und Stammzelltherapie. Verwendet wurden Stammzellen aus peripherem Blut (Romanian Institut of Oncology, Bukarest, http://www.iob.ro).

4 Die erste Stammzellbank wurde im November 2007 in Westrumänien, in Timişoara eröffnet.

5 Presseberichten zufolge hat das Institut „Fundeni" („Centrul de Hematologie şi Transplant Medular") in der Nähe von Bukarest weitgehend eine führende Position in der Stammzelltherapie. Von den dort insgesamt bis jetzt 100 durchgeführten autologen und allogenen Transplantationen mit hämatopoietischen Stammzellen (36 in 2007) haben 81 Erwachsene und 19 Kinder profitiert. Die Erfolgsrate liegt bei 80% und 75% bei der fünfjährigen Bilanz. Die anderen zwei Zentren der Stammzelltherapie (Timişoara und Târgu-Mureş) tragen weiterhin zur Gesamtzahl der 81 in 2007 durchgeführten Interventionen bei.

6 Die Stammzellbank Cryo-Save verkauft bspw. die Pakete „Cryo-Cord" und „Cryo-Life" (Cryokonservierung von Stammzellen aus der Nabelschnur für EUR 1.850,- für die ersten 20 Jahre, bzw. Cryokonservierung von Knochenmarkstammzellen für EUR 2.000,- für 10 Jahre. Das mittlere Nettoeinkommen lag in Rumänien im April 2008 laut Angaben des Nationalinstituts für Statistik bei 352 EUR).

chen Fortpflanzung[7] wurde im April 2004 zur Diskussion im Unterhaus des Parlaments vorgestellt, nach heftiger Kritik und in einer revidierten Fassung im November 2005 wieder auf den Tisch gelegt, um im Februar 2006 abgelehnt werden zu müssen. Bei dem heutigen Stand und in Abwesenheit einer gesetzlichen Regulierung der Reproduktionsmedizin bleibt die Frage nach dem Schicksal der überzähligen Embryonen ungeklärt.[8] Durch die Empfehlung der Europäischen Kommission, neue Qualitäts- und Sicherheitsnormen in der Transplantationsmedizin auf nationaler Ebene sicherzustellen, hat Rumänien das Gesundheitsreformgesetz (Juli 2006) an die Richtlinie 2004/23/EC angepasst.[9] Damit wurde das 2003 verabschiedete Transplantationsgesetz aufgehoben. Das Gesundheitsreformgesetz behandelt tangential das Objekt des gescheiterten Reproduktionsgesetzes von 2004. Im vollen Bewusstsein, dass man früher oder später diese Lücke ausfüllen muss, weist der Gesetzgeber darauf hin, dass die Anweisungen bezüglich der Organtransplantation auch bei der In-vitro-Fertilisation zu beachten sind. Mit anderen Worten, könnte man dann die In-vitro-Erzeugung von Embryonen so wie ihre Implantation als einen Spezialfall von Gewebeentnahme und -transplantation betrachten. Wie unbefriedigend diese Sichtweise ist, braucht man nicht mehr zu sagen. Was die Stammzelltherapie betrifft, macht das Gesundheitsreformgesetz aus den Stammzellen keinen Sonderfall, sondern betrachtet die autologe Transplantation mit hämatopoietischen Stammzellen als eine Art Zelltransplantation, deren Regulierung voll und ganz unter den Anweisungen steht, die in den Prozeduren der Organ-, Gewebe- und Zelltransplantation beinhaltet sind. Kein Wort wird über die embryonalen Stammzellen gesagt. Mitte 2008 gab es in Rumänien weder ein Reproduktionsgesetz noch ein spezielles Stammzellgesetz.

## III. Die bioethische Debatte am Beispiel der Reproduktionsmedizin

Die in den letzten drei bis vier Jahren aufgeflammte Reproduktionsmedizindebatte ist auf drei Ereignisse zurückzuführen, welche die Diskussion auf bestimmte Art und Weise gestaltet haben. *Erstens*, ist der schon oben genannte Reproduktionsgesetzentwurf zu erwähnen. Von den Kritikpunkten, die dem Entwurf entgegengesetzt wurden, möchte ich nur folgende nennen: Es wurde

---

7 „Proiect de lege privind sănătatea reproducerii şi reproducerea umană asistată medical".

8 Die Ärztekammer füllt die Lücke nicht aus. Rumänien hat die Oviedo-Konvention 2001 ratifiziert und damit die Erzeugung von Embryonen zu Forschungszwecken verboten.

9 „Legea privind reforma în domeniul sănătății" (96/2006).

eingewendet,[10] dass 1) der Gesetzentwurf den Ärzten übermäßige Entscheidungsrechte zugesteht, dass 2) die Kriterien für den Zugang zu ART diskriminierend sind, dass 3) die Familie und die Intimsphäre zu wenig geschützt werden und dass 4) der Datenschutz nicht gewährleistet ist. *Zweitens*, hat die Weite des Eizellspendephänomens[11] in 2004 dazu veranlasst, dass mehrere Institutionen und NGOs bis zur damaligen Justizministerin Monica Macovei in der Öffentlichkeit aufgetreten sind und sich kritisch gegen die Instrumentalisierung von Fortpflanzung und gegen neue Ausbeutungsformen geäußert haben. Provita Media hat u.a. das Gesundheitsrisiko der Eizellspendeprozedur und die Gefahr der Ausnutzung der schlechten ökonomischen Situation der potenziellen Spenderinnen betont. Der Beschluss des Europäischen Parlaments zum Handel mit menschlichen Eizellen vom 10. März 2005 qualifizierte die Aktivitäten der „Global Arts Clinic" in Rumänien als „gewerbliche Tätigkeit" und daher als „inakzeptabel". *Drittens*, hat die Anfang 2005 ausgelöste Debatte um die künstliche Fortpflanzung auf die Stärken und Schwächen der Medizin aufmerksam gemacht. Während das Leitmotiv der Eizellspendedebatte das Instrumentalisierungsverbot ausmachte, hat der Fall von Adriana Iliescu, die mit 66 Jahren das erste Mal ein Kind bekam, die Frage nach den Grenzüberschreitungen aufgeworfen. Ich halte alle drei Debatten als beispielhaft für das Schauspiel von pros und contras auf der Bühne der Öffentlichkeit. Die Argumentationsmuster und die Positionen differieren nicht grundsätzlich von dem, was sich in der weltweit geführten bioethischen Debatte herauskristallisiert hat. Der Überbetonung der personalen Autonomie im Falle der 66-jährigen Mutter wurden Überlegungen über das Wohl des Kindes und über Sinn und Aufgabe des medizinischen Ethos entgegengesetzt. Das Verbot der Kommerzialisierung von menschlichen Organen, Gewebe und Zellen wurde mit dem Plädoyer für Forschungsfreiheit und wissenschaftlichen Fortschritt abgewogen. Dabei rief jeder Versuch, Grenzen nach vorne zu verschieben, zwei psychologisch zu erwartende Reaktionen auf der Gefühlsebene hervor: Enthusiasmus seitens der Liberalen *versus* kräftigen Widerstand seitens der Konservativen. Die Debatte veranschaulichte großzügig

---

10 Die Entscheidung des Verfassungsgerichtshofs gab im Juli 2005 dokumentierte Auskunft über eine Reihe verfassungswidriger Vorschriften des Gesetzentwurfes. (Vgl. „DECIZIE nr. 418 din 18 iulie 2005 asupra sesizării de neconstituționalitate a Legii privind sănătatea reproducerii şi reproducerea umană asistată medical", http:/www.cdep.ro/pls/legis/legis_pck.htp_act_text?idt=65289).

11 Das geplante Handelsabkommen zum regulären Eizellhandel zwischen Rumänien und Großbritannien wurde unter dem Namen „Bridge International Embryo Importation Programme" bekannt.

und mit Lokalkolorit das ständige Hin und Her „from ‚Wow!' to ‚Yuck!'".[12] Diese emotionsbeladenen Reaktionen zeigten sich in zahlreichen öffentlichen Stellungnahmen und Presseberichten im Falle der 66-jährigen Mutter.[13]

## IV. Hintergrund landesspezifischer, bioethischer Debatte. Argumente, Akteure und Positionen

Um von einer Stammzelldebatte sprechen zu dürfen, würde man wahrscheinlich mehr brauchen, als die eher bescheidene Reihe von Presseberichten, Stellungnahmen in den Diskussionsforen und sporadischen Initiativen zur Regelung sämtlicher Anwendungsbereiche der Biotechnologie. Dabei greift der Unreifevorwurf zu kurz.[14] Wie schon angedeutet, gibt es strukturelle Gründe, warum die Frage nach der Forschung an Embryonen in der rumänischen Gesellschaft noch nicht so brisant erscheint.

1) Der erste Grund ist, dass es so gut wie keine privaten Investitionen in der Stammzelltherapie gibt. Die Forschung wird in diesem Feld fast ausschließlich mit staatlichen Mitteln und unter Beschränkung auf Untersuchungen mit adulten Stammzellen gefördert. Damit habe ich den ersten wichtigen Akteur auf der Bühne der Stammzelldebatte genannt, nämlich das rumänische Ministerium für Bildung, Forschung und Jugend. Erste Anforderung an die Forschung ist, neue

---

12 *John Harris*, Enhancing Evolution. The Ethical Case for Making Better People, Princeton University Press 2007.

13 Mehr über die Reproduktionsmedizindebatte in: *Bogdan Olaru*, „More autonomy – new responsibilities? The concept of personal autonomy in the reproductive issues", *Romanian Journal of Bioethics*, 4/1 (2006), S. 36-42 und *ders.*, „The Bill on assisted reproductive technologies failed to get passed. Romania is still looking for a solution", in: *ders.* (Hrsg.), Controverse etice în epoca biotehnologiilor. Autonomie individuală şi responsabilitate socială, Iaşi: Universitätsverlag, 2008, S. 245-260.

14 Teodora Manea ist der Meinung, dass die rumänische Gesellschaft den Herausforderungen einer echten ethischen Debatte einfach nicht gewachsen sei: „Zum einen sind die tatsächlichen Entwicklungen und Forschungsgegenstände zu wenig bekannt, zum anderen fehlt es in der rumänischen Gesellschaft an dem nötigen ethischen Problembewusstsein" (*T. Manea*, „Diskurslinien...", 2005, S. 507). Die Autorin erklärt die Knappheit an Argumenten und Stellungnahmen durch eine erzwungene Fokussierung auf die lebensnotwendigen Bedürfnisse des Alltags und verdeutlicht den Mangel an „ethische[m] Problembewusstsein" durch ein mimetisches Verhalten bezüglich der Übernahme sämtlicher europäischer Übereinkommen. Sie beendet ihre Analyse eher misstrauisch gegenüber der künftigen Rezeptivität der Bevölkerung für bioethische Fragen: „Ist die bioethische Debatte im Allgemeinen ein Luxus, den die rumänische Gesellschaft sich, zumindest gegenwärtig, nicht leisten kann?" (S. 516).

Therapien für die in der Bevölkerung weit verbreiteten Erkrankungen zu entwickeln. Somit vertritt der wichtigste Geldgeber auf dem Stammzellforschungsmarkt eine pragmatische und eher konservative Position. (Vgl. Abschnitt I.) Rumänien kennt also nicht die sich in der amerikanischen Gesellschaft vertiefende Spaltung zwischen privater und staatlicher Initiative. Auch nicht die dort quälende Frage, ob man die Entwicklung neuer embryonaler Stammzelllinien, angesichts des starken Vorsprungs privater Unternehmen, aus dem Bundeshaushalt finanzieren sollte. Gäbe es eine etwas weniger strenge Forschungspolitik, wäre auch in Rumänien mehr Interesse seitens der Forscher und Mediziner vorhanden, Forschung an embryonalen Stammzellen zu betreiben. Dass es wenig ablehnende Reaktionen gegen Forschung an embryonalen Stammzellen in der Öffentlichkeit gibt, beweist nur, dass das genannte Interesse sich noch nicht nachdrücklich geäußert hat, geschweige denn sich durchgesetzt hat. Das erklärt noch nicht, warum die Biomediziner weniger rezeptiv für Forschung an embryonalen Stammzellen zu sein scheinen als ihre Kollegen im Ausland. Dieser Umstand lässt sich leicht erklären, wenn man sich die Knappheit finanzieller Mittel anschaut.[15] Die Spezialisten sind quasi gezwungen, sich den Forschungsthemen zu widmen, die den größtmöglichen praktischen, d.h. therapeutischen, Gewinn versprechen und gleichzeitig die größtmögliche Akzeptanz in der Öffentlichkeit genießen.

2) Dabei kommt in der Gestaltung der öffentlichen Rezeption einem zweiten Akteur eine wichtige Bedeutung zu. Die Gesamttätigkeit im Bereich der Transplantationsmedizin wird unter die Leitung einer zentralen Behörde gestellt und von dort koordiniert. Die nach 2004 entstandene „Agenția Națională de Transplant" (Die Nationale Transplantationsbehörde, eine Einrichtung des Gesundheitsministeriums) ist für jede Manipulation von menschlichen Organen, Gewebe und Zellen zuständig. Es ist also anzunehmen, dass jedes auf Stammzelltransplantation basierende therapeutische Verfahren sowie alle mit Stammzellbanken verbundenen Maßnahmen und Prozeduren (bezüglich Entnahme, Einlagerung, Konservierung, Transport etc.) von dieser Behörde überwacht und überprüft werden müssen. Das Gesundheitsreformgesetz (96/2006) sieht vor, dass bei der Transplantation von adulten Stammzellen dieselben Protokolle durchgeführt werden müssen wie bei Organentnahme und -transplantation. Die zentralisierte Verwaltung und die vereinheitlichte Vorgehensweise in der Transplantationsmedizin gekoppelt mit der quasi Abwesenheit der Forschung an embryonalen Stammzelllinien ist also ein zweiter Grund, warum es im Prinzip we-

15 Darüber geben die Budgets der in Rahmen des VIASAN-Programms durchgeführten einzelnen Forschungsprojekte Auskunft.

nig Anlass gibt, aus der Stammzellfrage eine Sonderfrage zu machen. Wie bei jeder Transplantation, sollen laut dem Gesundheitsreformgesetz auch im Falle einer Transplantation mit hämatopoietischen Stammzellen das Prinzip der menschlichen Integrität, die Forderung nach aufgeklärter Zustimmung und das Patientenwohl respektiert werden. Dabei sind für die Gewährleistung dieser Bedingungen Ethikkommissionen auf lokaler Ebene verantwortlich.[16]

3) Ein dritter Grund für den eher moderaten Ton der Stammzelldiskussion macht die Bedeutung eines weiteren Akteurs deutlich. Die Zurückhaltung der Mediziner gegenüber der Forschung an embryonalen Stammzellen ist mit dem in der Bevölkerung verbreiteten Vorbehalt, bestimmte stark verfestigte Tabus zu brechen, zu vergleichen. Für die Weiterverfestigung solcher Tabus sorgt die konservative Position der Orthodoxen Kirche, die sich für 90% der Bevölkerung als repräsentativ erachtet. Die Kirche sieht den Anfang des menschlichen Lebens schon in der Verschmelzung von Keimzellen. Es gilt ein uneingeschränkter Lebensschutz des Embryos. Obwohl die rumänisch-orthodoxe Kirche noch keine offizielle Stellungnahme zur Frage der Stammzellforschung veröffentlicht hat, ist von einem absoluten Verbot jeder Form embryonaler Stammzellforschung auszugehen.[17] Um die Stammzellfrage im Licht des in Rumänien herrschenden religiösen Hintergrunds näher betrachten zu können, müssen wir uns auf die Stellungnahmen anderer christlich-orthodoxer Gemeinschaften beziehen.[18] In den rumänischen Diskussionsforen und auf Internetportalen, die den Debatten über aktuelle Themen aus einer christlich-orthodoxen Perspektive gewidmet sind, werden gewöhnlich u.a. Arbeiten aus dem amerikanischen Raum zitiert. In der Frage der embryonalen Stammzellforschung verbietet bspw. die konservative

---

16 Jede Transplantation wird von einer lokalen Ethikkommission, d.h. in jedem Krankenhaus und Uniklinikum, individuell analysiert und bewilligt. Mitglieder der Ethikkommission sind: ein Bioethiker (oder ein Arzt), ein Psychologe (oder ein Psychiater) und ein Arzt, der nicht zum Team gehört, das die Transplantation durchführt (Gesundheitsreformgesetz 96/2006, § 146).

17 Diesen Rückschluss erlaubt die Stellungnahme der Kirche bezüglich der Abtreibung. Auf der Internetseite des rumänisch-orthodoxen Patriarchs wird die Position der Kirche in Sachen Abtreibung, Euthanasie und Organtransplantation dokumentiert. Aus der relativ offenen Sicht der Kirche gegenüber der Transplantationsmedizin lassen sich eventuell Rückschlüsse auf eine freundliche Einstellung der Kirche gegenüber der Therapie mit adulten Stammzellen und Stammzellen aus der Nabelschnur ziehen. (http://www.patriarhia.ro/Site/Comisii/bioetica.html)

18 Vgl. die Stellungnahmen der Orthodoxen Kirche in Amerika und der Antiochianischen Erzdiözese (http://www.orthodoxresearchinstitute.org/articles/ethics/oca_embryonic_stem_cell.htm).

Position jede Form von Experimentieren an Embryonen. Auch wenn es den Forschern gelingen würde, embryonale Stammzellen zu gewinnen, ohne dass dadurch den Embryonen die kleinste Schädigung zugefügt wird (d.h. auch wenn sie lebensfähig bleiben), ist ein derartiges Vorhaben aus der „sanctity of life"-Perspektive ethisch nicht vertretbar. Dasselbe gilt für die Verwendung von biologischem Material aus abgetriebenen Föten und überzähligen Embryonen. Weder das eine noch das andere soll als Quelle für embryonale Stammzellen in Betracht kommen, weil „two wrongs don't make a right".[19] Andere Stellungnahmen versuchen die Problematik differenziert zu behandeln. Für den amerikanischen Theologen H. Tristram Engelhardt jr. sind die aus der Embryonenforschung erworbenen Kenntnisse ohnehin nützlich.[20] Die Frage ist, ob es moralisch akzeptabel ist, sie auch zu verwenden. Engelhardt jr. argumentiert, dass es im Prinzip keinen Einwand gegen den Gedanken gäbe, etwas, das mit verwerflichen Mitteln erreicht wurde, für einen guten Zweck zu verwenden, solange man in keinerlei Hinsicht in folgenden Handlungen involviert ist: 1) die Verwendung der moralisch unvertretbaren Mittel, 2) die Förderung dieser Mittel, 3) Unterlassungen im Kampf gegen diese Mittel und 4) die aktive Beteiligung am „öffentlichen Skandal", den die Verwendung dieser Mittel hervorruft. Engelhardt jr. versucht das Ganze noch einmal metaphorisch darzustellen und gibt uns ein anschauliches Bild für das, was man als „Argument des unschuldigen Brunnens" bezeichnen kann: „Man darf Wasser aus einem Brunnen trinken, der durch Zwangsarbeit entstanden ist." Für die auf diesem Argument aufbauende Position sind also ethisch vertretbar: 1) die therapeutische Verwendung von Gewebe und Zellen, die von toten Embryonen sowie von toten oder abgetriebenen Föten stammen; 2) die Forschung mit den schon bestehenden Stammzelllinien; 3) die Verwendung von überzähligen Embryonen aus den IVF-Kliniken für For-

---

19 „The position of the Orthodox Church on embryonic stem cell research is, 'In light of the fact that Orthodox Christianity accepts the fact that human life begins at conception, the extraction of stem cells from embryos, which involves the willful taking of human life – the embryo is human life and not just a clump of cells – is considered morally and ethically wrong in every instance.' … Even if there were a way to experiment on human embryos without killing them, such use of preborn children would, I believe, constitute abuse. Remember, according to Holy Tradition, we're talking about people! It would be equal to experimenting on you or me, alive, and without our consent." (Destructive Embryonic Stem Cell Research by *Father Mark Hodges*, http://www.antiochian.org/stem-cell-research, aufgerufen am 16.06.2008)

20 *H. Tristram Engelhardt jr.*, The Foundations of Christian Bioethics, M & M Scrivener Press 2000, S. 260 ff. Ausschnitte aus dem 5. Kapitel „Procreation: Reproduction, Cloning, Abortion, and Birth" sind für den rumänischen Leser verfügbar unter: http://www.crestinortodox.ro (aufgerufen am 25.10.2007).

schungszwecke. Nur das „making embryos for harvesting cells“ lässt sich auf keinen Fall rechtfertigen. Das ist die liberalste Position, die man innerhalb der christlich-orthodoxen Weltanschauung dokumentieren kann, eine Sichtweise, die sich traditionell der „pro-life“-Stellung verpflichtet fühlt.

## V. Überblick

Die Forschungspolitik und der religiöse Hintergrund haben zur Rezeption der Stammzellfrage in Rumänien erheblich beigetragen. Einerseits hat sich ein pragmatischer, an therapeutischen Resultaten orientierter Ansatz durchgesetzt, der sich von ethisch kontroversen Fragen in der Forschung möglichst weit fernhält und gleichzeitig an einer optimistischen Perspektive sorgfältig, in kleinen Schritten arbeitet. Andererseits findet die Vorstellung, der Embryo sei ein menschliches Wesen, dessen Existenz Schutz und Respekt genießen muss, eine immer noch breite Zustimmung. Wie die Erfahrung anderer Länder zeigt, korreliert starke Religiosität nicht perfekt mit der Ablehnung gegenüber embryonaler Stammzellforschung.[21] Das gilt besonders in einer Gesellschaft, die sich in einem aszendenten Entwicklungsstand befindet. Noch wird der Beitrag neuer Technologien zum allgemeinen Fortschritt und Wohlstand als hoch eingeschätzt und das Vertrauen zu ihrem Potenzial kann moralische Vorbehalte überwiegen. Auch wenn die Kirche an der Stammzelldebatte nicht sehr beteiligt zu sein scheint, ist ihr Einfluss in der Gesellschaft eher stark, obwohl nur diffus und nicht strukturiert, so dass man erwartet, dass die religiösen Anschauungen in der Öffentlichkeit auf indirekte Weise Einfluss auf die Debatte nehmen und im säkularen Staatswesen auf die politischen Entscheidungen. Man könnte meinen, dass durch das Verbot der Forschung an embryonalen Stammzellen die Öffentlichkeit von schmerzhaften Querelen verschont worden ist und dass man vielleicht dadurch auch viel Energie gespart hat. Das Phänomen Stammzellforschung und seine Rezeption sind einen ethisch „sauberen“ Weg gegangen, was natürlich den Akteuren, ihrer Naivität und Unerfahrenheit zuzuschreiben ist. Damit ist aber der nun folgende Weg weder für die Stammzellforschung noch für die damit verbundene ethische Debatte zwangsläufig eingeengt worden. Solange weltweit das Interesse für Alternativquellen zu embryonalen Stammzellen fortbesteht, wie z.B. der Versuch, adulte Zellen zu pluripotenten Zellen umzuprogrammieren, wird es sicherlich weitere Herausforderungen für die ethische Reflexion geben.[22]

21 Vgl. Eurobarometer 64.3 „Europeans and Biotechnology in 2005: Patterns and Trends“.

22 Die Suche nach Alternativwegen zur Gewinnung von menschlichen Stammzellen treibt weltweit die Stammzelldebatte voran. Für Hinweise auf neue Argumentations-

Ich sehe keinen Grund, warum die Öffentlichkeit und die rumänischen Spezialisten, die an der Forschung aktiv beteiligt sind, für diese neue Entwicklung weniger rezeptiv sein sollten, als sie es für bestimmte Anwendungsbereiche der Biotechnologie schon waren.

---

muster und auf die Gestaltung dieser Debatte in absehbarer Zeit vgl. den Bericht „Alternative Sources of Human Pluripotent Stem Cells. A White Paper", verfasst 2005 von *The President's Council on Bioethics* (http://www.bioethics.gov).

# Bioethik am Beispiel der Stammzelldebatte in der Türkei

*Ilhan Ilkilic / Abdullah Takim*

Es ist bekannt, dass die rasanten Entwicklungen in der biomedizinischen Forschung nicht nur neue diagnostische und therapeutische Maßnahmen ermöglichen, sondern auch für die Menschheit bis jetzt unbekannte ethische Fragen aufwerfen. Dazu gehören auch die ethischen Fragen, die durch die Forschung an menschlichen embryonalen Stammzellen entstanden sind. Die Entwicklung der fachlichen und gesellschaftlichen Diskussionen um diese Probleme lassen sich von den kulturellen Prägungen und historischen Entwicklungen des jeweiligen Landes nicht trennen. Diesbezüglich stellt die Diskussion um die Stammzellforschung in der Türkei ein interessantes Phänomen dar, das Gegenstand dieses Beitrags ist. Es ist sinnvoll zu betonen, dass diese Darstellung mit einigen Schwierigkeiten verbunden ist. Denn 99% der in der Türkei lebenden Menschen sind Muslime, wobei der Laizismus die Grundlage der staatlichen Organisation bildet. Deswegen ist die Systematisierung und Kategorisierung der Argumente über die Embryonen verbrauchende Stammzellforschung mit gewissen Hindernissen verbunden.[1] Mit diesem Problembewusstsein werden in diesem Beitrag zunächst der Embryo-Begriff der islamischen Quellen und islamische Argumente zum moralischen Status des Embryos dargestellt. Anschließend werden die von türkischen Rechtsgelehrten, Forschern und Medizinern vertretenen Positionen diskutiert.

## Der Embryo in den islamischen Grundquellen

Der Koran beschreibt an einigen Stellen die Entwicklung des Menschen im Mutterleib und spricht von einem Einhauchen der Seele.

> „Zuerst erschuf Er den Menschen aus Ton, dann machte Er seine Nachkommenschaft aus dem Erguss eines verächtlichen Wassers. Dann formte Er ihn und blies ihm von seinem Geist ein. Und Er machte euch Gehör, Augenlicht und Herz..." (Sure, d.h. Korankapitel, 32/7-9).

1 Vgl. *Ilkilic* (2006).

Ein anderer Vers erklärt die menschliche Entwicklung im Mutterleib, das Auf-die-Welt-Kommen, das Sterben nach einer gewissen Lebenszeit sowie die Wiederauferstehung im Jenseits als Komponenten eines Kontinuums mit unterschiedlichen ontologischen Qualitäten.

> „Und wahrlich, Wir schufen den Menschen aus einem entnommenen Ton. Dann machten Wir ihn zu einem Tropfen (nutfa) in einem festen Aufenthaltsort. Dann schufen Wir den Tropfen zu einem Embryo (‘alaqa), und Wir schufen den Embryo zu einem Fötus (mudga), und Wir schufen den Fötus zu Knochen. Und wir bekleideten die Knochen mit Fleisch. Dann ließen wir ihn als eine weitere Schöpfung entstehen. Gott sei gesegnet, der beste Schöpfer! Dann werdet ihr nach all diesem sterben. Dann werdet ihr am Tag der Auferstehung auferweckt werden.“ (Sure 23/12-16).

Es ist sinnvoll, an dieser Stelle anzumerken, dass der koranische Embryobegriff (wörtlich: Blutklumpen) nicht mit dem Embryobegriff der modernen Biologie zu identifizieren ist.[2]

Der Koran selbst nennt keine konkreten Angaben über den genauen Zeitpunkt der Beseelung. Im Gegensatz dazu finden wir in einem Prophetenausspruch folgende Angaben:

> „Wahrlich, die Schöpfung eines jeden von euch wird im Leibe seiner Mutter in vierzig Tagen (als Samentropfen [nutfa]) zusammengebracht; danach ist er ebenso lang ein Blutklumpen [‘alaqa]; danach ist er ebenso lang ein kleiner Fleischklumpen [mudga]. (...) Dann haucht Er ihm die Seele ein.“[3]

Es gibt jedoch andere Prophetenaussprüche, die zu anderen Zeitpunkten den Embryo als beseelt erklären. Obwohl der Koran den genauen Zeitpunkt der Beseelung nicht nennt, hat sich in manchen Rechtsschulen, basierend auf den zitierten Prophetenausspruch, folgende Berechnung durchgesetzt: Für alle in den oben zitierten Versen genannten Entwicklungsstadien bis hin zur Einhauchung der Seele, also vom Wassertropfen (nutfa) zum Embryo (‘alaqa) bis hin zum Fötus (mudga), werden jeweils 40 Tage berechnet. Insgesamt sind es somit 120 Tage bis zum Zeitpunkt der Beseelung. Berücksichtigt man andere Prophetenaussprü-

---

2 Auch wenn in der Literatur Versuche existieren, die beiden Begriffe zu identifizieren, lassen sich solche Arbeiten wissenschaftlich nicht nachvollziehen: vgl. dazu *Syed* (1989).

3 *Rassoul* 1996, S. 673.

che, so gelangt man freilich zu anderen Zeitpunkten (z.B. 40. oder 80. Tag) für die Beseelung.[4]

**Moralischer Status des Embryos**

Die Auslöser für die Diskussionen um den moralischen Status des Embryos in der islamischen Geistesgeschichte waren in erster Linie strafrechtliche oder familienrechtliche Themen wie Schwangerschaftsabbruch oder Empfängnisregelung. Die philosophischen Fragestellungen und Diskussionen, zurückgehend auf die aristotelische und galenische Tradition,[5] entwickelten sich erst später als die juristischen Diskussionen und waren für die islamrechtlichen Urteile nicht maßgeblich. Auch wenn die systematischen Debatten über die Schutzwürdigkeit des Embryos erst nach der Etablierung der Rechtsschulen im 8. und 9. Jahrhundert entstanden, sind uns frühere juristische Urteile über Schwangerschaftsabbruch bzw. dessen Ursache und die damit verbundenen Strafmaßnahmen bekannt, die bis zur Zeit des Propheten Muhammad (570-632 n. Chr.) und der sog. „rechtgeleiteten Kalifen" (632-661) zurückgehen.[6]

Die Beseelung des Embryos erlangt in den Diskussionen der islamischen Jurisprudenz (Fiqh) um den moralischen Status des Embryos bzw. Fötus eine gewisse Geltung. Es herrscht jedoch unter den Rechtsgelehrten weder über den Zeitpunkt der Beseelung noch deren normative Bedeutung Einigkeit. Deswegen weichen die Beurteilungen der islamischen Rechtsschulen über den von Menschen verursachten Schwangerschaftsabbruch stark voneinander ab. Ein Schwangerschaftsabbruch vor dem 120. Tag der Schwangerschaft ist bei den Zaiditen, einem Teil der Hanafiten sowie der Schafiiten erlaubt. Bei einem Teil der Hanafiten und Schafiiten ist er verpönt, jedoch aus triftigem Grund erlaubt. Ein Teil der Malikiten erklärt den Schwangerschaftsabbruch ausnahmslos als verpönt. Nach der offiziellen Meinung der Malikiten ist der Schwangerschaftsabbruch verboten. Bei Hanbaliten ist er nach dem 40. Tag verboten. Alle Rechtsschulen sind sich jedoch darin einig, dass ein Schwangerschaftsabbruch nach Einhauchung der Seele in den Fötus, also ab dem 4. Monat, unzulässig ist. Ab diesem

4 *Canan* 1999, S. 5-21.

5 Vgl. *Musallam* 1990, 32-46.

6 Vgl. *Khoury* 1981, S. 8-11.

Zeitpunkt kann er nur dann durchgeführt werden, wenn das Leben der Mutter gefährdet ist.[7]

Der Islamic Code of Medical Ethics, der nach der Konferenz „The First International Conference on Islamic Medicine“ im Jahre 1981 deklariert worden ist, spricht von der Heiligkeit des menschlichen Lebens auch im Mutterleib und schreibt dem Embryo eine gewisse Schutzwürdigkeit zu. Nur aufgrund medizinischer Notfälle kann eine Schwangerschaft abgebrochen werden.

> „The sanctity of life covers all its stages including intrauterine life of the embryo and fetus. This shall not be compromised by the Doctor save for the absolute medical necessity recognised by islamic jurisprudence.“[8]

Da die embryonale Stammzellforschung (ES-Zellen) mit der Tötung des Embryos verbunden ist, wurde sie von vielen Autoritätskreisen mit einem Schwangerschaftsabbruch gleichgesetzt. Daher ist es nicht überraschend, wenn in den Diskussionen über die Stammzellforschung der Fokus auf den Moment der Beseelung des Embryos gelegt wird. Dazu der arabische Rechtswissenschaftler Isam Ghanem:

> „Embryo Research is (...) legal under Islamic Jurisprudence provided the foetus is under 120 days old and provided both the mother and husband together consent to such research.“[9]

Die Stellungnahme der „First International Conference on Bioethics in Human Reproduction Research in the Muslim World“ im Jahr 1991 argumentiert mit dem im europäischen Diskurs problematischen Begriff „pre-embryo“[10] und plädiert für eine Forschung mit Embryonen, die nach einer In-vitro-Fertilisation übrig geblieben sind.

> „The excess number of fertilized eggs (pre-embryo) can be preserved by cryopreservation. (...) These pre-embryos can be used for research pur-

---

7 Vgl. *Gräf* 1967, S. 228-232; *Elwan* 1967, S. 469-470; *Mahmood* 1977, S. 39-48; *Khoury* 1981, S. 7; *Musallam* 1983, S. 61-88; *Omran*, 1992, S. 225-238; *Lohlker* 1996, S. 22 u.a.

8 *Islamic Code of Medical Ethics*, Kuwait Document, International Organization of Islamic Medicine (Hrsg.), Kuwait 1981, S. 66.

9 *Ghanem* 1991, S. 14.

10 Vgl. *Jones/Telfer* 1995, S. 32-49.

> poses on methods of cryopreservation provided a free and informed consent is obtained from the couple."[11]

Hervorgehoben wird in dieser Stellungnahme das Einverständnis des rechtlich verheirateten Ehepaares, die Ausschließung kommerzieller Interessen und klare, wissenschaftlich nachvollziehbare therapeutische Forschungsziele.[12] Eine ähnliche Einstellung pflegt auch „The Fiqh Council of North America", das aus in den USA lebenden Medizinern, Rechtsgelehrten und Islamwissenschaftlern besteht. In ihrer 2001 veröffentlichten Stellungnahme[13] plädieren sie dafür, nicht eingepflanzte Embryonen für Forschungszwecke zu verwenden.[14]

Diese und ähnliche Argumente sind jedoch nur dann vertretbar, wenn man die islamrechtliche Position, die eine Abtreibung auch ohne einen triftigen Grund bis zum 40. bzw. 120. Tag erlaubt, als Entscheidungsgrundlage nimmt. Diejenigen Positionen aber, die eine Abtreibung – solange eine Schwangerschaft das Leben der werdenden Mutter nicht gefährdet – als absolut verboten erklären, sollten die Forschung an embryonalen Stammzellen kategorisch ablehnen. Komplizierter scheint es, über den Standpunkt zu urteilen, der die Tötung eines Embryos nur dann erlaubt, wenn triftige Gründe vorliegen. Vertreter dieser Position müssen beantworten, ob die Forschung an Embryonen aufgrund der Hoffnung, Therapieformen für bestimmte Krankheiten zu finden, gerechtfertigt sei. Dies zu rechtfertigen, scheint aber nicht einfach zu sein, wenn man dabei die klassischen Argumente, die eher familiäre und soziale Bedingungen vor Augen hatten, berücksichtigt. Da es sich um andere Intentionen und Handlungsziele handelt, ist eine kasuistische Positionsbestimmung mit mehreren methodischen Problemen behaftet.

## Gründe der Meinungsvielfalt zur moralischen Beurteilung der embryonalen Stammzellforschung

Die unterschiedlichen Positionen zur Forschung mit und an menschlichen embryonalen Stammzellen in der innerislamischen Diskussion sind auf mehrere

---

11 *Serour/Omran* 1992, S. 30-31 u. vgl. *Serour* 1997, S. 171-188.

12 Vgl. *Serour,* 1997, S. 176 f.

13 Vgl. http://www.fiqhcouncil.org/articles/EmbryonicStem-CellResearch.asp (25.06.2003).

14 Aufgrund der großen Bedeutung der Abstammungslinie (*nasab*) in der islamischen Rechtslehre werden sowohl die Leihmutterschaft als auch die Embryo-Adoption abgelehnt. Diese Rechtslage bietet sicherlich eine zusätzliche Unterstützung für diese Position.

Gründe zurückzuführen. Ein wesentlicher Grund ist der strukturelle Charakter der islamischen Urteilsfindung. Das Fehlen einer Hierarchie – wie sie etwa in der katholischen Kirche vorzufinden ist – unter den Rechtsgelehrten und kompetenten Personen sowie spezifische Urteilsbildungen machen es unmöglich, nur eine Beurteilung als einzig gottgewollte Entscheidung zu deklarieren.[15] Diese Meinungsvielfalt, auf welche die Muslime stolz sind, bietet dem Muslim für seine Gewissensentscheidungen mehr Raum. Gleichzeitig überfordern sie ihn jedoch in seinem Entscheidungsprozess.[16]

Ein weiterer wichtiger Grund für die Meinungsvielfalt ist die Methodik der islamischen Urteilsfindung in der Rechtslehre. Sie ist kasuistisch, d.h. von einem Präzedenzfall ausgehend, wird die aktuelle Handlung bzw. Straftat analysiert und beurteilt. Auch heute argumentieren vor allem Rechtsgelehrte mit Analogieschlüssen, die auf klassischen Argumenten der islamischen Geistesgeschichte basieren. Dieses kasuistische Verfahren stößt jedoch an seine Grenzen, wenn es um die Tötung von Embryonen für Forschungszwecke geht. In der klassischen Beurteilung eines Schwangerschaftsabbruchs werden die Konflikte, die die Mutter, die Familie oder die Gesellschaft direkt betreffen, unter die Lupe genommen und mit anderen Gütern abgewogen. Zweifelsohne ist es problematisch, wenn man nur diese Art der Urteilsfindung äquivalent als Entscheidungsgrundlage für die Embryonen verbrauchende Forschung benutzt. Denn die abzuwägenden Güter sind von unterschiedlicher Qualität.

## Ethische Normierung der Beseelung

Die Schutzwürdigkeit bzw. Nicht-Schutzwürdigkeit des unbeseelten Embryos hängt davon ab, inwiefern die Beseelung den moralischen Status des Embryos verändert. Weder in den Koranversen noch in den Prophetenaussprüchen sind explizite Aussagen über einen normativen Zusammenhang zwischen Beseelung und Schutzwürdigkeit des Embryos zu finden. Verändert das Einhauchen der Seele den Wert des Embryos nur graduell, dann könnte man daraus schwerlich eine „Nicht-Schutzwürdigkeit" des Embryos ableiten.

Die Argumente von al-Ghazzālī (gest. 1111), einem der einflussreichsten Gelehrten des islamischen Mittelalters, in seinem Hauptwerk *Ihya 'ulum ad-din* können in diese Richtung interpretiert werden.[17] Auch wenn der Embryo bis zur

15 Vgl. zu weiteren Problematiken des heutigen Fatwa-Wesens: *Ilkilic* 2002, S. 110-119; *Ilkilic* 2001, S. 510-521.

16 Vgl. *Ilkilic* (2002) u. *Ilkilic* (2007).

17 Vgl. *Bauer* 1917, S. 96 ff.

Geburt je nach Entwicklungsstadium mit unterschiedlichen Eigenschaften und Fähigkeiten ausgestattet ist, handelt es sich nach al-Ghazzālī um ein und dasselbe Lebewesen. Deswegen spricht er sich für den Schutz der befruchteten Eizelle aus, unabhängig von ihrer körperlichen Entwicklung und dem Zeitpunkt der Beseelung. Er bezeichnet die Tötung des Embryos als ein „Verbrechen", dessen Ausmaß parallel mit dem Alter des Embryos bzw. Fötus zunimmt. Er plädiert für eine abgestufte Schutzwürdigkeit des Embryos. Die Fragen nach dem moralischen Status des Embryos unterscheiden sich laut al-Ghazzālī nur in gradueller und nicht in kategorischer Hinsicht. Dazu al-Ghazzālī:

> „Empfängnisverhütung ist nicht mit Abtreibung und Kindestötung gleichzustellen, denn die letzteren sind Verbrechen gegen eine bestehende Existenz. Die Existenz besitzt mehrere Stufen: die erste Stufe besteht darin, dass das Sperma in den Uterus kommt, sich mit dem Wasser der Frau [Eizelle] mischt und sich auf die Aufnahme des Lebens vorbereitet; dies zu stören, ist ein Verbrechen. Wenn das empfangene Leben zu einem Embryo und einem Fötus wird, dann wird das Verbrechen noch schlimmer. Und wenn die Seele eingehaucht wird und der Fötus zu einem Geschöpf wird, steigert sich die Schlechtigkeit des Verbrechens. Die höchste Schlechtigkeit im Verbrechen ist erreicht, wenn das Kind lebend (von der Mutter) abgetrieben wird."[18]

Den Embryo vor seiner Beseelung als nicht schutzwürdig zu erklären, würde voraussetzen, dass die Beseelung eine kategorische Veränderung für den moralischen Status des Embryos darstelle.

Eine allgemeine Recherche über den Zeitpunkt der Beseelung in den klassischen Werken zeigt, dass dem 120. Tag eine unverkennbare Prävalenz zukommt. Dieser Vorzug lässt sich unseres Erachtens eher pragmatisch begründen. Für eine strafrechtliche Verfolgung einer Abtreibung ist die Feststellung der Schwangerschaft nötig. Trotz einiger unsicherer Schwangerschaftstests waren im islamischen Mittelalter die mehrmals ausbleibende Menstruation und die charakteristischen Veränderungen am Mutterleib sichere Anzeichen für eine Schwangerschaft, die aber einen langen Beobachtungszeitraum voraussetzen.[19] Ebenso war es mit den damaligen Diagnosemitteln schwierig, frühzeitig festzustellen, ob das Abgetriebene ein Embryo bzw. ein Fötus war, oder ob es sich um etwas anderes handelte. Auch wenn man damals einen früheren Zeitpunkt, den Zeitpunkt der

18 *Bauer* 1917, S. 96.

19 Vgl. zu Schwangerschaftstests im islamischen Mittelalter *Weisser* 1983, S. 154-159.

Befruchtung der Eizelle als Beginn des menschlichen Lebens ausgewählt hätte, so fehlte die technische Ausrüstung, um eine Schwangerschaft feststellen zu können. Diese und ähnliche Schwierigkeiten, die in den gegenwärtigen fachlichen islamrechtlichen Diskussionen kaum berücksichtigt werden, könnten Gründe für die relativ lange Frist – 120 Tage – sein, um damals eine ungerechte Strafe für den/die mutmaßliche/n Täter/in zu verhindern.

In den während der 60er und 70er Jahren geführten Diskussionen um die Familienplanung, Geburtenbeschränkung und den Schwangerschaftsabbruch lässt sich eine Position feststellen, die sich von den Beseelungstheorien distanziert und vielmehr auf das Tötungsverbot des Menschen bzw. der Kinder im Koran hinweist.[20] Diese Position erklärt die befruchtete Eizelle von Anfang an als schutzwürdig. Nicht die klassischen Beseelungstheorien stellen für diese Position eine Argumentationsgrundlage dar, sondern das koranische Tötungsverbot menschlichen Lebens, das die Tötung von Kindern aus Angst vor Armut einbezieht. Die Vertreter dieser Position unterstreichen auch, dass die Geburtenkontrolle eine unmittelbare Anordnung des Westens sei und nur dessen Interessen diene. Anstatt für eine Legitimation der Abtreibung zu stimmen, plädieren sie im Kampf gegen die Armut für eine gerechtere Verteilung der Weltressourcen, für Chancengleichheit und für den Kampf gegen Korruption.[21] Sicherlich haben die neuen Erkenntnisse in der Embryologie und vor allem die Visualisierung der embryonalen Entwicklung im Mutterleib bei der Entstehung der positiven Position zum Embryonenschutz eine wichtige Rolle gespielt. Inwieweit diese Argumente, die in einer bestimmten soziopolitischen Lage entstanden sind, für die normative Beurteilung des Embryos eine sichere Argumentationsgrundlage schaffen kann, bleibt offen.

Anschließend werden nun einige Diskussionsverläufe über die Stammzellforschung und andere bioethischen Themen in der Türkei kurz dargestellt.

## Debatten über Stammzellforschung in der Türkei

Es ist hervorzuheben, dass in der Türkei kein etablierter und fundierter interdisziplinärer Diskurs über die Embryonen verbrauchende Stammzellforschung vorhanden ist. Die Diskussionen, vor allem unter den Medizinern, sind von loka-

---

20 Vgl. *M. Abdul-Rauf* (1977), S. 126; *M. Šaltūt* (1965) S. 218-237; *Khoury* (1981) S. 24 f.

21 Vgl. *D. L. Bowen* (1997), S. 161-184.

len Forschungsinitiativen und internationalen wissenschaftlichen Entwicklungen geprägt.[22] Dazu einige Beispiele:

Die Ärztin Dr. Semra Kahraman aus dem Memorial Krankenhaus in Istanbul und Mitglied der Kommission Retortenbabys des türkischen Gesundheitsministeriums betont in einem Zeitungsbericht vom 20.07.2004, dass in der Türkei außer dem Klonverbot von Menschen „für die Produktion von Stammzellen kein Gesetz (Vorschriften) vorhanden ist". Weiterhin führt sie aus, dass „im Ministerium hinsichtlich der Produktion von Stammzellen, obwohl in den Gesetzen diesbezüglich keine Erklärung vorhanden ist, ein gemeinsamer Standpunkt entwickelt wurde." Demnach sollte die Stammzellforschung nur „bei der Behandlung der Krankheiten angewandt werden, die lebenswichtig sind". Kahraman und ihr Team arbeiten derzeit an der Entwicklung von anderen Zelltypen.[23]

Die Journalistin Bade Gürleyen schreibt stolz in ihrem Bericht vom 04.03.2004 in der populären türkischen Zeitschrift Tempo (vergleichbar mit der Zeitschrift Stern): „Die Behandlung mit Stammzellen schreitet in der Türkei voran, dass in der Medizinischen Fakultät der Ege-Universität, etwa 10 Patienten, die nicht durch Bypass operiert werden können, Stammzellen in das kranke Herz eingeführt wurden."[24] Stammzellübertragung wird auch vor allem in großen Forschungszentren der Türkei betrieben.

Was das Klonen betrifft, so haben sich die Wissenschaftler in der Türkei in zwei Lager gespalten. Eine Gruppe ist strikt gegen das Klonen, während eine andere Gruppe von Experten das sog. therapeutische Klonen als zulässig ansieht, also keine ethischen Bedenken dagegen hat. Prof. Dr. Mahmut Bayik von der Medizinischen Fakultät der Marmara Universität, der mit seinem Team viele Versuche mit Stammzellen durchgeführt hat, betont die klassische Aussage: die Stammzellforschung stelle für die Behandlung vieler Krankheiten eine Hoffnung

---

22 *Takim, A.* (2006).

23 Vgl. http://www.cnnturk.com.tr/SAGLIK/haber_detay.asp?PID=164&HID=1&haber ID=74313

24 Diese Versuche in der Medizinischen Fakultät der Ege-Universität wurden von Prof. Dr. *Serdar Bedi Omay* und seinem Team durchgeführt. Dabei wurden 10 Patienten, die einen Herzinfarkt erlitten haben und nicht durch Bypass operiert werden können, mit der Einwilligung der Patienten, Stammzellen in die Gebiete des Herzens übertragen, wo Gewebeschäden vorlagen. Diese Patienten, die 4 Monate lang beobachtet wurden, zeigten deutliche Verbesserungen sowohl in ihrer Lebensqualität als auch, was ihre Krankheiten betrifft. Bei diesen Patienten wurden Stammzellen, die aus ihrem eigenen Blut gesammelt wurden, benutzt. Das gleiche Verfahren wurde auch bei Patienten, die neurologische Probleme haben, angewendet.

dar. Außerdem hebt er hervor, dass die technische Ausstattung in der Türkei für das Klonen von Menschen nicht hinreichend ist. Jedoch gäbe es in der Türkei keine Instanz, die eine Erlaubnis erteilen kann. Bayik vertritt die Ansicht, dass nur das Klonen von Embryos für therapeutische Zwecke ethisch gerechtfertigt werden kann. Dabei liefert er keine ethische Begründung zu seiner Position.[25]

Man stellt fest, dass die äußerst positiven und unkritischen Berichterstattungen über die Möglichkeiten der Stammzellforschung neue finanziell attraktive Felder öffnen. Vor allem die Hoffnung erweckenden Berichte über Stammzellen bieten für die Nabelschnurblutbanken ein lukratives Geschäft. Diese Blutbanken werben mit dem Slogan: „Das Nabelschnurblut stellt für jede Krankheit eine Medizin dar", und verfolgen eher finanzielle Interessen. Obwohl viele Fragen in diesem Bereich noch offen sind, werden die im Nabelschnurblut sich befindenden Stammzellen als Lösung für alle Krankheiten dargestellt. Dabei sind auch viele ethische Fragen wie angemessene Beratung oder zukünftige Aufbewahrung und Datenschutz ungeklärt.[26]

Das türkische Gesundheitsministerium hat jedoch mittlerweile einen Gesetzentwurf ausgearbeitet, um den Mißbrauch der Nabelschnurblutbanken zu stoppen. Diese gesetzlichen Regelungen in Form einer Durchführungsverordnung sehen vor, dass die Nabelschnurblutbanken das Nabelschnurblut versichern und nur in der Türkei aufbewahren können. Außerdem soll ein Nationaler Nabelschnurblut Koordinationsrat (Ulusal Kordon Kani Koordinasyon Kurulu [U-KOK]) gegründet werden, der die Nabelschnurblutbanken kontrolliert und die „nationalen Strategien" bestimmt. Werbung, die die Menschen irreführt, soll verboten werden.[27]

Um die ethischen Grenzen abzustecken, hat man bei diesem Gesetzentwurf auch die Ansichten namhafter Rechtswissenschaftler des Präsidiums für Religiöse Angelegenheiten (DIYANET) der Republik Türkei berücksichtigt. An dieser Stelle ist es wichtig zu betonen, dass DIYANET die einzige offizielle religiöse Instanz ist, die einem Staatsminister untergeordnet ist. Die muslimische Praxis betreffende Fragen, wozu auch die medizin- und bioethischen Fragen gehören, werden von einem Gremium dieses Präsidiums beantwortet. Diese Entschei-

---

25 Vgl. zur weiteren islamischen Argumentationen zum Thema Klonen *Sachedina, Abdulaziz* (2003): Islamic perspectives on Cloning, in: http://people.virginia.edu/~aas/issues/cloning.htm (1.11.2007), S. 1-3.

26 Vgl. http://www.tempodergisi.com.tr/saglik_cinsellik/05027/

27 Vgl. die türkische Zeitung *Hürriyet* vom 03.07.2004: http://www.hurriyetim.com.tr/haber/0,,sid~1@nvid~435389,00.asp

dungsformen haben jedoch für die Muslime keinen verbindlichen Charakter und können eher als religiöse Ratgebung verstanden werden. Auch die gesetzlichen Regelungen bestimmter medizin- und bioethischer Fragen stimmen nicht immer mit der Position dieses Präsidiums überein, wie es z.B. bei der gesetzlichen Regelung des Schwangerschaftsabbruches der Fall ist.

Das Gesundheitsministerium sei soweit mit dem Gesetzesentwurf fertig und wird, laut der Zeitschrift Tempo (24.12.2004), die Durchführungsverordnung im Januar 2005 der Öffentlichkeit vorstellen.[28] Danach sei es an der Reihe, für die Stammzellforschung gesetzliche Regelungen zu schaffen, so ein Mitglied aus dem Gesundheitsministerium. Wichtig in dieser Frage seien wieder die ethischen und religiösen Grenzen. Aus diesem Grunde spielen unter anderem die Ansichten des Präsidiums für Religiöse Angelegenheiten (DIYANET) der Republik Türkei eine wichtige Rolle.[29]

In der Türkei existieren bezüglich der Stammzellforschung keine Gesetze. Laut Dr. Cemil Akarslan, einem Mitglied des Gesundheitsministeriums, wird es auch in naher Zukunft schwierig sein, ein Gesetz dazu zu erlassen. Aus diesem Grunde bleibt es jedem Forscher selbst überlassen, wie er mit den Stammzellen forscht. Ein nationaler Ethikrat wie in Deutschland ist auch nicht vorhanden. Generell kann gesagt werden, dass bei adulten Stammzellen rechtlich keine Probleme existieren (Erlass vom September 2005 und 1. Mai 2006 des Gesundheitsministeriums). Doch bei embryonalen Stammzellen ist die gesetzliche Lage nicht ganz geklärt.

Deswegen vertritt z.B. der Strafrechtler Prof. Dr. Hakan Hakeri den Standpunkt, dass diese gesetzliche Lage „Forschungen hinsichtlich embryonaler Stammzellen“ erlaube. Für Dr. Hakeri bedeutet der Erlass (genelge) des Türkischen Gesundheitsministeriums vom 19. September 2005, der die Forschung über embryonale Stammzellen stoppen will, dass dadurch nur eine rechtliche Untersuchung eingeleitet werden kann, mehr auch nicht. Doch der Jurist Dr. Deryal widerspricht Dr. Hakeri und sagt:

> „Die Erlasse können auch Verantwortung bewirken. Denn das, was e-thisch erlaubt ist, ist nicht immer rechtlich erlaubt; und das, was der Ethik widerspricht, widerspricht nicht immer dem Recht.“[30]

---

28 Nach meinen Recherchen ist diese Durchführungsverordnung noch nicht in Kraft getreten (*A. Takim*).

29 Vgl. http://www.tempodergisi.com.tr/saglik_cinsellik/07032/

30 Http://www.tempodergisi.com.tr/saglik_cinsellik/05027

Dr. Deryal weist auch darauf hin, dass eine spezielle gesetzliche Regelung notwendig ist, aber für ihn gibt es im Grunde genommen in der Türkei bereits eine gesetzliche Regelung, die verbindlich ist. Denn die türkische Regierung hat Dr. Deryal zufolge am 3. Dezember 2003 die „Europäische Konvention zum Schutz der Menschenrechte und der Menschenwürde im Hinblick auf die Anwendung von Biologie und Medizin" unterzeichnet, welche am 9. Dezember 2003 in Kraft getreten ist.[31]

Prof. Saim Yeprem, Professor für Islamische Theologie an der Marmara Universität in Istanbul und Mitglied im Hohen Rechtsgremium des Präsidiums für Religiöse Angelegenheiten (DIYANET) der Republik Türkei, konstatiert, dass die Forschung mit adulten Stammzellen und deren Anwendung aus der Perspektive der islamischen Ethik vertretbar sei. Was die embryonalen Stammzellen betrifft, so sei die Sachlage anders zu bewerten. Die überschüssigen Embryonen, die in Folge der In-vitro-Fertilisation entstanden sind, könnten genutzt werden. Aber Embryonen zu produzieren, die nur Forschungszwecken dienen, sei aus islamrechtlicher Sicht verboten. Diesen Standpunkt vertritt auch die Medizinethikerin aus der Türkei, Prof. Berna Arda, von der Universität Ankara. Außerdem sollte man Prof. Yeprem zufolge bei der In-vitro-Fertilisation versuchen, nur so viele Embryonen herzustellen wie unbedingt notwendig. Prof. Yeprem fügt auch hinzu, dass das Hohe Rechtsgremium den Standpunkt vertritt, dass mit der Befruchtung der Eizelle der Lebensbeginn anzusetzen ist. Ab diesem Zeitpunkt beginnt also das menschliche Leben und dem Embryo kommt volle Schutzwürdigkeit zu. Danach ist ein Schwangerschaftsabbruch nur dann vertretbar, wenn das Leben der Mutter durch die Schwangerschaft gefährdet wird.[32] Diese Ansicht distanziert sich von der gesetzlichen Regelung des Schwangerschaftsabbruchs in der Türkei.

## Fazit

Diese Ausführungen dürften deutlich gemacht haben, dass die Diskussionen und Argumente um die Stammzellforschung in der Türkei einen komplexen Charakter haben. Für die Gründe dieser Komplexität können mehrere Ursachen genannt werden. Der aus den islamischen Normquellen ableitbare moralische Status des

---

31 Vgl. http://www.tempodergisi.com.tr/saglik_cinsellik/05027/ und http://www.radikal.com.tr/haber.php?haberno=125061 sowie http://www.realhaber.com/news_detail.Php?id=11162&PHPSESSID=343d6cff32f2eb31e467a3c536512bd0

32 http://www.realhaber.com/news_detail.php?id=11162&PHPSESSID=343d6cff32f2eb31e467a3c536512bd0 (22.10.2007)

Embryos, Zielsetzungen der modernen Forschung und deren Verträglichkeit mit dem islamischen Menschenbild, fremdnütziger Charakter dieser Forschung sowie möglicher Nutzen für andere Menschen, Gerechtigkeitsfragen bei der Verteilung der begrenzten Ressourcen im Gesundheitswesen sind nur einige Aspekte, die die Komplexität in der Argumentation fördern. Diese Komplexität entsteht nicht zuletzt durch die spezifische politische und kulturelle Situation des Landes. Ähnlich wie in vielen anderen europäischen Ländern ist in der Türkei eine relativ homogene Positionsbestimmung zur Stammzellforschung in absehbarer Zeit nicht zu erwarten. Nicht zuletzt deswegen, weil ein normativer und reflektierender Diskurs mit Berücksichtigung aller elementaren Aspekte noch nicht etabliert ist.

## Literatur

*Abdul-Rauf, Muhammad* (1979): The Islamic View of Women and the Family, New York.

*Al-Qaradawi, Jusuf* (1989): Erlaubtes und Verbotenes im Islam, übers. aus d. Arabischen v. *A. v. Denffer*, München.

*Bauer, Hans* (1917): Von der Ehe. Das 12. Buch von al-Gazalis Hauptwerk [Ihya Ulum ad-din], Halle 1917.

*Bowen, D. L.* (1997) „Abortion, Islam, and the 1994 Cairo Population Conference", International Journal of Middle East Studies, 29, 1, Februar.

*Canan, İbrahim* (1999): Kütüb-i Sitte Muhtasarı Tercüme ve Şerhi, Bd. 14.

*Elwan, Omaia* (1967): Empfängnisregelung und Abtreibung im Islam, in: Rechtsvergleichung und Rechtsvereinheitlichung, *E. Wahl* (Hrsg.), Heidelberg.

*Ghanem, Isam* (1991): Embryo Research: An Islamic Response, in: Medicine, Science and the Law, Vol. 32, No. 1.

*Gräf, Erwin* (1967): Die Stellungnahme des islamischen Rechts zu Geburtenregelung (tanzim al-nasl) und Geburtenbeschränkung (tahdid al-nasl), in: Der Orient in der Forschung, *W. Hoenerbach* (Hrsg.), Wiesbaden.

*Ilkilic, Ilhan* (2001): Patientenautonomie und der muslimische Patient in einer wertpluralen Gesellschaft, in: Concilium, Internationale Zeitschrift für Theologie, 37. Jahrgang, Heft 4, Oktober 2001.

*Ilkilic, Ilhan* (2002): Der muslimische Patient. Medizinethische Aspekte des muslimischen Krankheitsverständnisses in einer wertpluralen Gesellschaft, Münster.

*Ilkilic, Ilhan* (2006): Wann beginnt das menschliche Leben? Philosophisch-theologische Reflexionen aus der muslimischen Perspektive. In: *U. H. J. Körtner et al.* (Hrsg.): Lebensanfang und Lebensende in den Weltreligionen. Beiträge zu einer interkulturellen Medizinethik. Neukirchen-Vlyun, S. 145-164.

*Ilkilic, Ilhan* (2007): Medizinethische Aspekte im Umgang mit muslimischen Patienten, in: DMW (Deuschte Medizinische Wochenschrift), 30, 132. Jahrgang, S. 1587-1590.

*Islamic Code of Medical Ehics* (1981): Kuwait Document, *International Organization of Islamic Medicine* (Hrsg.), Kuwait.

*Jones, D. Gareth / Telfer, Barbara* (1995): Before I was an Embryo, I was a Pre-Embryo: Or was I?, in: Bioethics 9, 1995.

*Khoury, A. Theodor* (1992): Der Koran: Übers. v. *A. Theodor Khoury*, 2. Aufl., Gütersloh.

*Khoury, A. Theodor* (1981): Abtreibung im Islam, CIBEDO-Dokumentation, Nr.11, Köln.

*Lohlker, Rüdiger* (1996): Schari'a und Moderne: Diskussionen zum Schwangerschaftsabbruch, zur Versicherung und zum Zinswesen, in: Abhandlungen für die Kunde des Morgenlandes, Nr. 51/3.

*Mahmood, Tahir* (1977): Family Planning. The Muslim Viewpoint, New Delhi 1977.

*Musallam, Basim* (1990): The Human Embryo in Arabic Scientific and Religious Thought, in: The Human Embryo, Aristotle and the Arabic and European Traditions, *G. R. Dunstan* (Hrsg.), Exeter.

*Musallam, Basim F.* (1983): Sex and Society in Islam. Birth Control before the Nineteenth Century, Cambridge.

*Omran, Abdel-Rahim* (1992): Family Planning in the Legacy of Islam, London.

*Rassoul, Ahmad Ibn* (1996): Auszüge aus dem Sahih al-Buhārī, Köln: Islamische Bibliothek.

*Sachedina, Abdulaziz* (2003): Islamic perspectives on Cloning, in: http://people.virginia.edu/~aas/issues/cloning.htm (1.11.2007), S. 1-3.

*Serour, Gamal I.* (1997): Islamic Developments in Bioethics, in: Theological Developments in Bioethics:1992-1994, *A. Lustig* (Hrsg.), Dordrecht.

*Serour, Gamal I. / Omran Abdal-Rahim* (Hrsg.) (1992): Ethical Guidelines for Human Reproduction Research in the Muslim World, Cairo.

*Syed, Ibrahim B.* (1989): Islamization of Attitude and Practise in Embryology, in: Islamization of Attitudes and Practices in Science and Technology, *M. A. K. Lodhi* (Hrsg.), Herndon.

*Takim, Abdullah*: Bioethik in der Türkei, Bochum 2005, (Internetpublikation) http://www.ruhr-uni-bochum.de/orient/bioethik/dokumente/bioethiktuerkei2.pdf (27.2.2006)

*Weisser, Ursula* (1983): Zeugung, Vererbung und pränatale Entwicklung in der Medizin des arabisch-islamischen Mittelalters, Erlangen.

*Yazir, Elmalili H.* (1971): Hak Dini Kur'an Dili, Bd. 6, Istanbul.

# Stammzellgesetzgebung und Doppelmoral

*Jan C. Joerden*

Geht man davon aus, dass menschlichem Leben beginnend mit der Befruchtung einer Eizelle der volle Rechtsschutz des Grundgesetzes wie einer Person zukommt, dann ist die Herstellung von embryonalen Stammzellen rechtswidrig, sogar grundgesetzwidrig. Denn zur Herstellung embryonaler Stammzellen und davon abgeleiteter Stammzelllinien wird ein Embryo, also ein Mensch in einem Entwicklungsstadium nach der Befruchtung der Eizelle, zerstört. Hält man demgegenüber die befruchtete Eizelle und die darauf folgenden sehr frühen Stadien der Entwicklung eines Menschen, insbesondere wenn diese nicht *in vivo*, sondern *in vitro* erfolgt, allenfalls für eingeschränkt rechtsschutzwürdig, dann kann zumindest im Wege einer Abwägung der betroffenen Rechtsgüter die Herstellung von embryonalen Stammzellen und davon abgeleiteter Stammzelllinien rechtlich erlaubt sein. Etwa dann, wenn man als mitbestimmend bei der Abwägung der betroffenen Rechtsgüter auch die durch entsprechende Forschung an embryonalen Stammzelllinien ggf. zu erzielenden Fortschritte für die Heilung anderer Personen und das Recht auf Forschungsfreiheit in Rechnung stellt.

Die Rechtsposition des Embryos, dessen Zerstörung bei der Herstellung embryonaler Stammzellen bisher unabdingbar erforderlich ist,[1] ist m.a.W. entweder – wie das Leben jeder anderen Person – abwägungsfest im Hinblick auf die Verwendung zu Zwecken anderer Personen oder sie ist es nicht. Ein Drittes kann es nicht geben. Zentral für die Entscheidung dieser Frage ist daher der rechtliche Status, der dem Embryo (bzw. der befruchteten Eizelle) zukommt. Der deutsche Gesetzgeber hat sich – geleitet von einer bestimmten Interpretation der Auffassung des Bundesverfassungsgerichts zur Auslegung insbesondere von Art. 1 des Grundgesetzes[2] – dafür entschieden, dass die Rechtsposition schon des frühen

1 Auch die jüngst entwickelten Möglichkeiten zur „Reprogrammierung" adulter Zellen scheinen kein wirkliches Äquivalent für die entsprechende Forschung zu bieten und können deshalb die hier diskutierte Weise der Gewinnung von embryonalen Stammzellen zumindest auf absehbare Zeit nicht überflüssig machen; vgl. dazu auch *Ernst-Ludwig Winnacker*, „Es geht auch mit Vernunft", Die Zeit, 7/2008, S. 31.

2 Vgl. BVerfGE 39, 1; 88, 203 ff. – Ob man die Forderungen, die das BVerfG für den Schutz des Embryos nach der Nidation aufstellt, so ohne weiteres auch schon auf die befruchtete Eizelle, insbesondere, wenn die Befruchtung *in vitro* erfolgt ist und der

Embryos ab der Befruchtung im oben bezeichneten Sinn abwägungsfest und daher die Herstellung von embryonalen Stammzellen rechtswidrig, ja sogar strafrechtswidrig ist (vgl. § 2 Abs. 1 Embryonenschutzgesetz und § 4 Abs. 1 Stammzellgesetz).

Nun lässt indes das Stammzellgesetz (StZG) vom 28. Juni 2002 es bekanntlich zu, dass im Ausland hergestellte embryonale Stammzellen bzw. aus diesen abgeleitete Stammzelllinien im Einzelfall und mit behördlicher Genehmigung nach Deutschland für Zwecke der Forschung importiert werden können (vgl. § 4 Abs. 2 StZG). Dies allerdings nur dann, wenn die Herstellung der Stammzellen vor einem bestimmten Stichtag im Ausland erfolgt ist; vor einem Stichtag zudem, der seinerseits vor dem Inkrafttreten des (ersten) Stammzellgesetzes lag.[3] Sinn und Zweck dieser Stichtagsregelung war und ist es,[4] zu vermeiden, dass im Ausland embryonale Stammzellen hergestellt werden, um den Bedarf an Stammzellen bzw. Stammzelllinien in Deutschland zu befriedigen. Der Wunsch deutscher Forscher nach embryonalen Stammzellen sollte also in keinem Fall dazu führen, dass Stammzellen gerade für die Zwecke deutscher Forscher hergestellt werden. Inzwischen wurde bekanntlich – wie durchaus vorauszusehen war[5] – eine Verschiebung des Stichtages beschlossen,[6] weil die Nachfrage auf Seiten der deutschen Forscher nach frischen Stammzellen bzw. Stammzelllinien ungebrochen anhält und die Gefahr besteht, dass die diesbezügliche Forschung in Deutschland ohne Zugang zu neuen Stammzelllinien endgültig ins wissenschaftliche Abseits gerät.

---

Embryo *in vitro* heranwächst, übertragen kann, mag hier offen bleiben. Das deutsche Embryonenschutzgesetz geht jedenfalls davon aus.

3 Datum des Stichtages zunächst: 1. Januar 2002.

4 § 1 StZG: „Zweck dieses Gesetzes ist es, im Hinblick auf die staatliche Verpflichtung, die Menschenwürde und das Recht auf Leben zu achten und zu schützen und die Freiheit der Forschung zu gewährleisten, … 2. zu vermeiden, dass von Deutschland aus eine Gewinnung embryonaler Stammzellen oder eine Erzeugung von Embryonen zur Gewinnung embryonaler Stammzellen veranlasst wird…".

5 Die „Gesetzesmütter" des Stammzellgesetzes von 2002 *Andrea Fischer* (Grüne), *Margot von Renesse* (SPD) und *Maria Böhmer* (CDU) plädierten unlängst (vergeblich) dafür, das Gesetz nicht zu ändern und keinen neuen Stichtag festzulegen. Für ein solches Vorgehen fehle eine nachvollziehbare ethische Begründung (vgl. Die Zeit, 19/2008, S. 13). In der Tat; aber dass man mit dem (alten) StZG eine politische „Steilvorlage" für eine spätere Verschiebung des Stichtages geben würde, war schon 2002 absehbar.

6 Neuer Stichtag: 1. Mai 2007.

Gerade im Hinblick auf die Stichtagsregelung ist dem Stammzellgesetz schon frühzeitig *Doppelmoral* vorgeworfen worden,[7] zusammengefasst mit der Begründung, dass es nicht angehen könne, etwas für verwerflich zu halten (hier: die Tötung eines Embryos) und doch zugleich daraus (wissenschaftlichen) Nutzen zu ziehen (hier: durch Forschung mit den gewonnenen Stammzellen und Stammzelllinien). Daran ändere es auch nichts, dass die erste Handlung (Tötung des Embryos) bereits abgeschlossen sei, wenn die zweite Handlung (Verwendung zur Forschung) vorgenommen wird. Es wird im Folgenden darum gehen zu diskutieren, wie stichhaltig dieser Vorwurf der Doppelmoral tatsächlich ist.

Von *Doppelmoral* ist üblicherweise dann die Rede, wenn eine Person anders handelt als sie zu handeln vorgibt und dabei auch noch gerade dieses Handeln mit besonderem Nachdruck propagiert. Ein klassisches, nachgerade sprichwörtliches Beispiel für Doppelmoral ist das Verhalten desjenigen, der Wasser predigt, aber selbst Wein trinkt. Nun könnte man allerdings fragen, was gegen ein solches Verhalten eigentlich genau vorzubringen ist.[8] Denn wendete man sich an die Gruppe der passionierten Weintrinker, würden diese dem Prediger wahrscheinlich zugute halten, dass er selbst immerhin Wein trinke und nicht auch noch so radikal sei, bloß Wasser zu trinken. Und die überzeugten Weingegner und Wassertrinker würden auch froh sein, dass der Prediger nicht auch noch öffentlich Wein predigt, wenn er ihn denn schon trinkt. Damit scheinen eigentlich alle zufrieden zu sein (einschließlich des Predigers), und man mag sich fragen, weshalb denn hier überhaupt ein moralischer Vorwurf erhoben wird. Aber entscheidend ist natürlich die Diskrepanz zwischen Reden und Handeln des Wasserpredigers deshalb, weil es einige Personen geben mag, die aufgrund seiner Predigten vom Weintrinken Abstand nehmen und denen es *schwer fällt*, dies zu tun. Sie werden sich hinters Licht geführt fühlen, wenn sie später herausfinden, dass der Prediger selbst seiner eigenen Predigt keine Beachtung schenkt.

Ganz entsprechend werden sich im Kontext der Stammzellforschung auch gerade diejenigen moralisch empören, die den Verlautbarungen von Bundesregierung und Bundesverfassungsgericht Glauben schenken, wonach der Mensch

---

7 Nachweise dazu etwa bei *Jochen Taupitz*, „Erfahrungen mit dem Stammzellgesetz", Juristenzeitung 2007, 113 ff, 118, mit Anm. 42, der selbst allerdings diesem Vorwurf a.a.O. entgegentritt. *Tade Matthias Spranger*, „Was dürfen Forscher – was dürfen sie nicht? Die Gesetzeslage", in: *Gudrun Kordecki, Martin Heyer* (Hrsg.), Der Mensch als Rohstoff? Die Kontroverse um die Stammzellforschung, Iserlohn 2007, S. 47 ff., bezeichnet schon die erste Stichtagsregelung als „moralische Mogelpackung" (S. 59).

8 Vgl. dazu etwa *Leo Katz*, „Evading Responsibility: The Ethics of Ingenuity", Jahrbuch für Recht und Ethik, Bd. 2 (1994), S. 191 ff., 213 f.

spätestens vom Anbeginn seiner Existenz als Embryo an als in höchstem Maße schützenswert zu gelten habe, und denen dann gesagt wird, dass eine Nutzung von Stammzellen, die im Ausland aus getöteten Embryonen gewonnen wurden, zu Forschungszwecken aber erlaubt sei. Nun liegt der Fall bei den Stammzellen allerdings etwas komplizierter, als im Fall des Wasserpredigers. Denn mit der Stichtagsregelung des Stammzellgesetzes soll ja gerade sichergestellt werden, dass speziell für die Verwendung der Stammzellen zur Forschung jedenfalls in Deutschland keine Embryonen getötet werden, weil die Embryonen, aus denen im Ausland embryonale Stammzellen bzw. Stammzelllinien hergestellt wurden, bereits tot waren, bevor der deutsche Gesetzgeber den Import der embryonalen Stammzellen bzw. Stammzelllinien zuließ (respektive die Stichtagsregelung verlängerte). Auch soll durch die Stichtagsregelung gewährleistet werden, dass nicht etwa zur Befriedigung weiteren Forschungsbedarfs in Deutschland Embryonen im Ausland getötet werden.

Aber erinnert ein solches Vorgehen nicht fatal an das folgende, zumindest auf den ersten Blick doppelbödige Argument gegenüber einem aus moralischen Gründen überzeugten Vegetarier, der kein Fleisch isst, weil er das Töten von Tieren ablehnt? Dieses Argument hält dem Vegetarier entgegen, die Tiere, die zum Essen auf den Tisch kämen, seien doch schon längst tot. Zwar wäre damit das Problem der Anstiftung zu weiteren Tiertötungen noch nicht behoben, aber ließe sich der Vegetarier mit der beschriebenen Überzeugung wirklich dazu bekehren, Fleisch zu essen, wenn man ihm zudem versicherte, ab sofort sei das Töten von Tieren generell verboten, aber die vor einem bestimmten Stichtag getöteten Tiere könne man deshalb doch unbesorgt verzehren? Wohl kaum. Dies deshalb, weil der Vegetarier die Verwertung der getöteten Tiere *schon deshalb* als verwerflich ansehen wird, weil das aus ihnen zubereitete Essen gleichsam „die Frucht eines verbotenen Baumes" darstellt.[9]

Es gibt eine Reihe weiterer Fallkonstellationen, in denen ähnliche Probleme auftauchen, die man daher auch im weitesten Sinne als Fälle eines Verzehrs von „Früchten des verbotenen Baumes" bezeichnen kann. So wird diese Metapher etwa im Strafprozessrecht verwendet, wo sie die Fälle erfasst, in denen ein Beweismittel unter Gesetzesverstoß erlangt wurde, das nun im Prozess verwertet

---

9 Anders dagegen für die Stammzellforschung *Taupitz*, a.a.O., S. 118: „Eine weitere Grundlage der Stichtagsregelung in dem Sinne, dass die Früchte des verbotenen Baumes überhaupt verwendet werden dürfen, besteht in der Überlegung, dass Embryonen, die für Zwecke ausländischer Forschung bereits getötet wurden, durch ein Verbot des Imports und der Verwendung daraus gewonnener Stammzellen nicht wieder ‚lebendig' gemacht werden können."

werden soll. Um es an einem Beispiel zu zeigen: Soll ein unter der Folter erlangtes Geständnis im Prozess verwertbar sein? Wohl kaum. Wie weit aber reicht dieses Verwertungsverbot? Soll es auch die Beweismittel erfassen, die aufgrund des durch Folter erlangten Geständnisses aufgefunden werden, also etwa das Tatopfer oder die Tatwaffe etc.? Zumindest im Strafprozessrecht ist die Antwort auf die letztere Frage umstritten. Während Einigkeit darüber besteht, dass das erfolterte Geständnis im Prozess keineswegs als Beweismittel verwendet werden dürfte (vgl. § 136a StPO), ist in Deutschland eine Minderansicht im strafprozessrechtlichen Schrifttum dafür, auch die weiteren „Früchte des verbotenen Baumes" von einer Verwertbarkeit auszunehmen. Demgegenüber meint der Bundesgerichtshof, ihre Verwertung sei grundsätzlich zulässig, zumindest dann, wenn es um die Verfolgung schwerer Verbrechen geht.[10]

Eine parallele Problematik ist aus dem Bereich der Medizinethik bekannt. Dabei geht es um Erkenntnisse, die im Rahmen unerlaubter medizinischer Experimente gewonnen wurden. Man denke etwa an die menschenverachtenden Experimente in den deutschen Konzentrationslagern in der Zeit des Nationalsozialismus. Wenngleich dort die Experimente in der Regel sogar oftmals ohne jeden wissenschaftlichen Wert waren, so gab es doch einzelne Versuchsreihen, die zu relevanten medizinischen Erkenntnissen geführt haben. Man kann verallgemeinernd fragen, ob solche Erkenntnisse trotz der offensichtlich menschenrechtswidrigen Weise ihrer Gewinnung verwertet werden dürfen oder nicht. Die These, es handele sich dabei um „Früchte eines verbotenen Baumes" und man dürfe sie deshalb nicht verwerten, scheint auch hier Relevanz zu haben. Allerdings dürfte die Brisanz der Problematik (wohl) mit den Schritten abnehmen, mit denen sich die Verwertungshandlungen von dem ursprünglichen menschenrechtswidrigen Akt der Gewinnung der Erkenntnisse entfernen: Die „Früchte *der Früchte* des verbotenen Baumes" erscheinen moralisch nicht mehr ganz so bedenklich zu sein wie noch die unmittelbaren „Früchte des verbotenen Baumes".[11]

---

10 Näher zu der diesbezüglichen Diskussion im Strafprozessrecht, die sich auf die US-amerikanische „fruit of the poisonous tree doctrine" bezieht, vgl. *Joerden*, „Verbotene Vernehmungsmethoden – Grundfragen des § 136a StPO", Juristische Schulung 1993, 927 ff, 931 m.w.N.

11 Nicht wirklich stichhaltig ist daher m.E. die folgende Argumentation von *Taupitz*, a.a.O., S. 118, wenn er ausführt: „Es dürfte um so eher gerechtfertigt sein, die bereits herab gefallenen Früchte eines verbotenen Baumes aufzulesen, je größer die Wahrscheinlichkeit ist, dass mit Hilfe dieser Früchte Menschenleben gerettet werden können oder großes Leid verhindert werden kann. Deshalb wird mit Sicherheit niemand postulieren, dass Stammzelltherapien, wenn sie denn einmal auf der Basis der heuti-

Strukturelle Ähnlichkeiten mit dieser Problematik hat auch die Strafbarkeit von Nachtatverhalten einer Straftat. So wird bekanntlich nicht nur der Dieb, der die Beute selbst beschafft hat, bestraft (vgl. § 242 StGB), sondern auch derjenige, der sie ihm abkauft, der Hehler also (vgl. § 259 StGB). Auch diesen halten wir u.a. deshalb für strafwürdig, manche sagen sogar: „der Hehler ist schlimmer als der Stehler", weil wir ihm seine Ernte der „Früchte von dem verbotenen Baum" (des Diebstahls) vorwerfen.[12] Ähnliches gilt für das relativ neu entwickelte Delikt der Geldwäsche (§ 261 StGB). Der Geldwäscher bringt z.B. gestohlenes oder mit dem Drogenhandel oder anderen Delikten verdientes Geld in

---

gen embryonenverbrauchenden Grundlagenforschung im Ausland entwickelt werden sollten, nicht auch den deutschen Patienten zur Verfügung stehen sollten. Ganz im Gegenteil wird man es als unethisch ansehen, wenn deutschen Patienten therapeutisch wirksame Möglichkeiten, die ihr Leid zu verringern helfen, vorenthalten werden." Denn *Taupitz* setzt hier gerade eine weitere „Verdünnung" der Verantwortung durch einen zusätzlichen Verwertungsschritt voraus, um sein Argument plausibel zu machen: Er diskutiert in seinem Beispiel im Grunde die Nutzung der „Früchte *der Früchte* des verbotenen Baumes", indem es nurmehr um die Nutzung der aus der Stammzellforschung letztlich hervorgegangenen Medikamente geht. Es soll ja gar nicht bestritten werden, dass die „moralische Last" von einem Verwertungsschritt zum nächsten gewissermaßen abnimmt (weshalb auch die These von der „Erbsünde" nicht mehr als allgemein anerkannt gelten kann). Aber beim *ersten Schritt* nach dem inkriminierten Akt (hier: Tötung des Embryos) ist die „moralische Last" jedenfalls noch nicht unproblematisch abgetragen; vgl. auch das Parallelproblem bei der sog. Ersatzhehlerei und dazu nachfolgende Fußnote. Entscheidend dürfte letztlich allerdings sein, dass im vorliegenden Kontext der Stammzellverwendung der erste Akt nach dem inkriminierten Akt noch viel eher als „Billigung" des unmittelbar vorangehenden Akts zu werten ist als ein später nachfolgender; vgl. dazu auch noch im Folgenden. Eine durchaus offene Frage ist dabei allerdings, wie „nah dran" denn ein Verwertungsakt am ursprünglichen inkriminierten ersten Akt sein muss, um noch als moralisch problematisch zu gelten, und ab wann die „Verdünnung" der Verantwortung die „moralische Last" vollständig aufgelöst hat, bzw. der Verwertungsakt nicht mehr als „Billigung" des ersten (Tötungs-)Aktes interpretiert werden kann.

12 Nur am Rande kann hier darauf hingewiesen werden, dass neuerdings auch andere Konzeptionen zur Begründung der Strafbarkeit der Hehlerei vertreten werden; nähere Nachweise dazu vgl. etwa bei *Stree*, in: *Schönke/Schröder*, StGB, 27. Aufl., München 2007, § 259 Rdn. 1 ff. – Dass auch die rechtliche Brisanz der Ernte von „Früchten eines verbotenen Baumes" mit der Folge der Verwertungsschritte bei bestimmten Sachverhaltskonstellationen abnimmt, zeigt sich darin, dass die sog. Ersatzhehlerei strafrechtlich nicht von § 259 StGB erfasst ist: Wer sich Geld verschafft, das nach einem Banküberfall zunächst anderweitig gewechselt wurde, ist nicht nach § 259 StGB strafbar (herrschende Meinung; vgl. etwa *Lackner/Kühl*, StGB, 26. Aufl. 2007, § 259 Rdn 8 m.w.N. auch zu Gegenauffassungen).

Umlauf, um es von seiner kriminellen Herkunft gleichsam zu reinigen, es also zu „waschen", u.a. um es dem Zugriff der Behörden zu entziehen. Auch er erntet „Früchte vom verbotenen Baum".

Schließlich kann man sich, um die Reihe der strukturell ähnlichen Konstellationen abzuschließen, einen Fall vorstellen, in dem einer Person gegen oder ohne ihren Willen ein lebenswichtiges Organ entnommen wurde, das nun einem Kranken transplantiert werden soll, der nur auf diese Weise vor dem sicheren Tode bewahrt werden kann. Darf man hier die „Früchte des" offenkundig sogar gegen das Tötungsverbot verstoßenden „Baumes", nämlich der Tötung des Organ-„spenders", „ernten" oder muss man das so gewonnene Organ ungenutzt lassen? Wobei es hier nicht um die Frage geht, ob man den Organ„spender" töten durfte (was sicher nicht der Fall ist), sondern darum, ob man das Organ nun verwenden darf, nachdem der Organ„spender" bereits tot ist.

Nun ist es ja durchaus denkbar, ein *prima facie* rechtswidriges oder auch ein moralwidriges Verhalten zu *rechtfertigen*, etwa mit dem Argument, dass dann, wenn man die betreffende Handlung nicht vornähme, ein wesentlich wichtigeres Rechtsgut verloren ginge (vgl. den Rechtsgedanken des § 34 StGB). Unter diesem Aspekt könnte man in Hinsicht auf die meisten der hier herangezogenen Beispiele,[13] insbesondere aber auch im Hinblick auf die Stammzellforschung, darauf abstellen, dass mit der Stammzellforschung künftig eventuell die Gesundheit vieler Personen verbessert werden könnte.[14] Darin wäre in der Tat ein positiver Wert zu erkennen, der ins Verhältnis zu der vorausgegangenen Tötung von Embryonen gesetzt werden müsste. Wenn allerdings ein Embryo als ein Wesen angesehen wird, dem der volle Rechtsschutz wie einem ausgewachsenen Menschen zukommt, dann kann eine solche Rechtfertigung nicht erfolgreich sein. Denn hier greift das Instrumentalisierungsverbot ein, wie man es heute u.a. dem Menschenwürdeschutz des Art. 1 Grundgesetz entnimmt. Und der Grundgedanke dieses Menschenwürdeschutzes ist es gerade, dass eine Verdinglichung, eine Nutzbarmachung (hier: des Embryos) für Zwecke anderer Personen ausgeschlos-

---

13 Allerdings nicht bei Hehlerei und Geldwäsche, weil bei deren Begehung gerade kein *per se* positiv zu bewertender Zweck verfolgt wird.

14 Schon das Argument mit der Erwartung, durch Stammzellforschung die Gesundheit vieler Personen verbessern zu können, ist im vorliegenden Kontext allerdings nicht ganz überzeugend, weil die Stammzellforschung im Ausland ja durchaus vorangetrieben wird und daher ohnehin mit Fortschritten bei der späteren Behandlung von Patienten – soweit solche Fortschritte überhaupt erzielt werden können – gerechnet werden kann. Einer (zusätzlichen) Stammzellforschung *gerade in Deutschland* bedarf es dazu (wohl) nicht.

sen ist; ebenso wie die Tötung eines Menschen zur Rettung eines anderen Menschen (etwa mittels Herztransplantation) rechtlich (und wohl auch moralisch) verboten ist.[15]

Dabei muss man allerdings in Rechnung stellen, dass zum Zeitpunkt der Verwertung der Stammzellen bzw. Stammzelllinien in Deutschland für Zwecke der Forschung der Embryo – so setzt es das Stammzellgesetz ja inzident voraus – im Ausland bereits getötet wurde. Eine etwaige Rechtfertigung dieser Tötung ist damit jedenfalls obsolet und das deutsche Recht beharrt ja auch durchaus auf der These, die sogar strafrechtlich bewehrt ist, dass die Tötung eines Embryos zum Zweck der Herstellung embryonaler Stammzellen *in Deutschland* rechtswidrig wäre. Es kann daher nur noch um die Frage gehen, ob die *Nutzung* der embryonalen Stammzellen ihrerseits gerechtfertigt werden kann.

Hier ist zunächst zu präzisieren, welcher Verhaltensaspekt überhaupt gerechtfertigt werden muss. Da ist insbesondere an die mit der Nutzung einer zumindest nach inländischem Recht rechtswidrig hergestellten Stammzelle verbundene indirekte *Anstiftung* zu denken, weitere Embryonen zu töten, um mit diesen dann Stammzellen herzustellen, um sie nach Deutschland zu importieren. So wie etwa auch der Hehler dafür bestraft wird, dass er strukturell den Anreiz zum Diebstahl bietet, weil er dem Dieb nach dessen Tat die Beute abnimmt und damit deren Absatz erleichtert. Dieser Aspekt der Anstiftung zur Herstellung von embryonalen Stammzellen könnte nun allerdings ebenso wenig unter dem Gesichtspunkt des wesentlich überwiegenden Interesses gerechtfertigt werden, da nach allgemeiner Ansicht ja auch eine Anstiftung zur Tötung eines Embryos jedenfalls in Deutschland strafrechtswidrig wäre und wiederum wegen Verstoßes gegen Art. 1 GG nicht gerechtfertigt werden könnte. Denn auch eine *Anstiftung* zur Tötung eines Embryos für Zwecke der Stammzellgewinnung zielt selbstverständlich auf eine Instrumentalisierung des (wie hier vorausgesetzt) mit Menschenwürde ausgestatteten Embryos ab.

Diesem Einwand hat der deutsche Gesetzgeber dadurch – wie bereits erwähnt – vorzubauen versucht, dass er die Stichtagsregelung in das Stammzellgesetz aufgenommen hat. Denn dadurch soll sichergestellt werden, dass kein Anstiftungseffekt von dem Import von Stammzellen nach Deutschland ausgehen kann, weil ja für alle (ausländischen) Hersteller von embryonalen Stammzellen klar ist, dass die neu hergestellten Stammzellen nicht mehr würden (rechtmäßigerweise) nach Deutschland importiert werden können. Dies wurde flankiert von Regelun-

---

15 Daran ändert auch die grundgesetzlich verbürgte Forschungsfreiheit nichts, weil diese jedenfalls an Art. 1 GG ihre Grenzen findet.

gen, die es deutschen Forschern strafrechtlich verbieten, sich an der Herstellung von embryonalen Stammzellen im Ausland durch Anstiftung, Beihilfe oder gar Mittäterschaft zu beteiligen.[16] Man mag diese Regelung grundsätzlich für ausreichend erachten, um den von der Verwertung embryonaler Stammzellen ausgehenden Effekt der Anstiftung zur Tötung von Embryonen auszuschließen, obwohl gerade die inzwischen erfolgte Verschiebung des Stichtags deutlich zeigt, welch geringe zeitliche Reichweite diese Regelung hatte. Wieso sollte eigentlich kein Anreiz mehr zur Herstellung von embryonalen Stammzellen im Ausland von dem Stammzellgesetz ausgehen, wenn man jetzt sogar den Stichtag verschoben hat? Hier kann doch jeder Hersteller von Stammzellen auch noch auf eine weitere Stichtagsverschiebung hoffen.

Jedenfalls aber beseitigt die Stichtagsregelung nicht einen zusätzlichen Effekt, der von der Verwertung der Stammzellen ausgeht: den der *Billigung*[17] der Tötung von Embryonen.[18] Dies mag kein strafrechtlich fassbares Verhalten sein, gehört aber zumindest in den moralischen Kontext, in dem ja auch der Vorwurf der Doppelmoral steht. Es kann nämlich nicht gut bezweifelt werden, dass derjenige, der einerseits die Tötung von Embryonen kritisiert, die daraus gewonnenen Stammzellen dann aber nach der Tötung des Embryos doch verwertet, sich in einen Widerspruch zu seiner eigenen Kritik setzt, weil er durch die Verwertung, die ohne die Tötung nicht möglich wäre, diese zumindest konkludent *billigt.* Denn wer einen bestimmten Zweck will, will auch die dazu erforderlichen Mittel – und seien diese auch vorher bereitgestellt worden.

Dies bestätigt auch das folgende Gedankenexperiment: Angenommen, ein Forscher hätte *in Deutschland* (unter Verstoß gegen die genannten einschlägigen Strafvorschriften) embryonale Stammzellen hergestellt und sie dann einem ande-

---

16 Vgl. die eingangs genannten Strafvorschriften, jeweils in Verbindung mit einer oder mehreren der Regelungen in § 25 Abs. 2, 26 oder 27 StGB.

17 Der *Nationale Ethikrat* („Zur Frage einer Änderung des Stammzellgesetzes. Stellungnahme vom 16. Juli 2007“, unter II. 4.: „Kein kategorisches Verbot, von fremdem ‚Unrecht‘ zu profitieren“) diskutiert neben der „Billigung“ auch die „Verharmlosung“ von Unrecht im vorliegenden Kontext, hält allerdings beides letztlich nicht für durchschlagende Gegenargumente gegen die Nutzung im Ausland hergestellter Stammzelllinien (Mehrheitsvotum).

18 Vgl. dazu auch *H. Tristram Engelhardt, Jr.*, The Foundations of Christian Bioethics, Lisse 2000, p. 261: „One can drink water from a well that was dug by unjustly forced labor. However, one must be very careful neither to endorse nor to encourage any illicit circumstances or means.“ Den Hinweis auf diese Stelle verdanke ich Dr. *Bogdan Olaru*, Teilnehmer an der im vorliegenden Band dokumentierten Tagung.

ren Wissenschaftler zur weiteren Verwendung angeboten. Weshalb sollte dieser Wissenschaftler die Stammzellen nicht verwenden dürfen, wo doch die betreffenden Embryonen ohnehin nicht mehr „lebendig" wären? Würde der Gesetzgeber dieses Verhalten des Wissenschaftlers erlauben, wäre der Widerspruch zu den eigenen (ethischen) Voraussetzungen für jedermann offenkundig. Man ließe es zu, dass die eigenen Wertentscheidungen konterkariert werden. Weshalb aber sollte die *moralische* Bewertung anders sein, wenn die Herstellung der Stammzellen nicht in Deutschland, sondern im Ausland erfolgt ist?

Dagegen könnte man versucht sein einzuwenden, dass wir z.B. einem Totengräber keine vergleichbaren Einwände entgegenhalten, etwa dass dieser, jedenfalls dann, wenn er einen (von einer anderen Person) Ermordeten beerdige, doch indirekt auch dessen Ermordung billige. Doch dieser Einwand verfängt nicht, weil der Totengräber in keiner Weise den vorausgegangenen Mord billigt, allein dadurch, dass er dessen Ergebnis, die Leiche des Ermordeten, beerdigt. Denn er tut lediglich das, was ohnehin notwendig ist (die Beerdigung), nutzt aber nicht die Leiche für weitergehende eigene oder fremde Zwecke. Dass er für seine Tätigkeit einen Lohn empfängt, ändert daran nichts, weil dieser Lohn lediglich die Leistung für die ohnehin notwendige Beerdigung abgilt. Es kommt hinzu, dass der Mord hier nicht etwa zu dem Zweck begangen wurde, dass der Totengräber daran verdienen kann.[19]

Ein Parallelfall zu dem der Erzeugung und Verwertung von embryonalen Stammzellen wäre es demgegenüber etwa, wenn in irgendeinem Staat der Welt erwachsene Menschen getötet würden, um dann deren lebendfrische Organe zu exportieren. Hier würde ein Organtransplantationsgesetz wohl auch auf Ablehnung stoßen, das den Import dieser Organe nach Deutschland erlaubte mit der Bedingung, dass die Tötungen aber vor einem bestimmten Stichtag erfolgt sein müssten. Wenn der Gesetzgeber die Regelung im Stammzellgesetz nicht als

19 Problematischer kann da schon die Nutzung eines Ermordeten zur Plastination (zu diesem Verfahren der Konservierung einer Leiche zu Austellungszwecken und deren ethischen Problemen vgl. etwa *Franz Josef Wetz/Brigitte Tag* (Hrsg.), Schöne neue Körperwelten, Stuttgart 2001) sein, jedenfalls dann, wenn es dem Plastinateur gerade darauf ankäme, einen Ermordeten zur Plastination zur Verfügung zu haben (um der Argumentation willen sei einmal vorausgesetzt, dass der Ermordete noch zu Lebzeiten in seine spätere Plastination eingewilligt hatte, allerdings seine Ermordung dabei nicht antizipierte). Ist der Mord hier begangen worden, um die Plastination zu ermöglichen, handelt nicht nur der Mörder (rechts- und) moralwidrig, sondern auch der Plastinateur, selbst dann, wenn er den Mord nicht „bestellt" hat und ihn nur für seine Zwecke nutzt. Insofern ähnelt dieses Beispiel den nachfolgend zu besprechenden Fällen einer widerrechtlichen „Organernte".

Parallele zu diesem Beispiel ansieht, dann hat er offenbar die These hinter sich gelassen, dass schon dem Embryo der volle Menschenwürdeschutz, insbesondere das Instrumentalisierungsverbot, zugute kommt. Das ist natürlich eine Position, über die man reden kann.[20] Sie rückt aber deutlich ab von der These, dass man Embryonen nicht für die vernünftigen und hochrangigen Zwecke anderer Personen, etwa die Gesundheitsforschung, nutzen darf. Und dann sollte diese These auch offen vertreten und nicht durch Stichtagsregelungen verschleiert werden. Einer Stichtagsregelung, gar noch mit immer wieder verschobenem Stichtag, kann jedenfalls bei Aufrechterhaltung der These vom vollen Menschenwürdeschutz des Embryos ab der Verschmelzung von Ei- und Samenzelle der Vorwurf der Doppelmoral nicht erspart bleiben.

---

20 Zu Konzeptionen in diese Richtung vgl. etwa *Joerden*, Menschenleben. Ethische Grund- und Grenzfragen des Medizinrechts, Stuttgart 2003, 37 ff.; *ders.*, „Beginn und Ende des Lebensrechtsschutzes", in: Zeitschrift für die gesamte Strafrechtswissenschaft 120 (2008), 11 ff., jeweils m.w.N.

# Das Kreuz mit den Argumenten. Schwangerschaftsabbruch, Reproduktionsmedizin, Stammzellforschung und die Frage nach dem moralischen Status des Embryo

*Josef N. Neumann*

## I.

Bereits kurze Zeit nach dem Inkrafttreten des Embryonenschutzgesetzes (ESchG) am 1. Januar 1991 hat der Strafrechtler Albin Eser auf „Wertungswidersprüche" hingewiesen, die sich im Verhältnis von Schwangerschaftsabbruchsgesetz (§ 218 StGB) und Embryonenschutzgesetz (ESchG) ergeben.[1] Diese Widersprüche, die zu mildern der Gesetzgeber auch anlässlich der Neufassung des § 218 StGB 1992 unterlassen hat, führen seither nicht nur auf der rechtlichen Ebene zu Problemen. Ihnen entspricht im gesellschaftlichen Diskurs eine eklatante Diskrepanz zwischen öffentlichen ethischen Äußerungen und Praxiswirklichkeit, die durch die Wechselwirkung von Rechtslage und moralischer Bewusstseinsbildung, Legalität und Moralität, befördert wird.

So ist die rechtliche Situation von einem relativ liberalen § 218 geprägt, dessen Inhalt einer durch Indikationen präzisierten Fristenlösung entspricht und in dem die Strafandrohung durch Ausnahmeregelungen so weit eingeschränkt ist, dass, wer in Deutschland sich zum Schwangerschaftsabbruch entschließt, diesen, sofern bestimmte Bedingungen eingehalten werden (vgl. § 218a, Abs. 1), auch

---

1 Dazu *Eser* (1992), S. 184. Durch die Vereinigung der beiden deutschen Staaten 1990 war mit dem Ziel einer einheitlichen Rechtslage die Notwendigkeit entstanden, das DDR-Gesetz über die Unterbrechung der Schwangerschaft vom 9. März 1972, das ausschließlich dem Modell der Fristenlösung (§§ 153-155 StGB-DDR) folgte, mit der bundesdeutschen Indikationsregelung (§§ 218-219 StGB, in Kraft getreten 21.06. 1976) in Übereinstimmung zu bringen. Im Einigungsvertrag (31.08.1990), Art. 31 Abs. 4, wurde der Gesetzgeber daher beauftragt, spätestens bis zum 31.12.1992 eine gemeinsame Regelung zu treffen. Am 27.07.1992 wurde das Schwangeren- und Familienhilfegesetz (SFHG) erlassen, in dem die embryopathische Indikation nicht mehr enthalten ist und nur noch drei außergewöhnliche Belastungen (Gesundheitsgefährdung, Vergewaltigung, soziale Notlage) der schwangeren Frau als Indikationen für einen nach Beratung straffreien Schwangerschaftsabbruch anerkannt werden.

straflos erreicht. Dem steht ein ESchG gegenüber, das den Embryo vom Zeitpunkt der Verschmelzung von Ei- und Samenzelle an (§ 8, Abs. 1 ESchG) wie einen geborenen Menschen unter Schutzrechte stellt, die Präimplantationsdiagnostik (PID), sofern dabei eine totipotente Zelle entnommen wird, verbietet und die extrakorporale Erzeugung von Embryonen nur im Zusammenhang der Invitrofertilisation (IVF) aus den Geschlechtszellen der leiblichen Eltern zum Zweck der Fortpflanzung erlaubt (§ 1, Abs. 2 ESchG). Folglich sind auch Herstellung und Verwendung menschlicher Embryonen zur Gewinnung von Stammzellen zu Forschungszwecken bzw. in therapeutischer Absicht illegal.

Die rechtlichen Widersprüche zwischen ESchG und § 218 StGB finden ihren Niederschlag in einem inkonsequenten Umgang mit Embryonen in der medizinischen Praxis. So ist der Schwangerschaftsabbruch durch Ausnahmeregelungen, bei der medizinischer Indikation bis in die Endphase der Schwangerschaft hinein, praktisch möglich, während nach dem ESchG menschliches Leben im Achtzellstadium unter allen Umständen zu schützen ist. In der IVF werden „überzählige“ Embryonen getötet, die Untersuchung einer Zelle aus einem Keim mit acht Zellen hingegen ist verboten. Ein in vitro erzeugter Embryo kann wegen des gesetzlichen Verbots der PID nicht genetisch untersucht werden. Wird aber nach dem Embryonentransfer (ET) durch Pränataldiagnostik (PND), die routinemäßig zum Untersuchungsprogramm der IVF gehört, eine Missbildung oder eine zu erwartende Krankheit festgestellt, ist der Schwangerschaftsabbruch rechtlich nicht ausgeschlossen.[2]

Schließlich führt die bestehende Gesetzeslage, folgt man kritiklos dem, was derzeit legalisiert ist, in prekäre Problemsituationen. Da in der Neufassung des § 218 StGB von 1992 die embryopathische Indikation nicht mehr bzw. nur noch rudimentär (erkennbar an der in § 218a, Abs. 4 ohne ausdrücklichen Indikationsbezug genannten Frist der 22. Schwangerschaftswoche) enthalten ist, werden Feten mit spät erkannten Entwicklungsunregelmäßigkeiten oder postnatal zu erwartenden Gesundheitsproblemen mit Berufung auf die unbestimmt formulierte medizinische Indikation[3], für die keine Fristbegrenzung gilt, abgetrieben.[4]

2 Pränataldiagnostische Untersuchungen an natürlich gezeugten Embryonen werden seit Ende der 1970er Jahre mit der möglichen Option des Schwangerschaftsabbruchs durchgeführt; dazu *Braun* (2006).

3 In § 218a, Abs. 2 heißt es: „Der mit Einwilligung der Schwangeren von einem Arzt vorgenommene Schwangerschaftsabbruch ist nicht rechtswidrig, wenn der Abbruch der Schwangerschaft unter Berücksichtigung der gegenwärtigen und zukünftigen Lebensverhältnisse der Schwangeren nach ärztlicher Erkenntnis angezeigt ist, um eine Gefahr für das Leben oder die Gefahr einer schwerwiegenden Beeinträchtigung des

Wird der Eingriff aber überlebt, kann der Vorwurf der unterlassenen Hilfeleistung nur vermieden werden, wenn das Kind, möglicherweise mit zusätzlichen Schäden, angenommen und medizinisch versorgt wird; denn der Fetozid ist nur innerhalb, nicht außerhalb der Gebärmutter erlaubt, wird von Ärztinnen und Ärzten vor dem unterbrechenden Eingriff aber häufig abgelehnt. So entsteht die Frage, darf man in utero töten, was außerhalb der Mutter geschützt werden muss? Da der intrauterine Fetozid aber dem Töten eines neugeborenen Kindes sehr nahe kommt, kann die Frage auch umgekehrt gestellt werden: Warum soll außerhalb der Gebärmutter nicht getötet werden, was kurz zuvor in utero hätte getötet werden dürfen? Die *Dringende Empfehlung* der Bundesärztekammer kritisiert zwar diese Situation, ist aber weit entfernt, einen Weg aus dem Dilemma aufzuzeigen, wenn einerseits das pränatale Töten als „nicht akzeptabel" bezeichnet und andererseits das unkontrollierte Sterbenlassen des Feten durch künstlich ausgelöste Wehen in der Absicht, den Ausgang des Spätabbruchs zu sichern, toleriert wird. Als Ausweg wird eine gesetzliche Nachbesserung des § 218 StGB gefordert.[5]

## II.

So widersprüchlich die Rechtslage in sich wie im Verhältnis zur Praxiswirklichkeit ist, so auseinanderstrebend sind die Positionen im ethischen Diskurs, in dem auf der einen Seite dem Embryo vom Zeitpunkt der Verschmelzung von Ei- und Samenzelle an Menschenwürde und daraus abgeleitet das Recht auf Leben wie einem erwachsenen Menschen zuerkannt werden und auf der anderen Seite der instrumentelle Umgang mit Embryonen als Mittel zum Erreichen heterogener Zwecke für ethisch vertretbar gehalten wird, wobei das Handlungsziel „hochrangig"[6] (was immer darunter zu verstehen ist) sein kann, auf Grund der Unbe-

---

körperlichen und seelischen Gesundheitszustandes der Schwangeren abzuwenden, und die Gefahr nicht auf andere für sie zumutbare Weise abgewendet werden kann." Bemerkenswert an dieser Formulierung ist nicht nur ihre Unbestimmtheit hinsichtlich der medizinischen Indikation, sondern deren gleichzeitige Vermischung mit der sozialen Notlagenindikation.

4 Nach Auskunft des *Statistischen Bundesamtes* (14.12.2007) werden seit 1996 ziemlich konstant zwischen 150 und 200 „Spätabbrüche" (nach der 23. Schwangerschaftswoche) im Jahr gemeldet.

5 Vgl. *Rabbata* (04.04.2008).

6 Der Begriff „hochrangig" wurde erstmals gebraucht in dem im Herbst 1985 vorgelegten Abschlussbericht der *Interministeriellen Arbeitsgruppe In-vitro-Fertilisation – Genomanalyse – Gentherapie,* deren Vorsitzender der ehemalige Präsident des Bundesverfassungsgerichts Benda („Benda-Kommission") war. Darin heißt es, dass nach

grenztheit auszudenkender Handlungs- und Selektionsoptionen[7] aber nicht sein muss.

Die Position der Unantastbarkeit menschlichen Lebens von Anfang an wird in Deutschland nicht nur von der katholischen Kirche, sondern besonders öffentlichkeitswirksam durch das Bundesverfassungsgericht (BVG) vertreten, seitdem dieses Mitte der 1970er Jahre den Antrag von 193 Bundestagsmitgliedern aus CDU/CSU und der Landesregierungen von Baden-Württemberg, Bayern, Rheinland-Pfalz, Schleswig-Holsteins und des Saarlandes auf verfassungsrechtliche Überprüfung des *Fünften Gesetzes zur Reform des Strafrechts* (5. StrRG vom 18. Juni 1974) dahingehend entschieden hat, dass eine ausschließlich als Fristenlösung[8] konzipierte strafrechtliche Regelung des Schwangerschaftsabbruchs mit dem Grundgesetz (GG) nicht vereinbar sei. Dabei legte das BVG seinem Urteil, um die Verfassungskonformität des Gesetzes zu beurteilen, nicht nur die im Grundgesetz festgelegten rechtlichen Normierungen zugrunde, sondern interpretierte die in Art. 1 Abs. 1 GG als unantastbar erklärte Würde des Menschen, die zu schützen Verpflichtung der staatlichen Gewalt ist, als Ausdruck einer in der bundesdeutschen Gesellschaft *de facto* bestehenden und allgemein anzuerkennenden Werteordnung, auf deren Grundlage zu entscheiden sei, was als *sittliches* Handeln gelten soll. So heißt es in der Urteilsbegründung:

> „Ferner entziehe der Gesetzgeber durch die Aufhebung der Strafbarkeit des Schwangerschaftsabbruchs in den ersten zwölf Wochen dem werdenden Leben für die Zukunft die sozialethische Wertschätzung in der Bevölkerung. Es entspreche gesicherter rechtssoziologischer Erkenntnis, dass strafrechtliche Normen normbildende Kraft für das sozialethische Urteil der Bürger besäßen." [BVG (1975), S. 21]

---

Ansicht der Mehrheit der Kommissionsmitglieder „Versuche mit menschlichen Embryonen nur insoweit vertretbar [sind], als sie dem Erkennen, Verhindern oder Beheben einer Krankheit bei dem betreffenden Embryo oder der Erzielung definierter, hochrangiger medizinischer Erkenntnisse" dienen. Einzelne Mitglieder der Arbeitsgruppe wollten eine Erzeugung von menschlichen Embryonen zu Forschungszwecken nicht allgemein ausschließen, sofern Versuche auf die Stadien der ersten Zellteilung und auf besonders hochrangige Forschungsziele beschränkt seien.

7 Studien belegen, dass bei der PND „mehr als 70 Prozent der vorgeburtlichen Untersuchungen in ihrer Zielrichtung selektiven Charakter haben"; dazu *Braun* (2006), S. A 2614.

8 Dieses Gesetz sah eine Fristenlösung vor, die besagte, dass der mit Einwilligung der schwangeren Frau von einem Arzt vorgenommene Schwangerschaftsabbruch nicht strafbar ist, wenn die Empfängnis nicht mehr als zwölf Wochen zurückliegt.

Das BVG ging in der Urteilsbegründung von einer Interdependenz von bestehender Gesetzeslage und sittlichem Bewusstsein in der Gesellschaft aus und verband die verfassungsrechtliche Entscheidung mit der Möglichkeit, Einfluss auf die moralische Bewusstseinsbildung der Bürgerinnen und Bürger zu nehmen. Dabei folgte das BVG argumentativ der von Rudolf Hermann Lotze (1817-1881) formulierten und gegen Kants bloß formales Sittengesetz (das in konkreten Entscheidungen nicht weiterhelfe) gerichteten Wertlehre, die Max Scheler (1874-1928) und Nicolai Hartmann (1882-1950) Anfang des 20. Jahrhunderts zu einer *materialen Wertethik* weiterentwickelt haben. In dieser wird der Versuch gemacht, die Möglichkeit der Handlungslegitimation auf objektiv bestehende Werte zurückzuführen, die untereinander eine von menschlichen Wertungen unabhängige hierarchische Werteordnung bilden. „Wert" wird dabei als Grund für die Bevorzugung eines Gegenstandes vor anderen oder einer Handlung vor anderen Handlungsmöglichkeiten bestimmt. Dem Erkennen zugänglich wird der in Wertungen vorausgesetzte Grund in einer Werterfassung als Wesenserkenntnis, d.h. im Aufscheinen des Wesensgehalts der Dinge, der im Wertgefühl des Menschen unmittelbar erfahren wird. Aus der Möglichkeit eines unvermittelten Erfassens der für sich bestehenden, übersubjektiv gegebenen Werteordnung folgt deren apriorische Geltung. Sind Werte aber allgemeingültig und unmittelbar evident, kann ihr Nichtbefolgtwerden nur auf mangelnde Einsicht in die objektiv bestehende Werteordnung, sei es willentlich oder aus Unvermögen, zurückgeführt werden.

Das Konzept einer objektiven und unmittelbar evidenten Werteordnung von übersubjektiver normativer Bedeutung wurde 1955 in einem Vortrag des Berliner Philosophen Wilhelm Weischedel den Bundesrichtern in Karlsruhe vermittelt.[9] Es gewann auf diese Weise einen bis heute nachwirkenden Einfluss auf die Formulierung (verfassungs-)rechtlicher Texte:

> „Nicht nur, dass nach wie vor die menschliche Würde (Art. 1 Abs. 1 GG) als höchster *Wert* bezeichnet wird, es wird immer wieder eine hinter der Verfassung stehende *Wertordnung* gesehen, manchmal sogar als ‚objektive' Wertordnung heraufbeschworen. Im übrigen wird bei aktuellen Orientierungsproblemen gelegentlich darauf hingewiesen, dass man sich nach ‚allgemeinem Wertverhalten' zu richten habe […]."[10]

9 Dazu *Sprenger* (2000), S. 8-9.

10 *Sprenger* (2000), S. 4-5.

In diesem Sinne bestimmte das BVG menschliches Leben, in das der Embryo vom Anfang seiner Entwicklung an eingeschlossen ist, als „vitale Basis der Menschenwürde und die Voraussetzung aller anderen Grundrechte". Der Begriff *Leben* wurde als „Höchstwert innerhalb der grundgesetzlichen Ordnung" herausgestellt, dem, vor jeder anderen Wertorientierung, normative Bedeutung in Fragen der ethischen Bewertung des Umgangs mit Embryonen zukomme („Unantastbarkeit menschlichen Lebens"). Die Vorrangstellung des Lebensschutzes für den Embryo brachte das BVG auch dadurch zum Ausdruck, indem es ihm die grundrechtlich garantierte Gewissensfreiheit (Art. 4 Abs. 1 GG) der Frau nachordnete und damit ein Abwägen von Gewissensgründen als Modus der Entscheidungsfindung verwarf mit der Begründung, dass zwischen Mutter und entstehendem Kind weder hinsichtlich der Ausgangssituation noch der Auswirkungen Gleichheit bestehe. Von daher dürfe der für den Embryo zu fordernde Lebensschutz weder in einer bestimmten Frist noch durch das Selbstbestimmungsrecht der schwangeren Frau[11] in Frage gestellt werden.

Aus der ungleichen Gewichtung zweier Grundrechte, Lebensschutz auf der einen und Gewissensfreiheit auf der anderen Seite, resultiert die in Deutschland bis heute zuweilen kulturkampfartig geführte öffentliche Debatte über den moralischen Status des Embryo. Frauenverbände, nichtkirchliche Beratungsstellen sowie Mitglieder der Parteien SPD, FDP, Bündnis 90/die Grünen und Die Linke treten mehrheitlich dafür ein, das Selbstbestimmungsrecht bzw. das Gewissen der betroffenen Frau als letztentscheidende Instanz in einer multikulturellen Gesellschaft mit differenten normativen Vorstellungen anzuerkennen und die rechtlichen Regelungen darauf auszurichten, dass angesichts der Besonderheit jeder Lebenssituation die Möglichkeit der Beratung mit dem Ziel selbst verantworteter Situationsbewältigung ohne Angst vor Nötigung und Strafe in Anspruch genommen werden kann. Demgegenüber bestehen die großen Kirchen[12] sowie Mehrheiten in den Parteien CDU und CSU darauf, dass Schwangerschaftsabbruch grundsätzlich Vernichtung ungeborenen Lebens bedeute und ziehen daraus den Schluss, dass der Lebensschutz für den Embryo Vorrang vor dem Selbstbestimmungsrecht der schwangeren Frau haben müsse und folglich auch das Ab-

11 In Art. 4 Abs. 1 (GG) wird die Freiheit des Gewissens als Grundrecht garantiert. Damit ergibt sich die verfassungsrechtliche Frage, ob dieses Grundrecht der Frau zugunsten des entstehenden Kindes eingeschränkt werden darf, sofern diese ihren Entschluss zum Schwangerschaftsabbruch für vereinbar mit ihrem Gewissen erklärt.

12 Für die evangelische Kirche galt dies zumindest bis zum Ende der Amtszeit von Manfred Kock als Ratspräsident der Evangelischen Kirche in Deutschland (EKD).

wägen von Gründen als Vorgehensweise der Entscheidungsfindung in Konfliktsituationen zu verwerfen sei.

Gleichzeitig muss aber gesehen werden, dass die Zuordnung von ethischen Positionen nicht so eindeutig möglich ist, wie es zuweilen den Anschein hat; denn Differenzen in den ethischen Argumentationen und Widersprechungen sind nicht nur zwischen, sondern auch innerhalb gesellschaftlicher Gruppen und Verbänden auszumachen. So wird von Gegnern, aber auch Befürwortern kirchlicher Positionen häufig übersehen, dass die Gewissensfreiheit in der Lehrmeinung der katholischen Kirche keineswegs von untergeordneter Bedeutung ist. In der Pastoralkonstitution über die Kirche in der Welt stellte das 1961 erstmals zusammengetretene Zweite Vatikanische Konzil fest, dass „durch die Treue zum Gewissen die Christen mit den übrigen Menschen verbunden sind im Suchen nach der Wahrheit und zur wahrheitsgemäßen Lösung all der vielen moralischen Probleme, die im Leben der Einzelnen wie im gesellschaftlichen Zusammenleben entstehen." Dabei ist es möglich, „dass das Gewissen aus unüberwindlicher Unkenntnis irrt, ohne dass es dadurch seine Würde verliert."[13] Das heißt, das Gewissen ist Ausdruck der Würde des Menschen, begründet in dessen Moralfähigkeit, von der der Mensch auch dann legitimerweise Gebrauch macht, wenn seine Entscheidung aus der Gewissensperspektive anderer nicht gebilligt werden kann. Dabei sieht das Zweite Vatikanische Konzil Gewissen und Freiheit in einer sich gegenseitig bedingenden Beziehung:

> „Aber nur frei kann der Mensch sich zum Guten hinwenden. […] Die Würde des Menschen verlangt daher, dass er in bewusster und freier Wahl handle, das heißt personal, von innen her bewegt und geführt und nicht unter blindem innerem Drang oder unter bloßem äußerem Zwang."[14]

Es geht, so wird deutlich, in der Debatte über die Möglichkeit eines ethisch gerechtfertigten Umgangs mit Embryonen nicht nur um das Verhältnis zweier Grundrechte, sondern um das rechtlichen Normierungen vorausgehende moralphilosophische Problem der Beziehung von zwei ethischen Argumentationsweisen, einer auf Wertbegriffe rekurrierenden (wobei „Wert" und „Prinzip" häufig synonym gebraucht werden) sowie um einen Legitimationsversuch, in dem das Gewissen letztentscheidend sein soll. Da Gewissensentscheidungen aber die gegenseitige Anerkennung unter autonomen Subjekten voraussetzen und in ihre Verwirklichung die Gesamtheit der Bedingungen eingeht, von denen die Lebens-

---

13 Pastoralkonstitution Teil 1, Kap. 1, Nr. 16; in: *Rahner* und *Vorgrimler* (1966), S. 462-463.

14 Pastoralkonstitution Teil 1, Kap. 1, Nr. 17; in: *Rahner* und *Vorgrimler* (1966), S. 463.

situation der Beteiligten geprägt ist, kann nicht umgangen werden, dass auch Zwecke und Interessen im Sinne einer Güterabwägung die Überlegungen mitbestimmen.

Damit sind die Positionen benannt, an denen sich, bislang ohne Aussicht auf Vermittlung, „die Geister" scheiden; denn dem Anspruch auf Gewissensfreiheit wird häufig aus der Sicht einer auf Werte rekurrierenden Ethik unterstellt, dass die in Gewissensentscheidungen für maßgeblich gehaltenen Kriterien sekundäre, aus der Lebenssituation hervorgehende Zwecke und Interessen sind, deren Normativität im Vergleich zu der von Wertbegriffen nicht hinreichend begründend sei. Demgegenüber wird die Relativierung von Gewissensgründen von denen, die Reichweite und Tauglichkeit von Werten als Entscheidungsnormen im Blick auf ihre Lebenssituation hinterfragen, als Entmündigung empfunden. Sie sehen im Versuch, die Frage, was Sittlichkeit im Handeln ist, in logisch konstruierender Verstandestätigkeit auf allgemeine normative Begriffe zurückzuführen und von diesen aus gleichsam im Modus situationsunabhängiger Gültigkeit entscheiden zu wollen, eine das Selbstbestimmungsrecht des Menschen bestreitende Anmaßung. Der ethische Diskurs wird auf zwei Ebenen geführt: einerseits mit dem Anspruch einer auf Prinzipien gegründeten Normativität, in der sich ein nicht weiter hinterfragbarer Sinn ausspricht, und andererseits auf der Ebene einer pragmatisch erscheinenden Argumentation, die Zwecken und Interessen normative Bedeutung beimisst, die nicht auf Letztbegründung und Allgemeingültigkeit zielt, aber Orientierung ermöglicht in einem Konzept der Interessenabwägung mit dem Anspruch selbstverantwortlicher Situationsbewältigung.

Damit stellt sich aber die Frage, wie eine auf Prinzipien rekurrierende Handlungslegitimation mit dem Anspruch freier Gewissensentscheidung vermittelt werden kann. Will man aber den Grund des Streits um einen moralisch gerechtfertigten Umgang mit Embryonen erreichen und einer ethischen Bearbeitung zugänglich machen, kann das aufgezeigte Vermittlungsproblem nicht umgangen werden, zumal sich zwei grundsätzliche, ständig gebrauchte Argumentationsweisen gegenüberstehen, deren Verhältnis in der ethischen Diskussion des Schwangerschaftsabbruchs ebenso relevant ist wie in der auf dem weiteren Feld der Handlungsoptionen reproduktiver und prädiktiver Medizin. Auch da ist zu fragen, welches moralische Gewicht Interessen und Zwecken und mit welcher Begründung zuzubilligen ist, wenn es um so genannte „hochrangige" Zwecke (z.B. Erfüllung von Kinderwunsch) oder im Verfolgen neuer medizinischer Handlungsoptionen darum geht, wie weit der Zweck des Heilens die Forschung an embryonalen Stammzellen oder die durch IVF und PID mögliche selektive Erzeugung merkmalsdefinierter Embryonen rechtfertigt. Bevor also die in den Begriffen Wert und Prinzip auf der einen und Zweck und Interesse auf der anderen Seite vorläufig charakterisierten argumentativen Ansätze mit der Frage nach der Möglichkeit ihrer Vermittlung konfrontiert werden, ist jeder für sich sowohl in seinem Argumentationsmodus zu untersuchen als auch nach Reichweite und Tragfähigkeit seines normativen Anspruchs zu bestimmen.

## III.

Theoretische Grundlage der modernen medizinischen Praxis sind kausalanalytische Urteile in der Form von Hypothesen, die sagen, mit welchen Mitteln welche Veränderungen als Zweck einer Handlung bewirkt werden können. Grundsätzlich handelt es sich um einen offenen, prinzipiell nicht abschließbaren Prozess der Wissensbildung und der gleichzeitigen Darstellung von Handlungsmöglichkeiten, in dem vor dem Hintergrund der Gesamthypothese einer in der Natur durchgängig wirksamen Kausalordnung Funktionen als Verhältnisse von Ursache und Wirkung bestimmt werden. Dabei können *systemimmanent* keine Gründe plausibel gemacht werden, die angesichts der Möglichkeit, analytisch in immer differenziertere Wissensbereiche vorzudringen, Grenzziehungen oder das Nichtverfolgen bestimmter Fragestellungen begründet erscheinen ließen.

Entscheidend dabei ist, dass das Praktischwerden theoretischen Wissens im Handeln in die Hypothesenstruktur eingeschlossen ist, so dass die Beziehung von Theorie und Praxis in der modernen Medizin einem unvermittelten Anwendungsverhältnis entspricht. Wird beispielsweise auf der Ebene theoretischer Wissensbildung ein Kausalzusammenhang aufgedeckt (z.B. eine Adrenalin genannte Substanz erhöht den Blutdruck), dann spricht prinzipiell nichts dagegen, den erkannten Kausalzusammenhang in praktischer Anwendung zu wiederholen (*wenn* ein Blutdruckabfall eintritt, *dann* behandle diesen mit Adrenalin, falls nicht ergänzende Erkenntnisse davon abraten). Aus dem Wissen ergeben sich *unvermittelt* Handlungsmöglichkeiten, die, in wenn-dann-Sätzen gesagt, Theorie und Praxis als ein lineares Verhältnis von kausalanalytischem Wissen und technischer Anwendung konstituieren. Dabei bedeutet *Linearität*, dass im Wissen die Möglichkeit seines Praktischwerdens bereits mitgesagt ist. Das Verhältnis von Theorie und Praxis entspricht in der modernen Medizin somit dem des *technischen Zirkel*s, der dadurch gekennzeichnet ist, dass einerseits die Praxis sich unmittelbar aus dem kausalanalytischen Wissen ergibt und andererseits der Handlungserfolg (das faktische Eintreten des intendierten Zwecks) wiederum als die Bestätigung der Wirklichkeitsentsprechung (des Wahrheitsgehalts) des in Hypothesen Gesagten betrachtet wird.

Kennzeichnend für die ausschließlich dem technischen Imperativ folgende Handlungsdynamik ist, dass diese in der modernen Medizin von sich aus immer neue Handlungsoptionen eröffnet. Dabei sind der Erweiterung des Spektrums der Handlungsmöglichkeiten prinzipiell keine Grenzen gesetzt, zumal wissenschaftsimmanent keine Kriterien als Grundlage einer kritischen Bewertung von Handlungszielen auszumachen sind. Die Motivation hat von daher keine entscheidende Bedeutung für das interne Konzept eines Forschungsvorhabens; denn es ist unerheblich, ob dieses reinem Forschungsinteresse entspringt, eine Antwort auf von Menschen geäußerte Bedürfnisse und Leiden darstellt oder ob die Möglichkeit, es könnten bestimmte Forschungsergebnisse praktisch genutzt werden, erst sekundär erkannt wird. In den Grenzen desselben Paradigmas kann Forschung am konventionellen Auftrag der Medizin, Krankheit zu erkennen, zu heilen und vorzubeugen, ausgerichtet sein und ebenso auf Handlungsoptionen ausgedehnt werden, die das bisherige Krankheitsverständnis in Frage stellen. Dabei werden Grenzen zwischen Krankheit und altersbedingter Veränderung, Leiden und Defiziterfahrung auf Grund konstitutioneller Besonderheit, Heilung und Selbstoptimierung fließend.

Auch der Umgang mit Embryonen unterliegt in der modernen Medizin den aufgezeigten Prämissen des technischen Imperativs, der auf das Verfügbarmachen der objektivierten Natur gerichtet ist. Dabei sind in der reproduktiven und prädiktiven Medizin auf Grund der Entsprechung der Methoden Forschung und Behandlung eng verbunden, so dass von einer *experimentellen Medizin* gesprochen werden kann. Der menschliche Embryo wird für sich, losgelöst von zwischenmenschlichen Zusammenhängen, als Naturprodukt gesehen, das im Sinne eigener Zwecke manipuliert, aber ebenso heterogenen Zwecken technisch verfügbar gemacht werden kann. Die Methoden von IVF und PDI versetzen in die Lage, genetisch bedingte Dispositionen zu Missbildungen oder nach der Geburt zu erwartende Krankheiten aufzudecken sowie den Embryo mit ihm äußerlichen Interessen und Erwartungen zu konfrontieren. Es eröffnen sich Möglichkeiten der Selektion, ausgerichtet am Wunsch der Eltern nach einem gesunden oder nach einem Kind mit bestimmten Merkmalen oder einem an die Erfahrungswelt der Eltern angepassten, das deshalb gehörlos auf die Welt kommen soll. Ebenso können Embryonen der Handlungsoption des Heilens verfügbar gemacht werden als materiale Grundlage der Entwicklung therapeutischer Methoden für Zell- und Gewebeersatz, bei der ihre Zerstörung methodisch vorgesehen ist, oder im Zusammenhang mit der Erzeugung potentieller Knochenmark- bzw. Organspender („Rettungskinder"), wobei in der nach IVF durchgeführten PID nicht Missbildung oder prognostizierte Krankheit, sondern die ins therapeutische Konzept passende genetische Ausstattung über Fortsetzung oder Abbruch der initiierten Entwicklung eines gesunden Embryos entscheidet. Man hat somit einerseits mit einer Vervielfältigung möglicher Zwecke und Handlungsoptionen ohne vorher bestimmbare Grenzen zu rechnen und andererseits mit einer im Vergleich zum

Schwangerschaftsabbruch grundsätzlich veränderten ethischen Herausforderung; denn geht es bei diesem um die Lösung einer Konfliktsituation, in der das Selbstbestimmungsrecht der Frau der Schutzbedürftigkeit des Embryos entgegensteht, so haben wir uns in reproduktiver und prädiktiver Medizin auf ethische Probleme einzustellen, die nicht unversehens auftreten, sondern im Zusammenhang mit dem Projekt der Erzeugung einer nächsten Generation unter Bedingungen sowie der Forschung an Embryonen nach vorherbestimmten Zielsetzungen auftreten und somit erzeugt und vorherzusehen sind. In der Güterabwägung zwischen Kinderwunsch und merkmalsorientierten Erwartungen an den Embryo wird der moralische Konflikt von vornherein in Kauf genommen:

> „Diese Art der vorsätzlichen Qualitätskontrolle bringt einen neuen Aspekt ins Spiel – die Instrumentalisierung eines unter Vorbehalt erzeugten menschlichen Lebens für die Präferenzen und Wertorientierungen Dritter. [...] Eine Entscheidung über Existenz oder Nichtexistenz fällt nach Maßgabe des potentiellen *Soseins.* Die existentielle Entscheidung zum Abbruch einer Schwangerschaft hat mit dieser merkmalsorientierten Verfügbarmachung, dem Sortieren vorgeburtlichen Lebens, ebenso wenig zu tun wie mit der Konsumtion dieses Lebens für Zwecke der Forschung.“[15]

Vergegenwärtigt man sich die wissenschaftliche Entwicklung und die medizinethische Diskussion von der Einführung der PND Mitte der 1970er Jahre bis zu der 2008 im Bundestag geführten Debatte um Stichtagsregelung und Forschung an importierten Stammzelllinien, so wird deutlich, dass sich die Faktizität des Machbaren als mächtiger handlungsleitender Impuls erwiesen und das technisch Mögliche sich sowohl in praktischer als auch normativer Hinsicht durchgesetzt hat. Zu der nach Verwirklichung drängenden Kraft realisierbar erscheinender Handlungsziele kann offensichtlich nur schwer die Distanz gewahrt werden, die notwendig ist, um unvoreingenommen die Frage nach der Möglichkeit ethisch begründeter Handlungslegitimation zu stellen. Dabei ist die auf Anwendungswissen gegründete instrumentelle Form menschlicher Praxis nicht grundsätzlich zu kritisieren. Es muss aber gefragt werden nach dem Verhältnis von handlungstheoretischer Grundlegung von Technik einerseits und der Möglichkeit einer wissenschaftlich fundierten ethischen Legitimation instrumentellen Handelns am Menschen andererseits; denn im Versuch, die Anwendung technischer Mittel allein aus dem im Handeln intendierten Zweck zu begründen, wird das Problem der Handlungslegitimation nicht gelöst, sondern umgangen. Im technischen Zirkel von kausalanalytischem Wissen und technischer Anwendung ist, wie gezeigt wurde, das

15 *Habermas* (2001), S. 58; kursiv im Original.

Handeln *unmittelbare* Folge der Theorie, so dass kein Raum ist für Entscheidung und Verantwortung. Anzuwendende Mittel und intendierter Zweck sind sowohl im hypothetischen Wissen als auch in dessen praktischer Anwendung notwendig aufeinander bezogen. Von daher können Zwecke grundsätzlich keine legitimierende Wirkung haben, sie bedürfen vielmehr selbst der Begründung. Wird dies nicht gesehen, wird in der Unmittelbarkeit des technischen Zirkels die Praxis durch die Theorie reglementiert und die Frage der Handlungslegitimation reduziert auf eine Orientierung an der Faktizität des technisch Möglichen. Auf diese Weise gewinnt *Machbarkeit* einen „pseudomoralischen" Anspruch. Die Verwirklichung einer Handlung erscheint zwingend, da im Verhältnis von kausalanalytischem Wissen und dessen Anwendung immer nur etwas im Sinne fortgesetzten instrumentellen Handelns, nichts hingegen über mögliche Bedingungen, eine Handlung in gerechtfertigter Weise zu unterlassen oder abzubrechen, gesagt werden kann. Daraus folgt, soll dem Anspruch der Selbstbestimmung des Menschen Geltung verschafft und ein Raum freier Gewissensentscheidungen offen gehalten werden, ist dies nur möglich, wenn der Zweck einer Handlung nochmals der Legitimationsfrage unterworfen, d.h. nach dem Sinn seiner Verwirklichung gefragt wird. Da naturwissenschaftlich fundiertes Handlungswissen aber immer nur über die Möglichkeit einer Handlung, nicht hingegen über deren *Sinn* zu urteilen vermag, kann dieser auch nicht aus der technischen Handlungsmöglichkeit selbst hergeleitet werden. Die Sinnfrage muss von außen in das Verhältnis von kausalanalytischem Wissen und dessen praktischer Anwendung hineingesprochen werden. Nur so ist es möglich, eine Handlungssituation auf die Legitimationsfrage hin offen zu halten.

## IV.

Um den bisher in den Begriffen Wert und Prinzip charakterisierten Ansatz ethischer Argumentation auf seine normative Verbindlichkeit und ethische Begründungsfähigkeit hin zu untersuchen, soll vom Lebensbegriff ausgegangen werden, der auf den ersten Blick sich als uneinheitlich erweist und nur schwer zu bestimmen ist. Einerseits ist der Begriff *Leben* in der Analyse von Gegebenheiten und Funktionen erkenntnisleitend vorausgesetzt. Im Vergleich zu reinen Verstandeskategorien (vgl. *Kausalität*) enthält er aber deskriptive Anteile; denn ihm entsprechen in der Erfahrung gegebene Phänomene, die in Beobachtungsbegriffen gesagt werden. Andererseits kann, was Leben wirklich ist, weder mit einzelnen biologischen Gegebenheiten oder mit der Summe des in wissenschaftlichen Sätzen Gesagten gleichgesetzt noch verallgemeinernd durch Abstraktion aus Erfahrungen abgeleitet werden. Es handelt sich also weder um einen Begriff *a priori*, der jeder Erfahrung vorausgeht, noch ist Leben mit dem zugrunde liegenden Faktischen identisch, so dass in diesem das Phänomen des Lebendigseins letztgültig erklärt und menschlichem Handeln verfügbar (d.h. *hergestellt*) werden könnte.

Das im Begriff Leben Gemeinte macht den über das Faktische hinausweisenden Sinn empirischer Gegebenheiten und Funktionen offenkundig und konkretisiert diesen als den Teilhorizont menschlicher Wirklichkeit, der in der erkennenden Auseinandersetzung mit Phänomenen des Lebendigen, in der Bildung *biologischen* Wissens, vorausgesetzt ist, ohne dass in der Bestimmung einzelner Funktionen letztgültig gesagt wäre, was Lebendigkeit *wirklich* ist. Der Begriff Leben ist hinsichtlich der in ihm gemeinten Wirklichkeit unmittelbar verständlich, mit der Summe verfügbaren Tatsachenwissens aber weder identisch noch kann er abschließend definiert werden. Es sind immer nur Merkmale des Lebendigen, die sich in der Vielheit biologischer Entitäten und deren Veränderungen durchhalten und die benannt werden können: Veränderung aus sich heraus als selbsttätige Entwicklung und Bewegung, Fähigkeit zu Fortpflanzung und Arterhaltung.

Der Lebensbegriff kann somit als *Prinzip* charakterisiert werden, das im ursprünglichen Wortsinn von *Principium* [(*giech.*) archē] Anfang bedeutet, nicht Beginn als Zeit*punkt,* sondern mitgehender Anfang, der sich durchhält in den Veränderungen des Konkreten und somit dessen „Wesen" ausmacht. Leben verweist auf das sich Durchhaltende in den sich ablösenden Daseins- und Erscheinungsweisen einer Entität, von deren charakteristischer Fähigkeit selbsttätiger Entwicklung nur dann sinnvoll gesprochen werden kann, wenn in dieser Identität des sich Entwickelnden, Kontinuität sowie Entfaltung aus sich heraus, Potentialität, unterstellt und damit von einem Wesen gesprochen werden darf, das sich im gesamten Lebensprozess als dasselbe durchhält.

Auch der Begriff der *Menschenwürde*, die zu achten und zu schützen nach Art. 1 Abs. 1 GG Verpflichtung staatlicher Gewalt ist, kann insofern als Prinzip bestimmt werden, als in ihm zum Ausdruck kommt, was im Blick auf die Möglichkeit der Existenz des Einzelnen sowie mitmenschlichen Zusammenlebens nicht zur Disposition gestellt werden darf: die Anerkennung des Menschen in seinem Grundrecht auf Leben. Hier wird die Beziehung zwischen Prinzip und Wert deutlich. Verweist *Principium* als mitgehender Anfang mehr deskriptiv auf das, was dem Menschen unverzichtbar ist (soll er nicht des Sinns seiner Existenz beraubt sein), so bringt *Wert*, verstanden als Grund einer Wertung bzw. für die Bevorzugung einer Handlung, den normativen Anspruch zur Geltung, der besonderes Gewicht erhält im Zusammenhang mit der Grundbedingung der Existenz des Menschen, die notwendig an zwischenmenschliche Praxis gebunden ist.

Es darf in unserer Gesellschaft von dem zumindest in der Theorie bestehenden Konsens ausgegangen werden, dass der Mensch als moralisches Subjekt Instrumentalisierungsversuchen entzogen sein soll und Nützlichkeitserwägungen als Ansinnen der Machtausübung über andere zurückzuweisen sind. Begründet sieht man diese Forderung in der dem Menschen eigenen Würde, deren Unantastbarkeit das Grundgesetz nicht nur proklamiert, die „vielmehr als Teil der Verfassung ein verbindliches normatives Prinzip darstellt."[16] Damit stellen sich aber zwei Fragen, bei deren Beantwortung keineswegs mehr Einigkeit herrscht, einerseits die Frage, inwiefern Menschenwürde als moralische Norm ethisch begründet ist, und andererseits ist zu klären, ob der verpflichtende Charakter dieses Prinzips für den Menschen in allen Daseinsweisen und Befindlichkeiten, auch wenn er noch nicht oder nicht mehr über die an Bewusstsein gebundenen kognitiven Fähigkeiten verfügt, Geltung beanspruchen kann.

Nach Kant gründet die Menschenwürde in der Moralfähigkeit, in der Freiheit des Menschen, über das bloße Befolgen moralischer Regeln hinaus auch deren Autor zu sein, das Sittengesetz nicht nur anzuerkennen, sondern sich zu geben. Als moralisches Subjekt ist der Mensch Selbstzweck, das heißt, dass er nicht um heterogener Zwecke willen zum bloßen Mittel gemacht werden darf. Dabei ist bemerkenswert, dass Kant den *praktischen Imperativ* nicht begrenzt auf den einzelnen Menschen, sondern im Blick auf die Menschheit formuliert: „Handle so, dass du die Menschheit, sowohl in deiner Person, als in der Person eines jeden anderen, jederzeit zugleich als Zweck, niemals bloß als Mittel brauchest."[17] Daraus folgt, dass der nur in interindividueller Kommunikation und Praxis lebensfähige Mensch unabhängig von Lebensalter und Befinden in den normativen Anspruch des Sittengesetzes eingeschlossen ist. Damit wird dem Gleichheitsgrundsatz Rechnung getragen, gegen den im Versuch der Instrumentalisierung des Menschen zwangsläufig verstoßen wird, da anzunehmen ist, dass, wer andere zum Mittel macht, für sich ausschließt, in gleicher Weise behandelt zu werden.

Der normative Anspruch der Würde des Menschen wird hier zurückgeführt auf dessen „Status als eines von der Moralität in Pflicht genommenen Wesens"[18]. Das bedeutet, die dem Menschen spezifische Würde hat ihren Grund in seiner Moralfähigkeit, die, wie die Menschenwürde selbst, ein normativer Begriff und als solcher den theoretischer Begriffen zuzuordnen ist:

---

16 *Böckenförde* (2003), S. B 1049.

17 Grundlegung zur Metaphysik der Sitten B 66/67.

18 *Wieland* (2003), S. 162.

„Nun schließen alle unverkürzten Antworten auf die alte Frage, was der Mensch sei, unmittelbar oder mittelbar seine Moralfähigkeit ein. Sein Wesen ist nicht nur durch das bestimmt, was er in der Welt der Natur und in der sozialen Welt *ist,* sondern weit mehr noch durch das, was er *sein soll* und was von ihm gefordert wird. Sein Status als eines von der Moralität in die Pflicht genommenen Wesens wird nicht dadurch berührt, ob er ihren Imperativen Folge leistet oder nicht, ob er sich die ihn verpflichtenden Forderungen deutlich bewusst macht oder ob er sie verdrängt. Relevant ist nur, dass er als ein essentiell durch seine Moralfähigkeit bestimmtes Wesen darauf angelegt ist, diese Forderungen wahrzunehmen und sein Handeln und Verhalten durch sie motivieren zu können, auch wenn er von dieser Fähigkeit nicht in jedem Augenblick seiner physischen Existenz Gebrauch macht, ja noch nicht einmal immer Gebrauch machen kann. Seine Würde beruht jedenfalls nicht auf den Ansprüchen, die er selbst erhebt, sondern auf Forderungen, deren Adressat er ist; nicht auf dem, was er will, sondern auf dem, was er soll. Das gilt auch dann, wenn er sich im Einzelfall darüber irrt, was dieses Sollen von ihm verlangt. Auf jeden Fall rechtfertigt das unbedingte Sollen, unter dem er steht, seinen Anspruch gegenüber jedermann, ihn als moralfähiges Wesen anzuerkennen."[19]

Ein Sein-Sollen-Fehlschluss ist in dieser Argumentation ausgeschlossen; denn die Würde wird nicht auf empirisch erhebbare Fakten gegründet, weder auf die dem Menschen eigenen, Bewusstsein konstituierenden kognitiven Vermögen noch auf die Fähigkeit, Interessen zu entwickeln und Wünsche zu äußern. Der Mensch wird vielmehr über die Faktizität seiner naturgegebenen physischen, psychischen und mentalen Ausstattung hinaus als ein Wesen begriffen, das im Wissen um seine Selbst- und Weltbezüge die Frage stellt, was Sittlichkeit im Handeln sein soll. In wissenschaftstheoretischer Hinsicht ist damit die Bedingung erfüllt, dass jeder normative Satz weder durch einen Beobachtungsbegriff noch durch einen deskriptiven Begriff begründet werden kann, sondern mindestens eine normative Prämisse verlangt.[20]

Besteht weitgehend Einigkeit über die grundsätzliche Geltung des normativen Anspruchs einer in der Moralfähigkeit begründeten Würde des Menschen, so ist dieser Konsens in Frage gestellt, sobald es darum geht, ob der verpflichtende Charakter des Würdebegriffs auch dann anzuerkennen ist, wenn der Mensch

19 *Wieland* (2003), S. 161-162; kursiv im Original.

20 Dazu *Wieland* (2003), S. 160-161.

noch nicht oder nicht mehr über die Fähigkeiten verfügt, die Personsein begründen. Dabei wird in ethischen Begründungsansätzen, die auf eine abgestufte Schutzwürdigkeit des Embryo abzielen, Menschenwürde an Tatsachen des Bewusstseins gebunden: Empfindungs- und Erlebnisfähigkeit, Vernunft, Intelligenz, Selbstbewusstsein, die Fähigkeit, Wünsche und Präferenzen zu entwickeln, dem eigenen Handeln selbst Zwecke zu setzen. Aufzählungen dieser Art bergen die Gefahr in sich, dass aus empirischen Gegebenheiten Folgerungen im Blick auf das Sollen und Dürfen im Umgang mit Embryonen abgeleitet werden und das Vorhandensein oder Fehlen personaler Fähigkeiten zum Anlass genommen wird, um Schutzrechte zuzusprechen oder zu entziehen und allgemein das Konzept einer abgestuften Schutzwürdigkeit plausibel zu machen. Dahinter steht die Vorstellung, Menschsein sei gleichzusetzen mit der Summe von Fähigkeiten, die deren Träger als Person qualifiziert, was aber nur für einen Ausschnitt des menschlichen Lebens zutreffen könnte, so dass zu fragen ist, was der Mensch in den Lebenssituationen ist, in denen er die geforderten Fähigkeiten nur unvollständig, noch nicht oder nicht mehr aufzuweisen hat. Zudem ist zu bedenken, dass das Bewusstsein nicht nur in unfall- und krankheitsbedingten Krisensituationen abhanden kommen kann, sondern *charakteristischerweise* fehlt in bestimmten Phasen des menschlichen Lebens, im Schlaf, am Lebensanfang und möglicherweise auch im Alterungsprozess und im Sterben.

In Begründungsansätzen dieser Art ist ein Sein-Sollen-Fehlschluss nicht zu vermeiden; denn empirische Beobachtungen können von sich aus nicht darüber befinden, ob einem Subjekt ein Prädikat normativer Art zukommt oder nicht. Werden biologische Gegebenheiten im Fortgang embryonaler Entwicklung zur Begründung moralischer Sollensaussagen benutzt, handelt es sich nicht mehr um eine *ethische* Argumentation, weil mit der Moralfähigkeit des Menschen gerade nicht gemeint ist, „dass [dieser] Verhaltensregeln befolgen kann, die für ihn Mittel sind, um vorgegebene und als solche nicht normierte Ziele zu verwirklichen. Solche Regeln greifen nur, sofern man sich bereits für diese Ziele entschieden hat."[21] Steht im Voraus fest, was getan werden soll, wird die Moralfähigkeit des Menschen funktionalistisch gedeutet und Ethik gebraucht als Mittel zur nachträglichen Rechtfertigung bereits getroffener Handlungsentscheidungen. In der Vereinigung der Kerne von Ei- und Samenzelle einmal in Gang gesetzt, existiert Leben als ein auf Zukunft hin offener Prozess im Modus fortgesetzter Entwicklung. In dieser können Stadien und Übergänge heuristisch unterschieden, der Wandel biologischer Merkmale aber nicht als so weitgehende Wesensveränderung deklariert werden, dass damit unterschiedliche normative Bewertungen

21 *Wieland* (2003), S. 161.

zu rechtfertigen wären. Von daher erscheint jeder Versuch, in der Entwicklung des Menschen bis zur Geburt trennende, moralisch relevante Einschnitte konstatieren zu wollen, willkürlich.

Menschenwürde ist keine Eigenschaft, die man *hat* wie körperliche Merkmale oder geistige Fähigkeiten. Ebenso wenig kann Schutzwürdigkeit quantifiziert und am Vorhandensein oder Fehlen personaler Eigenschaften zugesprochen oder aberkannt werden. Menschenwürde ist im moralischen und rechtlichen Sinne an die „Symmetrie der Beziehung" der Menschen einer Gemeinschaft gebunden, die sich als moralische Wesen gegenseitig anerkennen, und „sie markiert [...] diejenige ‚Unantastbarkeit', die allein in den interpersonalen Beziehungen reziproker Anerkennung, im egalitären Umgang von Personen miteinander eine Bedeutung haben." Der Embryo kann aber weder die Beachtung moralischer Rechte einfordern noch teilnehmen am ethischen Diskurs moralfähiger Subjekte, die „sich *gegenseitig* moralisch verpflichten und *voneinander* normkonformes Verhalten erwarten".[22] Er ist nicht Person von Anfang an. „Erst in der Öffentlichkeit einer Sprachgemeinschaft bildet sich das Naturwesen zugleich zum Individuum und zur vernunftbegabten Person."[23] Menschliches Leben vor der Geburt geht nicht in der Faktizität seiner überwiegend biologischen Daseinsweise auf, sondern ist darüber hinaus notwendige Ausgangsbasis für die Möglichkeit von Menschsein als leibhafte Existenz. Man wird der Bedeutung des Embryo deshalb nicht gerecht, wenn man diesen isoliert und nicht im Gesamtzusammenhang des menschlichen Lebens betrachtet:

> „Die Faktizität als solche ist ernst zu nehmen, aber zugleich auf den Zusammenhang hin zu interpretieren, in dem sie steht. Dies sind erste Schritte einer Sinnargumentation, die dann auch Basis für ethische Normativität sein kann. Sittliche Verpflichtung ergibt sich immer erst aus der Sinneinsicht in den *Zusammenhang* von Wirklichkeit menschlicher Existenz, der grundsätzlich auf die Zukunft hin offen ist."[24]

Es verbietet sich von daher, aus dem Fehlen personaler Fähigkeiten unmittelbar ein Verfügungsrecht abzuleiten; denn der Embryo muss nicht Rechtsperson bzw. Träger unabdingbarer Grundrechte sein, um als unverfügbar zu gelten. Unverfügbarkeit ist weder an Menschenwürde noch an die Zugehörigkeit zur Spezies *Homo sapiens* gebunden. Als vorpersonales Leben genießt er Anerkennung *um*

---

22 *Habermas* (2001), S. 62; kursiv im Original.

23 *Habermas* (2001), S. 65.

24 *Fraling* (2003), S. 143.

*seiner selbst willen.*[25] Nicht als Person, aber als notwendiger physischer Anfang ist der Embryo integriert in die Prozesshaftigkeit menschlicher Existenz:

> „Die biologische Basis menschlicher Existenz ist nur als prozesshaft sich entwickelnde Wirklichkeit zu verstehen. Sie befindet sich in einem kontinuierlichen Entwicklungsgang, der vom Beginn der Verschmelzung von Ei und Samenzelle in einem einzigen Prozess beständiger Selbstüberbietung verläuft. Insofern sind diese Stadien Bestandteil einer menschlichen Lebensbahn, die als Ganze das Menschsein jedes Einzelnen konstituiert. Im Selbstvollzug integriert der Mensch seine biologische und seine menschliche Geschichte. Darum ist der Anfang dieses irreversiblen Prozesses als von vornherein ausgerichtet zu verstehen auf eine personale Selbstverwirklichung des menschlichen Wesens."[26]

## V.

Wird anerkannt, dass vorpersonales Leben „einen integralen Wert für das Ganze einer *ethisch* verfassten Lebensform"[27] darstellt, so erscheint als Ergebnis der bisherigen Erörterungen das moralische Urteil gerechtfertigt, dass der menschliche Embryo nicht als Mittel für heterogene Zwecke gebraucht und getötet werden darf. Integriert in die Prozesshaftigkeit sich entwickelnden Menschseins kommt ihm der Lebensschutz zu, der dem normativen Anspruch einer in der Moralfähigkeit begründeten Würde des Menschen entspricht.

Auch wenn man dieser Argumentation zustimmen kann, bedeutet dies nicht, dass damit auch die Frage seiner Anwendung in konkreten Entscheidungssituationen schon beantwortet wäre. Im medizinethischen Diskurs konkurrieren differente Ansätze um die überzeugendere Begründung normativer Begriffe, die Frage nach den Bedingungen der Möglichkeit ihrer Anwendung hingegen wird, soweit ich sehe, nicht problematisiert. Sie wird vielmehr als gelöst vorausgesetzt, sofern von einer hinreichenden Begründung des Prinzips ausgegangen werden kann. Man glaubt, mit der moralphilosophischen Bestimmung der Norm sei auch deren Anwendung im Modus fragloser Gültigkeit möglich. Ist aber die logische Stringenz der ethischen Begründung der moralischen Norm zugleich das Maß für deren praktische Anerkennung, so folgt daraus ein lineares Anwendungsverhältnis von ethischer Theorie und deren Befolgen in normierten Handlungen, in dem

25 Dazu *Habermas* (2001), S. 67.

26 *Fraling* (2003), S. 144.

27 *Habermas* (2001), S. 67.

die Frage, was getan werden soll, im Sinne der Moraltheorie bereits entschieden ist.

Angewandt auf die Embryonendebatte muss dann konsequenterweise gesagt werden, dass die unvermittelte Anwendung des Moralprinzips Menschenwürde bis auf lebensbedrohende Krankheitssituationen während der Schwangerschaft deren Abbruch und darüber hinaus jedes biotechnische Verfahren verbietet, bei dem das Töten von Embryonen methodisch eingeschlossen ist. Diese ethische Konsequenz kann auch nicht durch rechtliche Eingriffe kompensiert werden, z.B. durch Ausnahmeregelungen vom allgemeinen Abtreibungsverbot im § 218 StGB. Diese sind dann ausschließlich als Indiz dafür zu werten, dass der vom BVG vorgegebene prinzipienethische Anspruch auf der rechtlichen Ebene nicht durchgehalten worden ist. Demnach hätte es schon keine PND mit der Option des möglichen Schwangerschaftsabbruchs seit Mitte der 1970er Jahre geben dürfen, und in der IVF bestand nie ein Zweifel darüber, dass das Töten von Embryonen zum Handlungskonzept gehört. Der Widerspruch zwischen moralischem Anspruch und Rechtswirklichkeit setzte sich fort im ESchG, das trotz seiner rigiden Bestimmungen Embryonen nicht wirklich schützt, vielmehr unter dem Druck von Forschungsinteressen und wirtschaftlichen Standortfragen (Stichtagsregelung) aufgeweicht wird und auf Grund biologischer Unterscheidungen (pluripotent gegen totipotent) die PID nicht, wie beabsichtigt, wirklich verhindert.

Man kann sich fragen, wie weit zu der in Deutschland bestehenden Diskrepanz zwischen moralischem Anspruch und Rechtswirklichkeit auch eine im Vergleich zu den angelsächsischen Ländern ausgeprägtere mentalitätsbedingte Neigung beigetragen hat, von einer prinzipienethischen Begründungsargumentation Eindeutigkeit der ethischen Norm und gleichzeitig Sicherheit in deren lebenswirklicher Anwendung zu erwarten. Man glaubt, die möglichst strikte Anwendung eines als verpflichtend erkannten Prinzips (hier: menschliches Leben, Menschenwürde) ermögliche ein Handeln von überzeitlicher und kulturunabhängiger Gültigkeit, dessen Legitimität nicht bezweifelt werden kann. Dahinter steht letztlich die Vorstellung von der Möglichkeit des *guten* Handelns und der Ethik als Weg zu diesem Ziel. Zu fragen ist aber, ob *das Gute* ethische Kategorie sein kann. In der mittelalterlichen Philosophie wurde der Begriff des *bonum* wegen seiner nicht zu begrenzenden Allgemeinheit zu den *Transzendentalien* gerechnet, zu denen auch Einssein (*unum*) und Wahrsein (*verum*) gehören. Als Bestimmungen des Seins bzw. alles Seienden sind sie allgemeiner als Kategorien. Sie übersteigen diese und treffen auf jede Entität zu. Von daher müssen sie in moralischen Urteilen auf Erfahrungsbereiche hin ausgelegt und in normativen Kategorien spezifiziert werden. Hannah Arendt hat darauf hingewiesen, dass weder

*Weisheit* im Erkennen noch *Güte* im Handeln vom Menschen unmittelbar angestrebt werden kann:

> „Niemand kann die Weisheit oder die Güte lieben, es sei denn in den ihnen entsprechenden Tätigkeiten, im Philosophieren also und in der tätigen Güte. Beide Tätigkeiten aber sind dadurch gekennzeichnet, dass sie überhaupt nur bestehen können, wenn es ein Weise-Sein oder ein Gut-Sein nicht gibt. Der weise Mann hätte die Weisheit und brauchte nicht mehr zu philosophieren, der gute Mensch würde Güte gewissermaßen ausstrahlen, er brauchte sie nicht mehr zu betätigen.“[28]

Der Begriff des Guten kann weder auf den moralischen Zustand eines Menschen noch auf ein menschliches Handeln angewandt werden. Beide Aspekte werden im *Neuen Testament* thematisiert. Lukas setzt sich in seinem Evangelium mit der menschlichen Ambition auseinander, gut im Sinne von moralisch vollendet sein zu wollen, indem er Jesus, nachdem dieser mit „Guter Meister“ angesprochen wurde, antworten lässt: „Was nennst du mich gut? Niemand ist gut außer Gott allein.“ (Lk 18, 18-19), während Matthäus in der Parallelstelle auf das Handeln des Menschen abhebt, das nie gut (im Sinne von perfekt, fraglos gerechtfertigt) sein kann: „Und siehe, es kam einer herbei und sagte zu ihm: Meister, was muss ich Gutes tun, damit ich das ewige Leben erlange? Er aber sprach zu ihm: Warum fragst du mich über das Gute? Einer ist der Gute.“ (Mt 19, 16-17)

Der Versuch der linearen, d.h. unvermittelten Anwendung moralischer Prinzipien auf jede in Frage kommende Handlungssituation ermöglicht nicht das gute Handeln, sondern führt dazu, dass eine Entscheidung im Anspruch freier Selbstbestimmung umgangen wird; denn in der Unmittelbarkeit der Anwendung der moralischen Norm auf die Handlungssituation ist kein Raum für Erwägungen im Gewissen und Verantwortung. Die Entscheidung, so und nicht anders zu handeln, folgt unmittelbar aus der Norm. Dabei ist das Problem der unvermittelten Anwendung durchaus vergleichbar mit dem, was über den technischen Zirkel gesagt worden ist. In diesem wird Praxis reglementiert im unmittelbaren Befolgen des technisch Machbaren (Unmittelbarkeit der Anwendung kausalanalytischen Wissens in Technik). Wird das Moralischsein des Menschen verkürzt auf das bloße Befolgen des Moralprinzips, werden menschliche Praxis und die ihr zu Grunde gelegten normativen Entscheidungen ebenso reglementiert, hier durch die ethische Theorie.

---

28 *Arendt* (2007), S. 92.

Daraus folgt, soll in einer auf Moralprinzipien gegründeten Ethik anerkannt werden, dass der Mensch nicht nur Befolgender, sondern in intersubjektiver Kommunikation Autor des Sittengesetzes ist, so ist dies nur möglich, wenn die Anwendung moralischer Normen selbst als ethisches Problem begriffen wird, nämlich als das der Vermittlung von Norm und Handeln in der konkreten Situation mit dem Ziel der Problembewältigung. Dabei kann eine Entscheidung für den Anspruch der Gewissensfreiheit nur offen gehalten werden, wenn die Anwendung des moralischen Prinzips nicht in der theoretischen Begründung seiner Normativität im Voraus mitentschieden ist, sondern im praktischen Entscheidungsprozess selbst nochmals als Vermittlungsproblem verstanden und der Frage unterworfen wird, wie es möglich ist, in einer bestimmten Lebenssituation einem normativen Anspruch im Handeln so weitgehend wie möglich gerecht zu werden. Mit dieser Frage wird die moralische Norm weder relativiert noch einer situationsabhängigen kontingenten Bewertung überlassen. Es wird aber an die Stelle des absoluten *Bonum* das je *bessere* Handeln, das *Magis* (Mehr), gesetzt. Ob es sich dabei, wie man auf den ersten Blick meinen könnte, um eine Relativierung des nicht mehr zu überbietenden Sinnbegriffs der Ethik handelt, ist zu bezweifeln; denn beide Begriffe, *bonum* und *magis,* bedingen sich gegenseitig. Die Idee des Guten kann nicht relativiert werden. Im Begriff des *Magis* wird aber der grundsätzlichen Prozesshaftigkeit des menschlichen Lebens Rechnung getragen und damit der Tatsache, dass immer nur handelnd im lebensweltlichen Kontext und im Streben nach dem je Besseren die Annäherung an die moralische Norm verfolgt werden kann.

Das Problem der Vermittlung des ethisch-normativen Anspruchs in einem moralisch legitimierten Handeln kann nur in der konkreten Situation von den Beteiligten selbst geleistet werden, indem diese, in gegenseitiger Anerkennung ihres moralischen Willens, sich über die Möglichkeit des besseren Handelns im Sinne der Norm verständigen. Das Gespräch als Ort intersubjektiver Sinnverständigung eröffnet die Möglichkeit, dass mit der moralischen Frage zugleich der Bereich in den Blick genommen wird, in dem Handlungsbedarf und moralische Herausforderung entstehen und auf den hin die moralische Norm anzuwenden ist: die Lebenswelt des Menschen. In der Gegenüberstellung von wissenschaftlich fundierter normativer Forderung und lebensweltlicher Wirklichkeit wird die Beziehung hergestellt, in der das zu lösende Problem, Handlungs- und Entscheidungsoptionen sowie moralisch-normative Bewertungen in den Blick genommen werden.

Dagegen wird zuweilen eingewandt, es handle sich (z.B. beim Schwangerschaftsabbruch) um rein individuelle Entscheidungen, so dass das Gespräch, besonders wenn Beratung gesetzlich gefordert wird, als Einmischung von außen abzulehnen ist. Dabei wird übersehen, dass Handeln mit dem Ziel der Situationsbewältigung immer zwischenmenschliche Praxis ist. In dieser ist, um herrschaftsfrei möglich zu sein, der gleichberechtigte Umgang zwischen Personen vorauszusetzen, in dem niemand zugemutet werden darf, nur Mittel in einem Handlungsablauf zu sein. Das bedeutet, dass alle an der Handlung Beteiligten aufgefordert sind, sich über die Art der anzuwendenden Mittel ebenso wie über deren normative Bewertung und damit über die Möglichkeit der Mitarbeit zu verständigen.

## VI.

Bisher wurde die Möglichkeit einer Vermittlung von ethisch begründeter Norm und moralisch legitimiertem Handeln allgemein als interpersonale Sinnverständigung bestimmt. Es ist nun aber nach Prinzipien und Handlungsmaximen zu fragen, in denen dieser Anspruch, um verwirklicht werden zu können, konkreter dargestellt werden kann. Dazu ist nochmals vom Begriff der *Praxis* auszugehen, die bisher als notwendig und intersubjektiv charakterisiert wurde. Damit ist gemeint, Praxis kommt nicht zum Leben des Menschen hinzu, sondern ist mit dessen Existenz gegeben. Die Tatsache, dass ein Mensch lebt, bedeutet, dass an ihm immer schon gehandelt worden ist, und diese tätige zwischenmenschliche Beziehung setzt sich ein Leben lang fort als Bedingung der Möglichkeit der Lebenserhaltung und Situationsbewältigung. Praxis hat somit nicht primär instrumentellen Charakter mit dem Ziel, den Zustand der Unfertigkeit („Mängelwesen Mensch") zu kompensieren oder zu überwinden. Auf Grund seiner Imperfektheit ist der Mensch wesentlich zum Tätigsein bestimmt, ohne dass die Unfertigkeit als Wesenszug der *Conditio humana* im Handeln aufgehoben werden könnte. Nach Benner kann demnach eine Tätigkeit dann als *Praxis* bezeichnet werden,

> „wenn sie *erstens* in einer Imperfektheit oder Not des Menschen ihren Ursprung hat, diese Not wendet, die Imperfektheit selbst aber nicht aufhebt, und wenn *zweitens* der Mensch durch sie eine Bestimmung erlangt, welche nicht unmittelbar aus der Imperfektheit folgt, sondern durch seine Tätigkeit allererst hervorgebracht wird."[29]

Praxis bedeutet Handeln in Gegenseitigkeit, in der der Mensch tätig und zugleich darauf angewiesen ist, vom Anderen im Leben gehalten zu werden. Handeln in Gegenseitigkeit mit dem Ziel existentieller Situationsbewältigung auf dem Hintergrund der Gleichheit der Menschen im Betroffensein aber bedeutet *Solidari-*

29 *Benner* (2001), S. 33.

*tät.* Dabei geht es nicht um Gerechtigkeit oder Gleichheit im sozialen Sinne. Es ist vielmehr die Gleichheit im Betroffensein und Angewiesensein auf mitmenschliche Zuwendung gemeint, aus der die jeden Menschen einschließende Notwendigkeit zwischenmenschlicher Praxis folgt. In dieser erweist sich Solidarität als Prinzip der Gegenseitigkeit. Das weitergehende Problem aber, inwiefern Solidarität zugleich Prinzip der Vermittlung sein kann in der Entscheidung der Frage, wie die Anwendung einer ethisch fundierten Norm in einer konkreten Handlungssituation zu bewerten bzw. zu begründen ist, ist damit noch nicht entschieden; denn dies setzt voraus, dass Solidarität in Handlungsmaximen konkretisiert und in den lebensweltlichen Kontext zwischenmenschlichen Handelns ausgelegt wird. Dabei haben wir uns mit vier Begriffen auseinanderzusetzen. (1) Zwischenmenschliche Praxis setzt *Wissen* voraus, das sich einlässt auf den Anderen und diesen erkennt und zu verstehen versucht in seiner lebensweltlichen Situation. (2) *Verantwortung* meint die Bereitschaft, auf die Situation des Anderen Antwort zu geben. Das heißt, dass das Interesse am Anderen nicht theoretischer Art, sondern Voraussetzung ist für die Möglichkeit zwischenmenschlicher Praxis. (3) *Respekt* bedeutet, den Anderen anzuerkennen als moralisches Subjekt und zugleich in seiner durch Milieu und Kultur bestimmten Lebensweise. Damit verbunden ist der Anspruch der Autonomie sowie das unveräußerliche Recht, frei in seinem Gewissen entscheiden zu können. (4) Die Handlungsmaxime der *Fürsorge* meint nicht „Wohltätigkeit", sondern vielmehr tätige Zuwendung zum Anderen mit dem Ziel der Situationsbewältigung in zwischenmenschlicher Praxis.

Die genannten Handlungsmaximen legen den normativen Begriff der Solidarität hinsichtlich der Möglichkeit zwischenmenschlicher Praxis konkreter aus und orientieren diese in dem Anspruch, im Handeln dem Menschen in seiner lebensweltlichen Situation gerecht zu werden. Dabei handelt es sich insofern um eine notwendige Vermittlung, als hier zwei Bereiche aufeinander treffen, an denen der Mensch gleichzeitig partizipiert, deren Verhältnis in der Lebenswirklichkeit aber dennoch nicht problemlos in Übereinstimmung gebracht werden kann und von daher der Reflexion bedarf. So ist, entgegen verbreiteter Vorstellung in unserer Gesellschaft von dem sich selbst entwerfenden und frei handelnden Menschen, dessen *Lebenswelt* nicht dominiert von Rationalität und theorievermittelten Erfahrungen. Sie ist vielmehr der Bereich vorwissenschaftlicher Welterfahrung, in dem der Mensch wahrnimmt und erkennt in der Vielfalt seiner imaginativen und kognitiven Fähigkeiten (Gefühle, Vernunft, Denken in Bildern und Symbolen, Intuition, Fantasie, Tag- und Nachtträume, Momente der Trance), in Verhalten und Handeln auch von Emotionen und Leidenschaften bestimmt ist und seine Beziehungen zu anderen erlebt und gestaltet im Kontext von sozialem Milieu und einer alle Lebensbereiche prägenden Kultur:

> „Lebenswelt als Ort vitaler Wirklichkeit und in ursprünglicher Evidenz erfahrbaren Weltzusammenhangs ist *nicht* von metaphysischen Spekulationen her aufgebaut, ja sie bildet geradezu ein Gegengewicht gegen die Vorherrschaft wissenschaftlicher Konstrukte. Sie ist der ‚unbefragte Boden aller Gegebenheiten sowie der fraglose Rahmen, in dem sich mir die Probleme stellen, die ich bewältigen muss'."[30]

Die Lebenswelt des Menschen ist bestimmt von notwendiger zwischenmenschlicher Praxis, deren sittliche Rechtmäßigkeit im Alltag nicht hinterfragt wird. Gleichwohl werden täglich normative Entscheidungen getroffen, geleitet von Zwecken, Interessen, moralischen Normen, die von einem historisch und kulturell durchformten, in Gewohnheit und Tradition befestigten gesellschaftlichen Konsens getragen sind und im Einzelnen sich zu einem moralischen Gefühl verdichten:

> „Soziale Gewohnheiten und Konventionen üben Druck aus, der das Individuum zur Beachtung der Spielregeln des menschlichen Zusammenlebens nötigt, dabei werden wechselseitige Erwartungen stets *situationsangemessen, milieu-gerecht,* erfüllt. Lebensweltliche Normen sind keine Gebots- und Verbotstafeln, die wir ständig vor Augen haben. [...] Vielmehr ist das Ethische der Lebenswelt erfüllt von einer Pragmatik, die ihrerseits durch die Bestimmung des Nützlichen und Förderlichen im Sinne des Realisierbaren geprägt ist. Alles Verhalten ist Antwort-Verhalten. Weitgehend ist das Prinzip der Gegenseitigkeit bestimmend – normativ ausgedrückt: Man handelt nach der so genannten Goldenen Regel. Gemeinsames Handeln, gemeinsame Sprache, leibliches Verhalten im sozialen Umfeld bestimmen hier die Sphäre, die auf Dauer nicht von einer Einzelinstanz zu steuern ist und sich durch keine bestimmte Ordnung erschöpft. Die Rede ist hier vom *Ethos* als dem Inbegriff der Normen, die in einer gegebenen menschlichen Gruppe als gültig angesehen werden."[31]

Die Notwendigkeit der Vermittlung von lebensweltlichem Ethos, in dem Sitte und Brauch (wenn auch nicht ungebrochen) weiterwirken, und wissenschaftlich fundierter Handlungslegitimation ist in modernen Gesellschaften unumgänglich, weil von einer fraglosen Anerkennung der Sitte als Legitimationsbasis gesell-

30 *Sprenger* (2000), S. 13.

31 *Sprenger* (2000), S. 13-14; kursiv im Original.

schaftlicher Praxis nicht mehr ausgegangen werden kann. Einmal in Frage gestellt, verliert die Sitte ihre unmittelbare handlungslegitimierende Funktion, deren normative Grundlegung nurmehr sekundär in einer wissenschaftlichen Ethik geleistet werden kann und muss.

Daraus folgt einerseits, dass, sobald es um Konfliktsituationen geht oder um Handlungsoptionen, deren moralische Herausforderung das in Pflichten und Geboten enthaltene Normenverständnis des Ethos übersteigt, die Gesellschaft in einen öffentlichen ethischen Diskurs über die Frage der Normenbegründung eintritt. Andererseits ist in der konkreten Entscheidungssituation, soll diese für den Anspruch der Gewissensfreiheit offen gehalten und gleichzeitig dem lebensweltlichen Kontext des Menschen Rechnung getragen werden, die Anwendung der ethischen Norm nochmals zu begründen. Dieser zweite Legitimationsschritt, der nur von den an der Handlung Beteiligten selbst in intersubjektiver Sinnverständigung getan werden kann und für den das Prinzip der Solidarität als ethische Norm bestimmt wurde, ist unumgänglich; denn Normen begründende Argumentationen sind Theorie und als solche abstrakt, logische Konstrukte, die ihre Bewährung immer vor sich haben. Die logische Überzeugungskraft einer Norm garantiert deshalb nicht den „guten" Ausgang, sondern kann bei unbesehener Anwendung zu einer Verschärfung der Probleme bzw. in Folgesituationen führen, die das Gegenteil dessen bedeuten, was im Moralprinzip intendiert ist. Ebenso muss gesehen werden, dass Gewissheit in der Vermittlung von moralischer Norm und Handlungssituation nicht möglich ist. Dazu bedarf es der durch Erfahrung gestützten Urteilskraft:

> „Nun lässt sich zwar schon jede Anwendung einer Norm auf einen empirischen Sachverhalt als Verknüpfung eines deskriptiven und eines normativen Begriffs darstellen. Doch hinter jeder derartigen Anwendung steht letztlich stets ein Akt der auf Begründungen nicht angewiesenen Urteilskraft. Zu ihren Domänen gehört die Regulierung von konkreten, faktischen Einzelfällen auf der Grundlage von Gemeingültigkeit beanspruchenden Normen gerade deswegen, weil der Hiatus zwischen Normativem und Deskriptivem lückenlose logische Ableitungen nicht zulässt."[32]

## VII.

Ich bin mir bewusst, dass die dargelegte Argumentation vor allem auf Krisensituationen, zu denen unbezweifelbar der Schwangerschaftsabbruch gehört, an-

32 *Wieland* (2002), S. 160.

wendbar ist, hinsichtlich der ethischen Probleme im Zusammenhang von Reproduktionsmedizin und Forschung an menschlichen embryonalen Stammzellen aber Fragen offen lässt. Das liegt daran, dass die in reproduktiver und prädiktiver Medizin auftretenden ethisch-moralischen Probleme ihren Grund nicht in einer Krisensituation haben, in die man unversehens hineingerät, sondern in geplanten Handlungsabläufen, die die Möglichkeit eröffnen, Zeugung unter Bedingungen zu stellen sowie Fortgang oder Abbruch der Entwicklung menschlicher Embryonen von Wünschen und Interessen abhängig zu machen. In diesem prinzipiell nicht zu begrenzenden Feld denkbarer Handlungs- und Selektionsoptionen muss zwar gesehen werden, dass es neben kontingenten auch vitale Wünsche gibt, beispielsweise Kinderwunsch, die Hoffnung auf Heilung, die unmittelbar mit dem menschlichen Leben verbunden, sozusagen Merkmale des Lebendigen sind. Grundsätzlich gilt aber auch hier, dass in ethischer Hinsicht „faktische Wünsche und Interessen für sich allein keine Norm begründen, zumal da gerade sie in besonderem Maße einer Normierung bedürfen.“[33] Ist diese Schlussfolgerung aus dem Blickwinkel normenkritischer Ethik auch nicht zu umgehen, so erscheinen Wünsche und Interessen, die unmittelbar die Existenz des Menschen betreffen und im Kontext lebensweltlichen Ethos' für normierend gehalten werden, dennoch verständlich. Man wird dem Menschen nicht gerecht, wenn man die Sinnfrage berührende Wünsche unbesehen mit solchen gleichsetzt, die dem Willen zur Selbstoptimierung ebenso wie egoistischen Regungen entspringen können und sich an eine angeblich alles bewirkende Medizin richten. Von daher reicht es nicht aus, die an die Reproduktionsmedizin gerichteten Erwartungen nur aus dem Blickwinkel wissenschaftlicher Ethik zu bewerten. Sie erscheinen verständlich im Kontext von Gesellschaft und Kultur und müssen von daher auch in diesem Rahmen interpretiert und kritisiert werden, was hier nur angedeutet, im Rahmen dieser Arbeit aber nicht mehr geleistet werden kann. Da normative Vorstellungen in lebensweltlichen Kontexten in hohem Maße auf Konventionen beruhen und über die Berechtigung von Wünschen und Interessen weitgehend auf Grund von Gewohnheiten, auch nach Gefühlen, geurteilt wird, muss die ethische Bewertung mit einer Gesellschafts- und Kulturkritik einhergehen.

---

33 *Wieland* (2003), S. 159.

**Literatur**

*Anselm*, Reiner et al.: Starre Fronten überwinden. Eine Stellungnahme evangelischer Ethiker zur Debatte um die Embryonenforschung. In: Frankfurter Allgemeine Zeitung (23.01.2002), Nr. 19, S. 8 [Wiederabdruck in: Anselm, Reiner u. Körtner, Ulrich H. J. (Hg.); Rendtorff, Trutz (Einf.): Streitfall Biomedizin. Göttingen 2003]

*Arendt*, Hannah: Vita activa oder vom tätigen Leben. 6. Aufl. München/Zürich: Piper, 2007 (Serie Piper 3623)

*Benner*, Dietrich: Allgemeine Pädagogik. 4. Aufl. Weinheim/München: Juventa, 2001

*Böckenförde*, Ernst-Wolfgang: Menschenwürde. „Dasein um seiner selbst willen". In: Deutsches Ärzteblatt 100 (2003), S. B1049-1052

*Braun*, Annegret: Spätabbrüche nach Pränataldiagnostik. Der Wunsch nach dem perfekten Kind. In: Deutsches Ärzteblatt 103 (2006), Heft 40, S. A2612-2616

*Brüstle*, Oliver / *Wiestler*, Otmar D.: Zellersatz aus embryonalen Stammzellen. Neue Perspektiven für die Transplantationsmedizin. In: Deutsches Ärzteblatt 97 (2000), Heft 24, S. B1408-1413

*Damschen*, Gregor / *Schönecker*, Dieter: In dubio pro embryone. Neue Argumente zum moralischen Status menschlicher Embryonen. In: Damschen, Gregor u. Schönecker, Dieter (Hg.): Der moralische Status menschlicher Embryonen. Pro und contra Spezies-, Kontinuums-, Identitäts- und Potentialitätsargument. Berlin/New York: Walter de Gruyter, 2003, S. 187-267

*Düwell*, Markus: Präimplantationsdiagnostik – eine Möglichkeit genetischer Frühdiagnostik aus ethischer Perspektive. In: Zeitschrift für Medizinische Ethik 11 (1999), S. 4-15

*Düwell*, Markus: PID zwischen ethischer Reflexion und politischer *Auseinandersetzung*. In: Ethik & Unterricht (2002), Nr. 10, S. 14-18

*Enskat*, Rainer: *Pro Identitätsargument:* Auch menschliche Embryonen sind jederzeit Menschen. In: Damschen, Gregor u. Schönecker, Dieter (Hg.): Der moralische Status menschlicher Embryonen. Pro und contra Spezies-, Kontinuums-, Identitäts- und Potentialitätsargument. Berlin/New York: Walter de Gruyter, 2003, S. 101-127

*Eser*, Albin: Neuregelung des Schwangerschaftsabbruchs vor dem Hintergrund des Embryonenschutzgesetzes. Gedanken zur Vermeidung von Wertungswidersprüchen. In: Bielefeldt, Heiner et al. (Hg.): Würde und Recht des Menschen. Festschrift für Johannes Schwartländer zum 70. Geburtstag. Würzburg: Königshausen & Neumann, 1992, S. 183-198

*Fischer*, Johannes: Menschenwürde und Anerkennung. Zur Verwendung des Menschenwürdebegriffs in der Debatte über den Status des vorgeburtlichen Lebens. In: Zeitschrift für Evangelische Ethik 51 (2007), S. 24-39

*Fraling*, Bernhard: Entscheidungen am Anfang. Ethische Bewertung von Präimplantationsdiagnostik und Stammzellforschung. In: Zeitschrift für Medizinische Ethik 49 (2003), S. 137-149

*Gerl-Falkovitz*, Hanna-Barbara: Wie teuer ist der Mensch? Die pränatale Diagnostik als Spiegel eines grundsätzlichen Wertekonfliktes. In: Zeitschrift für Medizinische Ethik 43 (1997), S. 103-109

*Gille*, Gisela: Schwangerschaft bei Minderjährigen. Abbrüche erstmalig rückläufig. In: Deutsches Ärzteblatt 103 (2006), S. A1889-1890

*Graumann*, Sigrid: Gentests an Menschen mit geistiger Behinderung. In: Ethik & Unterricht (2002), Nr. 10, S. 50-54

*Habermas*, Jürgen: Die Zukunft der menschlichen Natur. Auf dem Weg zu einer liberalen Eugenik. Frankfurt a.M.: Suhrkamp, 2001

*Hepp*, Hermann: Diskussionsentwurf zu einer Richtlinie der Bundesärztekammer: Präimplantationsdiagnostik – medizinische, ethische und rechtliche Aspekte. In: Deutsches Ärzteblatt 97 (2000), S. A 1213-1221

*Hornstein*, Otto P. / *Holzhauer*, Heinz: Ungewollte Kinderlosigkeit. Adoption als Alternative. In: Deutsches Ärzteblatt 98 (2001), Heft 11, S. B-564-566

*Kaminsky*, Carmen: Embryonen, Ethik und Verantwortung. Tübingen: Siebeck und Mohr, 1998

*Körtner*, Ulrich H. J.: Embryonenschutz und medizinischer Fortschritt. Ethische Probleme der Reproduktionsmedizin. In: Zeitschrift für Evangelische Ethik 46 (2002), S. 6-19

*Körtner*, Ulrich H. J.: Lebensschutz gegen freie Forschung? In: Christ in der Gegenwart 60 (2008), S. 157-158

*Kowalcek*, Ingrid: Der steinige Weg zum Wunschkind. Über die Risiken der künstlichen Befruchtung. In: Christ in der Gegenwart (2006a), Nr. 31, S. 253-254

*Kowalcek*, Ingrid: Und plötzlich doch schwanger. In: Christ in der Gegenwart (2006b), Nr. 36, S. 293-294

*Kreß*, Hartmut: Personwürde am Lebensbeginn. Gegenwärtige Problemstellungen im Umgang mit Embryonen. In: Zeitschrift für Evangelische Ethik 43 (1999), S. 36-53

*Kuhlmann*, Andreas: Der Kampf der Werte. Entscheiden statt mogeln. Was es heißt, liberal zu sein – nicht nur in der Biopolitik. In: Die Zeit (21.01.2002), Nr. 9, S. 11

*Lehmann*, Karl: Im Zweifel für das Leben. Embryonenschutz ist keine Frage des Stichtags. In: Die Zeit (17.01.2008), Nr. 4, S. 10

*Leist*, Anton (Hg.): Um Leben und Tod. Moralische Probleme bei Abtreibung, künstlicher Befruchtung, Euthanasie und Selbstmord. 3. Aufl. Frankfurt a.M.: Suhrkamp, 1992

*Lenzen-Schulte*, Martina: Krank aus der Retorte. In: Spektrum der Wissenschaft (2003), Nr. 12, S. 36-44

*Löser*, Peter; *Wobus*, Anna M.: Aktuelle Entwicklungen in der Forschung mit humanen embryonalen Stammzellen. In: Naturwissenschaftliche Rundschau 60 (2007), S. 229-237

*Merkel*, Reinhard: *Contra Speziesargument:* Zum normativen Status des Embryos und zum Schutz der Ethik gegen ihre biologistische Degradierung. In: Damschen, Gregor u. Schönecker, Dieter (Hg.): Der moralische Status menschlicher Embryonen. Pro und contra Spezies-, Kontinuums-, Identitäts- und Potentialitätsargument. Berlin/New York: Walter de Gruyter, 2003, S. 35-58

*Müller*, Sigrid: Der Mensch vor Gott: Mit Biologie und Theologie. In: Christ in der Gegenwart 60 (2008), S. 165-166

*Neumann*, Stephan U.: Heiligt Heilung die Mittel? In: Christ in der Gegenwart 60 (2008), S. 255-256

Pastoralkonstitution – Die Kirche in der Welt von heute. In: Rahner, Karl u. Vorgrimmler, Herbert (Hg.): Kleines Konzilskompendium. Alle Konstitutionen, Dekrete und Erklärungen des Zweiten Vaticanums in der bischöflich beauftragten Übersetzung. 2. Aufl. Freiburg i.Br.: Herder, 1967 (Herder Taschenbuch 270-273), S. 449-552

*Rabbata*, Samir: Spätabtreibung: Die Koalition drückt sich. In: Deutsches Ärzteblatt 105 (04.04.2008), Nr. 14, S. A721

*Ranft*, Melanie: Embryonenforschung und internationale Gerechtigkeit. In: Studien zur Ethik in Ostmitteleuropa 7 (2003), S. 101-113

*Rau*, Johannes: Wird alles gut? Für einen Fortschritt nach menschlichem Maß. Berliner Rede vom 18. Mai 2001. Veröffentlichung: Bundespräsidialamt

*Reich*, Jens: Empirische Totipotenz und metaphysische Gattungszugehörigkeit bei der moralischen Beurteilung des vorgeburtlichen menschlichen Lebens. In: Zeitschrift für Medizinische Ethik 50 (2004), S. 115-130

*Schnabel*, Ulrich / *Willmann*, Urs: Hättest du mich abgetrieben? In: Die Zeit (08.02.2001), Nr. 7, S. 27-28 [Interview mit und Streitgespräch zwischen Gisela Steinert und Christian Judith]

*Schockenhoff*, Eberhard: Die Würde ist immer die Würde des anderen. Der Schöpfungsglaube hat einen rationalen Gehalt, der in der Debatte um die Biopolitik konsequent entfaltet werden sollte. In: Frankfurter Allgemeine Zeitung (23.01.2002), Nr. 19, S. 44

*Schockenhoff*, Eberhard: Fortpflanzungsfreiheit und verantwortliche Elternschaft. Zur ethischen Problematik der Präimplantationsdiagnostik. Sankt Augustin: Konrad-Adenauer-Stiftung e.V., 2003a

*Schockenhoff*, Eberhard: *Pro Speziesargument:* Zum moralischen Status des Embryos. In: Damschen, Gregor u. Schönecker, Dieter (Hg.): Der moralische Status menschlicher Embryonen. Pro und contra Spezies-, Kontinuums-, Identitäts- und Potentialitätsargument. Berlin/New York: Walter de Gruyter, 2003b, S. 11-33

*Schöne-Seifert*, Bettina: *Contra Potentialitätsargument:* Probleme einer traditionellen Begründung für embryonalen Lebensschutz. In: Damschen, Gregor u. Schönecker, Dieter (Hg.): Der moralische Status menschlicher Embryonen. Pro und contra Spezies-, Kontinuums-, Identitäts- und Potentialitätsargument. Berlin/New York: Walter de Gruyter, 2003, S. 169-185

*Schubert*, Hartwig von: Der Status des menschlichen Embryos. Zur Aktualität kirchlicher Stellungnahmen. In: Zeitschrift für Evangelische Ethik 46 (2002), S. 28-33

*Sprenger*, Gerhard: Recht und Werte. Reflexionen über eine philosophische Verlegenheit. In: Der Staat. Zeitschrift für Staatslehre, Öffentliches Recht und Verfassungsgeschichte 39 (2000), S. 1-22

*Steigleder*, Klaus: Ethische Probleme am Lebensbeginn. In: Schulz, Stefan et al. (Hg.): Geschichte, Theorie und Ethik der Medizin. Frankfurt a.M.: Suhrkamp, 2006 (stw 1791), S. 316-340

*Tanner*, Klaus: „…etwas an sich Unerforschbares". Der „Status des Embryos" – Argumentationen haben in der ethischen Urteilsbildung nur eine begrenzte Kraft. In: Zeitschrift für Evangelische Ethik 46 (2002), S. 58-60

*Tanner*, Klaus: Ethische Probleme der Stammzellforschung. In: Berlin-Brandenburgische Akademie der Wissenschaften (Hg.): Akademievorlesungen *Gentechnologie in Deutschland.* Berlin: Akademie Verlag, 2006 (Berichte und Abhandlungen 12), S. 77-97

*Telus*, Magda: Reproduktionsmedizin: Zwischen Trauma und Tabu. In: Deutsches Ärzteblatt 98 (2001), Heft 51-52, S. A 3430-3435

*Tolmein*, Oliver: Warum bin ich nicht tot? Kind als Schaden: Deutschland vor neuen Entscheidungen. In: Frankfurter Allgemeine Zeitung (21.01.2002), Nr. 17, S. 41, Sp. 1-2

*Wieland*, Wolfgang: *Pro Potentialitätsargument:* Moralfähigkeit als Grundlage von Würde und Lebensschutz. In: Damschen, Gregor u. Schönecker, Dieter (Hg.): Der moralische Status menschlicher Embryonen. Pro und contra Spezies-, Kontinuums-, Identitäts- und Potentialitätsargument. Berlin/New York: Walter de Gruyter, 2003, S. 149-168

*Wildfeuer*, Armin G.: Chancen und Risiken der Anwendung humangenetischer Methoden in der pränatalen Diagnostik: ein Überblick über die öffentliche Diskussion in Deutschland. In: Zeitschrift für Medizinische Ethik 43 (1997), S. 131-145

*Woopen*, Christiane: Fortpflanzung zwischen Natürlichkeit und Künstlichkeit. Zur ethischen und anthropologischen Bedeutung individueller Anfangsbedingungen. In: Reproduktionsmedizin 18 (2002), S. 233-240

# AUTOREN- UND HERAUSGEBERVERZEICHNIS

*Catenhusen*, Wolf-Michael, Staatssekretär a.D., Mitglied des Deutschen Ethikrates, Zadekstr. 15A, D-12351 Berlin

Email: wolf-michael_catenhusen@web.de

*Hatzinger*, Katrin, Oberkirchenrätin, Leiterin des Büros Brüssel, Evangelische Kirche in Deutschland, Der Bevollmächtigte des Rates bei der Bundesrepublik Deutschland und der Europäischen Union, Rue Joseph II, 166, B-1000 Bruxelles, Belgien

Email: katrin.hatzinger@ekd.de

*Hauskeller*, Christine, Dr., Universität Exeter, ESRC Centre for Genomics in Society, Byrne House, St German's Road, Exeter EX4 4PJ, U.K.

Email: c.hauskeller@exeter.ac.uk

*Hoffmann*, Thomas Sören, Prof. Dr., Rheinische Friedrich-Wilhelms-Universität, Institut für Philosophie, Lehr- und Forschungsbereich I, Am Hof 1, D-53113 Bonn

Email: tshoffmann@uni-bonn.de

*Ilkilic*, Ilhan, Dr. Dr., Institut für Geschichte, Theorie und Ethik der Medizin, Johannes Gutenberg-Universität Mainz, Am Pulverturm 13, D-55131 Mainz

Email: ilkilic@uni-mainz.de

*Joerden,* Jan C., Prof. Dr., Europa-Universität Viadrina Frankfurt (Oder), Interdisziplinäres Zentrum für Ethik, Große Scharrnstr. 59, D-15230 Frankfurt (Oder)

Email: joerden@euv-frankfurt-o.de

*Kaniowski*, Andrzej M., Prof. Dr., Katedra Etyki, Instytut Filozofii, Uniwersytet Łódzki, ul. Kopcińskiego 16/18, PL-90-232 Łódz, Polen

Email: maciek@filozof.uni.lodz.pl

*Křepelka*, Filip, Dr., Masaryk-Universität, Juristische Fakultät, Veveří 70, CZ-61180 Brno, Tschechien

Email: filip.krepelka@law.muni.cz

*Krones*, Tanja, Dr., Philipps Universität Marburg, Bioethik – Klinische Ethik, Ethikkommission, Baldingerstr. 1, D-35033 Marburg

Email: krones@med.uni-marburg.de

*Moos*, Thorsten, Dr., Dipl.-Phys., Dipl.-Theol., Studienleiter für Naturwissenschaft und christliche Ethik, Stellvertretender Akademiedirektor der Evangelischen Akademie Sachsen-Anhalt, Schlossplatz 1d, D-06886 Lutherstadt Wittenberg

Email: moos@ev-akademie-wittenberg.de

*Neumann*, Josef N., Prof. Dr., Martin-Luther-Universität Halle-Wittenberg, Institut für Geschichte und Ethik der Medizin, Magdeburger Str. 8, D-06097 Halle (Saale)

Email: josef.neumann@medizin.uni-halle.de

*Olaru*, Bogdan, Dr., Forschungsinstitut für Wirtschafts- und Sozialwissenschaften, Str. T. Codrescu 2, 700481 Iasi, Rumänien

Email: bogdan.olaru@daad-alumni.de

*Takim*, Abdullah, Stiftungsgastprofessor, Stiftungsprofessur Islamische Religion, Goethe Universität Frankfurt, Grüneburgplatz 1, D-60323 Frankfurt am Main

Email: takim@em.uni-frankfurt.de

*Tanner*, Klaus, Prof. Dr., Universität Heidelberg, Wissenschaftlich-Theologisches Seminar, Kisselgasse 1, D-69117 Heidelberg

Email: klaus.tanner@wts.uni-heidelberg.de

*Wewetzer*, Christa, Dr., Dipl.-Biol., Zentrum für Gesundheitsethik (ZfG) an der Evangelischen Akademie Loccum, Knochenhauerstr. 33, D-30159 Hannover

Email: christa.wewetzer@evlka.de

**Studien zur Ethik in Ostmitteleuropa**

Herausgegeben von Jan C. Joerden

Band 1 Jan C. Joerden / Josef N. Neumann (Hrsg.): Medizinethik 1. 2000.

Band 2 Jan C. Joerden / Josef N. Neumann (Hrsg.): Medizinethik 2. 2001.

Band 3 Jan C. Joerden / Josef N. Neumann (Hrsg.): Medizinethik 3. 2002.

Band 4 Jan C. Joerden (Hrsg.): Über Tugend und Werte. Beiträge von Andrzej Szczypiorski, Bożena Chołuj und Heinrich Olschowsky. 2002.

Band 5 Michael S. Aßländer / Jan C. Joerden (Hrsg.): Markt ohne Moral? Transformationsökonomien aus ethischer Perspektive. 2002.

Band 6 Matthias Rothe / Hartmut Schröder (Hrsg.): Ritualisierte Tabuverletzung, Lachkultur und das Karnevaleske. Beiträge des Finnisch-Ungarischen Kultursemiotischen Symposiums 9. bis 11. November 2000, Berlin - Frankfurt (Oder). 2002.

Band 7 Jan C. Joerden / Josef N. Neumann (Hrsg.): Medizinethik 4. 2003.

Band 8 Jan C. Joerden / Josef N. Neumann (Hrsg.): Medizinethik 5. 2005.

Band 9 Michael S. Aßländer / Robert Kamiński (Hrsg.): Globalisierung. Risiko oder Chance für Osteuropa? 2005.

Band 10 Gangolf Hübinger / Andrzej Przyłębski (Hrsg./red.): Europäische Umwertungen / Europejskie przewartościowania. Nietzsches Wirkung in Deutschland, Polen und Frankreich / Recepcja Nietzschego w Niemczech, Polsce i Francji. 2007.

Band 11 Bożena Chołuj / Jan C. Joerden (Hrsg.): Von der wissenschaftlichen Tatsache zur Wissensproduktion. Ludwik Fleck und seine Bedeutung für die Wissenschaft und Praxis. 2007.

Band 12 Krzysztof Wojciechowski / Jan C. Joerden (eds.): Ethical Liberalism in Contemporary Societies. 2009.

Band 13 Jan C. Joerden / Thorsten Moos / Christa Wewetzer (Hrsg.): Stammzellforschung in Europa. Religiöse, ethische und rechtliche Probleme. 2009.

www.peterlang.de

FSC
www.fsc.org
MIX
Papier | Fördert gute Waldnutzung
FSC® C083411

Kolibri 360 GmbH
Ferdinand-Jühlke-Straße 7
99095 Erfurt, Deutschland
produktsicherheit@kolibri360.de